计算机地图制图实验教程

王 红 编

国家自然科学基金项目（编号：41301516）
资助出版

科 学 出 版 社

北 京

内 容 简 介

  本书是作者在总结多年的教学和科研工作的基础上编写而成的。本书从计算机地图制图的发展历程出发,结合常用的地图制图软件,围绕计算机地图制图的基本流程,以实例的形式介绍计算机地图制图的基本过程,主要包括地图色彩设计、地图符号设计及地图图面要素的组织方法,以案例的形式重点介绍普通地图、专题地图及遥感影像地图的设计与制作方法。

  本书可作为高等学校测绘、地理信息系统、遥感和地理学等相关学科的教材,也可作为从事计算机地图制图相关工作的专业技术人员的参考书。

图书在版编目(CIP)数据

计算机地图制图实验教程/王红编. —北京:科学出版社,2022.11
ISBN 978-7-03-073274-3

Ⅰ.①计… Ⅱ.①王… Ⅲ.①地图制图自动化-实验-教材 Ⅳ.① P283.7-33

中国版本图书馆 CIP 数据核字(2022)第 181535 号

责任编辑:杨光华/责任校对:高 嵘
责任印制:彭 超/封面设计:苏 波

科学出版社 出版
北京东黄城根北街 16 号
邮政编码:100717
http://www.sciencep.com

武汉中科兴业印务有限公司印刷
科学出版社发行 各地新华书店经销
*
开本:787×1092 1/16
2022 年 11 月第 一 版 印张:17 1/4
2022 年 11 月第一次印刷 字数:406 000
定价:**88.00 元**
(如有印装质量问题,我社负责调换)

前　言

　　本书是在 2014 年出版的《计算机地图制图原理与应用》的基础上，结合这一版内容使用意见之后，在原有内容上重新编写而成。在本书编写过程中，将理论与实际应用相结合，在理论内容之后，增加了大量的实例。

　　本书力求内容具体、循序渐进、由浅及深，理论与应用并重。全书分为五部分，共 11 章。第一部分为基础知识，包括第 1～3 章，主要介绍计算机地图制图的概念及发展历程，并介绍 ArcGIS 和 CorelDRAW 这两款常用的地图制图软件。第二部分为地图的色彩知识，包括第 4～5 章，从色彩的物理学理论、心理效应等基础知识出发，详细介绍地图色彩设计的特点、基本原则及要求。第三部分为地图的符号知识，包括第 6～7 章，重点从地图符号的概念出发，阐述地图符号的构成规律和地图符号设计的基本方法，并对地图符号的绘制方法进行简单介绍。第四部分为地图的图面配置知识，包括第 8 章，主要从地图的图型设计、图面元素的组织及构图规则进行阐述。第五部分为目前常用地图的设计与制作方法，包括第 9～11 章，详细介绍利用已有地理信息数据，分别基于 ArcGIS 软件及 CorelDRAW 软件制作普通地图、专题地图及遥感影像地图的过程。

　　本书力图将计算机地图制图理论与常用的地图制图软件相结合，除基础知识外，第 4～11 章每章均辅以相应的实例与练习，使读者能够循序渐进地掌握地图色彩、地图符号及各类地图的设计与制作。

　　感谢甘晓静、刘鑫、于晓田、耿龙、方玉君等同学在本书编写过程中所做的大量工作！

　　由于编者水平有限，书中难免存在不足之处，敬请广大读者提出宝贵意见。

编　者

2022 年 3 月

目　　录

第1章 绪 论

1.1 计算机地图制图概论

1.1.1 计算机地图制图的概念

地图学作为一门古老的学科，在人类生活和社会经济发展中起着重要作用。随着计算机技术的发展，传统地图学被赋予了新的内涵，计算机地图制图得到快速发展，电子地图、数字地图、虚拟现实地图等新的地图表达与应用方式为制作和使用地图提供了新的手段和媒介。地理信息系统的发展则为计算机地图制图提供了新的发展和应用平台。

计算机与传统制图技术的结合，使地图制图步入数字制图时代。地图制图的方法和生产工艺都发生了重大的变革，一向视为制图瓶颈的数据源问题也得到解决。人们利用最新的遥感、全球定位系统（global positioning system，GPS）等高科技测量手段可以准确实时地获取关于地球表面各种情况的数据，这些数据成为制作地图的最好数据源。数字制图的重心从原来的数据获取转移到了研究如何让计算机更加智能化地完成从数据到地图的转换过程。

计算机地图制图又称机助地图制图或数字地图制图，它是以传统的地图制图原理为基础，以计算机及其外围设备为工具，采用数据库技术和图形数据处理方法，实现地图信息的采集、存储、处理、显示和绘图的应用科学。其实质是从图形（连续）转换为数字（离散），经过一定的处理，然后再由数字转换为图形的过程。

计算机地图制图是伴随着计算机和地理信息系统学科的产生和发展而兴起的一门正在得到迅速发展的应用技术学科。它的诞生为传统的地图制图学开创了一个崭新的计算机图示技术领域，并有力地推动了地图制图学理论的发展和技术进步。

计算机地图制图是利用计算机处理数字化后的地图。数字地图的图形可以显示在计算机屏幕上，也可以通过绘图机输出到纸上。数字地图可以存放在数字存储介质上，如磁盘、光盘等。显示出来的地图内容是可以动态调整的，使用者能够方便地操作控制地图内容的显示方式、找到感兴趣的地图内容并且能做一些分析计算。

因此，理解计算机地图制图的概念，一般从以下几方面进行。

（1）计算机地图制图的目的是制作地图。计算机地图制图最终提供给用户的仍是地图（包括普通地图、专题地图、遥感影像地图等），但这种地图的存储、处理是以数字格式进行的，因此可以进行灵活多样的操作，也可以通过硬拷贝、显示器等不同方式显示。

（2）计算机地图制图强调以计算机技术作为制图手段。传统地图制图主要通过人工操作制作纸质地图（模拟地图），而计算机地图制图强调以人机交互下的计算机图形处理为基础的地图制图，制图要素为数字化信息，地图表达、处理都为数字方式，人类工作由直接编制地图转变为操作计算机绘图、开发有关机助地图制图软件等。

（3）计算机地图制图强调以数字化的格式存储和分析地图。相对于传统地图制图，计算机地图制图的根本区别在于以计算机可直接存储处理的数字格式表达和处理地图，充分应用了数字信息的优越性。数字地图具有无缝连接、灵活设置、多信息派生、数据库存储、自由缩放、信息重用等优越性，为地图信息共享提供了有力支持。

（4）现代制图学研究的目标一直是使计算机能够自动完成复杂的制图工作，尽可能地减少人工修改和编辑的工作量。数字地图制图过程，是利用已有的数据制作地图，即从数字线划地图（digital line graphic，DLG）到数字制图模型（digital cartographic model，DCM）的过程，其中面临的一个很大问题是地理要素符号化后的叠置层次和图形效果的处理，为了达到理想的出图效果，必须进行人机交互的编辑和修改。

（5）在促进地图制图学发展的同时，计算机地图制图也对传统的地图学提出了新的挑战与要求。

1.1.2 计算机地图制图的特点

计算机地图制图技术与计算机图形学技术、数据库技术、数字图像处理技术、多媒体技术、网络与 WebGIS 技术等密切相关。计算机图形学为计算机地图制图技术的实现奠定了理论与方法基础。因此，计算机地图制图不是简单地把数字处理设备与传统制图方法组合在一起，而是地图制图领域中一次重大的技术变革，与传统的地图制图相比，计算机地图制图具有如下特点。

（1）易于编辑更新，交互性强。传统制作的纸质地图一旦印刷完成即固定成型，不能再变化。而数字地图是地图使用者在不断与计算机的交互过程中动态产生出来的，例如，使用者可以指定地图显示范围，设定地图显示比例尺和自由组织地图上出现的地物要素种类、个数等。这样可以按照地图使用者的不同要求生成不同的地图，在满足用户需求的同时，提高地图在使用上的灵活性。

（2）提高绘图速度和精度。计算机地图制图取消了传统地图制图和地图印刷工艺中许多复杂的工艺步骤，大大缩短了成图周期。把地图编辑、地图编绘、地图清绘、复照、翻版、分涂等工艺合并在计算机上完成，大大提高了绘图的速度；同时也减少了制图过程中由制图人员的主观随意性而产生的偏差，这样就为地图制图的进一步标准化、规范化奠定了基础，提高了绘图的精度。

（3）丰富了地图品种。纸质地图通常是二维矢量的图形，计算机地图制图能够运用更多的计算机技术方法，实现不同的地图显示，可以制作更多传统的制图方法无法完成的图形，如坡度图、三维立体图、通视图等，丰富了地图品种。

（4）信息共享。数字化之后的地图具有信息复制和传播的优势，很容易实现共享。数字地图能够大量无损复制并且可以通过计算机和互联网进行传播。

计算机地图制图作为地图制图领域内的一次重大技术革命，其作用等于或超过由印刷机的发明和投影测量技术的产生所引起的地图制图技术的巨大变化。计算机地图制图使整个地图学学科呈现三大特点：①地图生产已摆脱了传统手工生产的模式，形成了从地图数据采集、处理、地图编辑到出版的集成化的地图生产模式；②数字地图的品种日益增多，需求量越来越大；③基于数字地图的应用技术和应用系统发展迅速。

计算机地图制图系统的应用虽然实现了地图的数字化编辑和印刷，但仍有不少人工干预的成分。要真正解决地图生产的智能化问题，需要将人工智能、专家系统的概念和技术全面应用于地图设计、地图数据处理过程中，使计算机系统具有模拟地图制作者的思维和推理能力，并正确运用地图专家的知识和经验，实现真正意义上的地图制图与生产的自动化和智能化，最终建立地图制图专家系统。在用户给定若干初始条件之后，地图制图专家系统能够完成包括确定地图的数学基础、地图内容及其表示方法、地图自动综合和地图内容的符号化、地图注记和图例配置等一系列工作。

1.1.3 计算机地图制图的发展

计算机的发明和计算机地图制图技术的应用，使传统的地图制图领域发生了革命性的变革。随着社会文明的进步，人们认识到地球资源是有限的，应该进行人为的科学的管理和规划，在实际开发中保护有限的资源。在这样的前提下，计算机地图制图应运而生，为满足现代人对地图作品的不同需求，其替代了传统的手工制图方式，迅速地发展起来。计算机地图制图的发展大致可划分为以下 4 个阶段。

1. 初期阶段

20 世纪 50～60 年代，计算机及其外部设备逐步得到广泛应用，由于计算机具有的高速处理和存储数据的能力，计算机地图制图技术得以发展。由于计算机数据和图形学的发展，并且伴随着图数转换装置和数控绘图机的问世，传统的地图制图工艺有了实现自动化的可能。1964 年，数控绘图仪绘出了第一张地图。随后英国牛津大学和美国哈佛大学研制的自动地图制图系统开始运行，用模拟手工的方法绘制了一些地图。这两个系统都为计算机地图制图技术的发展做出了开创性的贡献，在此期间对一些计算机地图制图理论和技术问题的探讨和研究也为 70 年代计算机地图制图的发展奠定了基础。

2. 发展阶段

20 世纪 60 年代后期至 80 年代后期，由于第三代、第四代计算机的出现，计算机技术得到了更加广泛的应用，运算速度加快、内存容量增大，输入输出设备更为齐全，磁盘设备的存取更为便捷，为地图数据的处理提供了更有利的手段。在这个时期，制图学家对地图图形的数字表示和数字描述、地图资料的数字化、地图数据处理、地图数据库、地图综合和图形输出等方面的问题进行了深入的研究，在制图硬件的速度、交互性和制图软件的算法上都有了很大的突破。在很多有关计算机地图制图的关键问题得到解决之后，许多国家都相继开发了人机交互式的计算机地图制图系统，并在此基础上进一步推动了地理信息系统的发展，也推动了各种类型的地图数据库和地理信息系统的建设，为军事、规划、设计和管理等部门提供方便的地理信息服务。

3. 成熟阶段

20 世纪 80 年代末，是计算机地图制图经历蓬勃发展的时期。微型计算机的出现，各种制图软件和硬件得到了进一步完善，计算机地图制图技术基本上代替了传统地图制图方法，地图制图自动化程度达到了一定的高度，地图和地理信息的应用走向全面和深入，在这十余年里，随着远程通信传输设备的应用和计算机网络的建立，伴随着数据库技术、系统软件和工具软件的日臻完善，计算机地图制图的数据处理、地图的输入输出、地图编辑和人机交互等技术得到了发展并日渐成熟，一些国家开始建立小比例尺地图数据库。以美国为例，美国地质调查局 1982 年建成了 1：200 万国家地图数据库，用于生产 1：200 万～1：1 000 万比例尺的各种地图; 1983 年开始建立 1:10 万国家地图数据库; 1985 年开始研究从传统生产模式向数字化制图体系过渡的程序和技术问题; 1988 年还发布了"数字化制图数据标准"。

4. 普及应用阶段

20 世纪 90 年代以来, 计算机的硬件和软件均得到了飞速的发展, 随着各种计算机地图制图系统的建立, 数字地图产品得到了广泛的应用。各国相继建成了大、中、小比例尺的国家地图数据库。例如, 英国先后建立了可供编制 1:1 万、1:5 万及 1:25 万比例尺的国家地形图数据库; 美国环境系统研究所公司建成了全世界 1:100 万地图数据库。近年来, 随着数据库技术、面向对象技术、图形图像处理技术、动画技术、多媒体技术和网络技术的发展, 出现了网络地图、动态地图、三维地图、多媒体地图等全新的地图表现和应用形式。遥感技术、全球定位系统和地理信息系统的进一步发展和集成, 为计算机地图制图技术的发展和应用展现了更为广阔的前景, 制图领域迅速扩大, 呈现出多层次、多时态、多方位、多品种的态势。

1.2 计算机地图制图的基本过程

从地图制图的过程来看, 计算机地图制图与传统的手工制图之间有许多相似之处, 各阶段处理的主要内容与目标是一致的, 更重要的是它们都必须遵循地图学理论进行制图。但两者处理的对象形式不同, 从而导致具体制图环节和处理方式上的差异。例如, 地图的计算机制作与出版过程大大简化, 在输出分色胶片之前甚至印刷之前的全部工作都可在地图出版系统中完成, 而纸质地图及地图集的生产以往都是靠手工作业方法完成。因此, 虽然计算机地图制图是在传统的地图制图理论的基础上发展起来的, 但是它在要素表达、制图要素编辑处理和地图制印等方面都发生了质的变化, 无论是制作普通地图还是其他类型的地图, 计算机地图制图的基本过程包括地图设计、数据获取、数据处理、图形输出 4 个阶段。

1.2.1 地图设计

地图设计的主要内容包括根据制图的目的、任务和用途, 确定地图的选题、内容、指标和地图比例尺与地图投影; 搜集、分析编图资料; 了解熟悉制图区域或制图对象的特点和分布规律; 选择表示方法和拟订图例符号; 确定制图综合的原则要求与编绘工艺, 确定使用的软件和数字化方法; 写出地图编制设计书, 并制订完成地图编制的具体工作计划。

1.2.2 数据获取

数据获取是按照地图设计要求, 将各种制图资料通过输入设备转换成计算机能够识别和处理的数据或转换成该地图制图系统兼容的数据格式的过程。制图资料来源不同, 输入方法也不同。

计算机地图制图的资料来源多种多样, 如地图资料、专题地图作者原图、地理基础地图、航天航空遥感影像、统计资料、各种测量数据、已有数据库和地理调查资料等。数字数据可以直接使用或者经一定的计算机处理之后使用。非数字数据的数字化输入是计算机地图制图过程中数据获取的常见任务，其中的统计文字可用键盘输入，图形和图像资料则要通过模-数转换装置转换成计算机能够识别和处理的数据。

1.2.3 数据处理

地图数据处理是指对各种来源的数据进行加工、变换，消除数据错误和误差，保证提供使用的数据的正确性和规范性，方便存储、管理和应用，实现不同来源数据的集成与融合。地图数据处理包括：在数据获取时对误差纠正所进行的处理；数字地图生产中涉及的各种坐标系之间的转换；便于数据存储的压缩处理；生成特定数据结构的处理；数据完整性与正确性的检验；生成模拟图形的符号化处理；生成派生数据的处理；满足动态分析应用的处理等。没有数据处理，就不能生成真正的数字地图，数据处理的结果直接影响数字地图的质量。

1.2.4 图形输出

数字地图以数字形式存储在计算机内存或者其他载体上，屏幕显示是它最直接的输出形式，即电子地图（毛赞猷 等，2017）。数字地图的空间尺度令屏幕输出没有了比例尺的限制，读图者可以任意放大或缩小屏幕地图，而且如果制图者对不同的图层分别设置了显示视窗范围，多尺度地图数据库可以随着比例尺变化，加载更多的细节层次信息，地图载负量不一定会变小。

1. 文件输出

文件输出是计算机之间、不同软件之间进行数据交换、数据集成和相互取长补短的必要形式。例如，CorelDRAW 软件辅助设计功能强，较容易获得地图的艺术美感，但由于它不带数据库，所有反映专题要素数量指标的符号尺寸，以及表达区域专题等级或类型的颜色必须如手工制图般逐个设定，这既增加了制图者的工作量，又不易保证精度。而在地理信息系统软件中，所有专题属性被存放于数据库中，制图者根据需要表示的专题特征选择地图表示方法，给出适当的参数，如分级方法、分级数等，系统根据制图所选数据项进行统一运算，并按制图者要求将符号显示在选定位置。因此，将地理信息系统环境下生成的专题图以文件输出方式，交换到 CorelDRAW 环境下进行艺术再加工，可以使数字地图的科学价值和艺术美感并举，更好地实现地理信息的传输功能。

2. 打印输出

人们常常以打印输出或印刷输出的方式将数字地图转换为纸质或其他介质的模拟地图。值得指出的是，符号的设计还要考虑地图的输出方式。当数字地图输出为纸质地图后，它就有幅面和比例尺的限制。通常屏幕上显示的地图色彩鲜艳、反差相对明显，线条也可以设计得极细，而打印或印刷受纸张、油墨影响较大，色彩分辨率相对较低，过细的线条则不能印刷出来，因此，往往不能得到"所见（屏幕显示）即所得（打印、印刷）"的效果。这就需要制图者具有一定的印刷常识和丰富的制图经验。

1.3 计算机地图制图系统的构成

为了在计算机环境下实现数字地图的制作与生产，需要基于计算机系统平台及各种编程工具，开发多种软件系统来完成这项工作。计算机地图制图系统主要由计算机硬件和计算机地图制图软件构成，相关的制图数据是计算机地图制图系统处理的对象。

1.3.1 计算机硬件

计算机地图制图的硬件设备主要包括图形图像输入设备、图形图像处理设备及图形图像输出设备三大类（王家耀 等，2016）（图1-1）。图形图像输入设备包括手扶跟踪数字化仪（目前已基本不使用）、扫描数字化仪、数字测图设备、鼠标、键盘等；图形图像处理设备可以是微型计算机、工作站等；图形图像输出设备包括大幅面喷墨绘图仪、显示器、激光打印机、彩色拷贝机等。

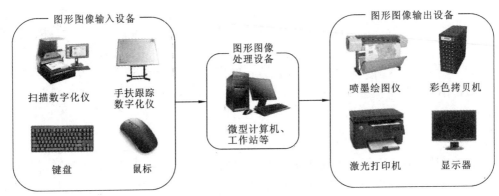

图 1-1　数字地图制图系统硬件基本构成

1.3.2 计算机地图制图软件

计算机地图制图系统的基本工作流程是数据获取、数据处理和数据输出，软件的主要功能就是从不同信息源获取地理信息数据，并将地理信息数据处理成符合特定格式要求的数据集合（即各种数字地图），需要时实现纸质化或其他形式的输入。除通用的操作系统、设备驱动、网络通信软件外，计算机地图制图生产的主要软件包括数据采集与输入软件、数字地图制图软件、图形编辑与输出软件（图1-2）。其中，最关键的是数字地图制图软件。因为数据采集与输入软件、图形编辑与输出软件已相对成熟，基本实现了商品化（王家耀 等，2016）。

一般可根据能否生成数字地图及能否输入地理属性信息，将计算机地图制图的软件分为通用制图类软件和地图制图类软件两种。

通用制图类软件是以平面制图为目的的计算机辅助设计（computer-aided design）软件，简称CAD软件，代表产品有美国Autodesk公司的AutoCAD、加拿大Corel公司的CorelDRAW等，这些软件安装、使用较为方便快捷，因此大量的插图、宣传图片、广告均由这类软件制作完成。这类软件的重点在通用图形设计上，而不是针对地图制图开发的，一般只能接受一

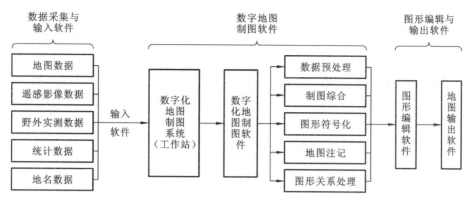

图 1-2　数字地图制图系统软件功能

些通用的图形或图像格式数据，而不能接受常用的地理信息数据，也不能形成或导出地理信息数据。但是这类软件的其他编辑与制图功能很强大，基本能满足大部分地图的制作要求，并且一般有强大的二次开发能力，可以根据制图者的需要提供插件，以 Script 语言等方式进行二次开发，得到针对性较强的专业制图软件，因此使用非常广泛。这类软件常常用来生产地图集和小幅面的地图产品，但在制作地图之前需要进行一定的准备工作，如建立符号库、进行图层设定等。

地图制图类软件是指专门为地图制作开发的软件，这些软件一般都提供了数字化仪采集、扫描矢量化、多种地理数据格式转换、地图投影变换、坐标变换、地图编辑、地图整饰、专题地图制作和输出 EPS（encapsulated postscript，该文件是桌面印刷系统普遍使用的一种通用交换格式）等功能。与通用制图类软件相比，地图制图类软件在地图制作上更专业化，针对地图制作的使用、操作也更加方便，工作效率更高，制图适用范围更广。在国内市场上应用比较广泛的是方正智绘、MappingStar，以及在 AutoCAD 等软件之上二次开发的一些制图系统。

另外，目前大量的地理信息系统软件也同时具有地图制作的功能。它们是以开发地理信息系统为目的的 GIS 平台软件，代表产品有美国环境系统研究所公司的 ArcGIS、美国 MapInfo公司的 MapInfo、北京超图软件股份有限公司的 SuperMap、中国地质大学（武汉）的 MapGIS等。虽然数字制图的软件和地理信息系统的软件是相通的，但由于主要目的不同，它们对地图编辑过程的理解、专题符号的设计、分析功能等有显著的差别。

1.4　数字地图制图与出版的一体化

计算机技术应用到地图制图后，丰富了地图内容，改变了地图制图出版的整个生产流程。编制地图的方式也由以纸质地图扫描矢量化方式，逐渐向各类基础空间数据模式转变，基于空间数据的地图编辑成为主流。从数字地图制图与出版的过程来看，其核心问题是数据获取、数据处理与数据输出，而地图制图与出版发展的最终目标是要实现一体化。所谓一体化，是指地图制图与出版用分色挂网胶片输出或数字直接制版一体化。

目前，国内外利用计算机进行地图制图与出版的各种方法，基本可以概括为两种模式：一是基于地理信息系统的制图与出版模式；二是基于计算机辅助设计的制图与出版模式

（王家耀 等，2016）。前者先输入空间实体的位置信息和属性信息，并对数据进行编辑修改，建立地理空间数据库，然后对属性信息进行符号化表示，将空间数据以可视化的形式表现出来。在这种制图模式中，地理空间数据尤其是属性数据采用地理属性编码方式并以数据库的形式进行存储和管理。后者对地理信息位置数据的输入方法与一般地理信息系统没有太大区别，但对属性数据输入和存储的不是空间要素的地理属性码，而是对属性特征进行图形描述的参数或者图形属性码，而且往往将几何数据与属性图形参数放在一起，以文件的方式存储。两种制图与出版模式的对比如表 1-1 所示。

表 1-1　　两种制图与出版模式对比

制图与出版模式	优点	缺点
基于地理信息系统	易于派生新图和更新地图； 便于快速、多样地确定地图的表现形式； 具有强大的空间数据分析应用功能	编辑状态与图形状态不统一； 没有考虑出版中的色彩管理、组版、文字、套印、叠印的关系等
基于计算机辅助设计	制图过程简单，建立图形较快； 编辑状态与制图状态统一； EPS 输出方面具有很强的优势	缺乏地图数学基础； 没有属性信息，不能进行必要的空间分析； 数据难以被其他制图系统使用

从两种制图与出版模式的对比来看，它们要么制图功能较弱，要么出版功能较弱，两者不能兼顾。以基于地理信息系统的制图与出版模式为例，其解决方案是直接在地理信息系统的基础上增加出版输出功能，代表产品是 ArcMap。虽然实现了制图出版输出，但输出结果达不到出版印刷的质量要求，没有制图出版所必需的工艺流程和质量监控程序，更没有批处理出版功能。本质上还是基于地理信息系统的制图和输出模式，只是把地理信息系统生成的数据转换为某种出版用的格式。所谓的一体化，仍是表面上的、某种程度的一体化，而未真正解决一体化问题。

在数字化地图制图与出版一体化的过程中，需要关注和研究以下几个关键技术。

（1）多源异构数据的综合应用。多源数据的综合应用是数字地图制图与出版的重要组成部分，一体化的制图与出版模式应该多研究多源异构制图数据集成、融合与同化的理论与方法，解决不同空间基准、不同格式、不同尺度、不同类型、不同时间、不同语义的数据一致性处理及其存储、管理和调度的问题。

（2）数字地图制图与出版的综合数据模型的构建。地图制图与出版一体化的模式需要构建一种综合的数据模型。这里所说的综合数据模型不是数字地图制图的数据模型和出版数据模型的简单叠加，而是在充分考虑地理空间信息和图形信息异同的基础上，整合两者之间的差异，构造一个共同的数据模型，实现两者在一个平台上通过某一层次要素的关系建立三者的联系，从而达到地图数据更新、制图与出版的同步进行。

（3）数字地图制图与出版一体化工艺流程的建立。实质上是要建立数字地图制图与出版一体化及过程监控工作流模型，即能在同一个平台上实现地图生产的设计、数据输入、数据检查、编辑处理、输出、调度、质量监控检查、意见处理等业务，实现数据流、信息流与控制流的同步传输，达到生产管理和技术管理的一体化目的。数字地图制图与出版一体化工艺流程见图 1-3。

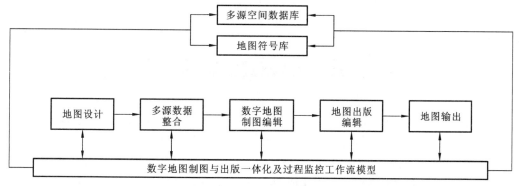

图 1-3 数字地图制图与出版一体化工艺流程

（4）统一的地图输出接口。制图出版系统要设计多种地图输出方式，如 EPS 或 PDF 文件输出、喷墨打样输出及制版印刷输出等。需要设计一套符号库，既能用于计算机屏幕显示，又能用于 EPS 文件输出和 PDF 文件输出等，即"一套符号库，多种输出状态"。

数字地图制图与出版一体化，是地图制图学与地理信息工程学科的一个重要研究方向，数字地图制图与出版一体化的研究就是要加强对上述各种技术和应用的研究，解决一体化的技术难点，在此基础上，设计出一体化的数字地图制图与生产出版系统。

第 2 章　ArcGIS 软件概述

ArcGIS 软件是目前流行的地理信息系统平台，主要用于创建和使用地图，编辑和管理地理数据，分析、共享和显示地理信息，并在一系列应用中使用地图和地理信息。通过 ArcGIS 平台，不同用户可以使用 ArcGIS 桌面、浏览器、移动设备和 Web 应用程序接口与 GIS 系统进行交互，从而访问和使用在线 GIS 和地图服务。ArcGIS 软件作为一套完整的 GIS 产品，为用户提供了包括地图、应用程序、社区和服务等在内的丰富资源。

2.1　ArcGIS 体系结构

2.1.1　平台架构

ArcGIS 平台具备三层架构，即应用层、门户层和服务器层（图 2-1）。ArcGIS 不断完善与改进平台，形成以 NamedUser 为纽带、三层有机结合的全方位支撑平台，全面打造可落地的智能 Web GIS 应用模式。

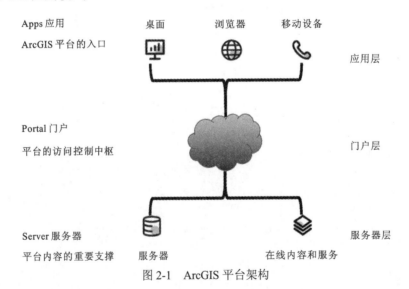

图 2-1　ArcGIS 平台架构

（1）应用层：用户访问 ArcGIS 平台的入口，不管是 GIS 专家还是弱 GIS 人群，都可以通过 Apps 访问 ArcGIS 平台提供的内容。

（2）门户层：ArcGIS 平台的访问控制中枢，是用户实现多维内容管理、跨部门跨组织协同分享、精细化访问控制，以及便捷地发现和使用 GIS 资源的渠道。门户可通过聚合多种来源的数据和服务创建地图，例如聚合自有的数据、ESRI 及其合作伙伴提供的数据等，制作的地图可供用户调用。

（3）服务器层：服务器是 ArcGIS 平台的重要支撑，为平台提供丰富的内容和开放的标准支持。它是空间数据和 GIS 分析能力、大数据分析能力在 Web 中发挥价值的关键，负责将数据转换为 GIS 服务，通过浏览器和多种设备将服务带到更多人身边。

2.1.2　主要产品

ArcGIS 核心产品主要有 ArcGIS Desktop、ArcGIS Enterprise 等（表 2-1）。

表 2-1　ArcGIS 产品列表

桌面产品	服务器产品	Apps	开发产品
ArcGIS Desktop	ArcGIS Enterprise	Insights for ArcGIS	ArcGIS Apt for JavaScript
ArcGIS Pro	ArcGIS Server	Drone2Map for ArcGIS	ArcGIS Runtime SDKS
CityEngine	ArcGIS GeoAnalytics Server	ArcGIS Earth	AppBuilder for ArcGIS
	ArcGIS GeoEvent Server	ArcGIS Maps for Office	Appstrdio for ArcGIS
	ArcGIS Image Server	更多	ArcGIS Python API

（1）ArcGIS Desktop 是对地理信息进行编辑、创建及分析的 GIS 软件，提供了一系列的工具用于数据采集和管理、可视化、空间建模和分析及高级制图。不仅支持单用户和多用户的编辑，还可以进行复杂的自动化工作流程。

（2）ArcGIS Enterprise 能够让组织的 GIS 中心增强协作和灵活性。它将行业领先的制图及分析功能与专用的 Web GIS 基础架构相结合，可随时随地在任何设备上组织并共享用户的工作。

（3）ArcGIS Online 是一个面向全球用户的公有云 GIS 平台，是一种全新的 GIS 软件应用模式，为用户提供了按需的、案例的、可配置的 GIS 服务。ArcGIS Online 包含了全球范围内的底图、地图数据、应用程序，以及可配置的应用模版和开发人员使用的 GIS 工具和 API，可用于创建 Web 地图，发布 GIS 服务，共享地图、数据和应用程序，以及管理组织的内容和多个用户。

2.2　ArcGIS Desktop 简介

ArcGIS Desktop 桌面端产品有旧桌面产品和新桌面产品。旧桌面产品包括 ArcMap、ArcCatalog、ArcToolbox 和三维 ArcScene、ArcGlobe，其中，以 ArcMap 为代表；新桌面产品是 ArcGIS Pro，ArcGIS Pro 是 ArcGIS Desktop 桌面的延续和发展，目前集成了 ArcMap 90% 以上的功能，并且加入了很多新的功能。但是由于用户习惯等的原因，很多用户还是使用 ArcMap 进行操作，本书仍以 ArcMap 为例进行讲解。

ArcGIS Desktop 是一套完整的专业 GIS 应用软件，通过对自然地理现象、事件及其关系进行可视化表达，从而解决用户日常工作中需要解决的问题，提升用户的工作效率，并能制订科学合理的决策，辅助用户的日常工作。它可供 GIS 专业人员创建、分析、管理和共享地理信息，以便决策者做出明智可靠的决策；可用于创建地图、执行空间分析和管理数据；可导入多种数据格式，并使用功能强大的分析工具和工作流来确定空间模式、趋势及不明显的关系。

2.2.1 ArcGIS Desktop 产品级别

根据用户的需求，ArcGIS Desktop 产品分为 3 个级别。①ArcGIS Desktop 基础版：提供了综合性的数据使用、制图和分析及简单的编辑数据和空间处理工具。②ArcGIS Desktop 标准版：在基础版功能的基础上，增加了高级的地理数据库编辑功能和数据创建功能。③ArcGIS Desktop 高级版：是一个旗舰式的 GIS 桌面产品，在标准版的基础上，扩展了复杂的 GIS 分析功能和丰富的空间处理工具。

无论高级版还是基础版，都有很多扩展模块。扩展模块的类别包括分析、数据集成和编辑、发布及制图。部分扩展模块还可作为特定市场的解决方案，主要如下。

（1）ArcGIS 3D Analyst Extension（三维可视化和分析）：主要包括 ArcGlobe 和 ArcScene 应用程序，此外，还包括 Terrain 数据管理和地理处理工具。

（2）ArcGIS Spatial Analyst（空间分析）：具有种类丰富且功能强大的数据建模和分析功能；这些功能用于创建、查询、绘制和分析基于像元的栅格数据。ArcGIS Spatial Analyst Extension 还用于对集成的栅格、矢量数据进行分析，并且向 ArcGIS 地理处理框架中添加了170 多种工具。

（3）ArcGIS Geostatistical Analyst（地统计分析）：用于生成表面及分析、绘制连续数据集的高级统计工具。通过探索性空间数据分析工具，可以深入地了解数据分布、全局异常值和局部异常值、全局趋势、空间自相关级别及多个数据集之间的差异。

（4）ArcGIS Network Analyst Extension（网络分析）：执行高级路径和网络分析支持等。

2.2.2 ArcGIS Desktop 应用程序

ArcGIS Desktop 是一个系列软件套件，它包含了一套带有用户界面的桌面应用，主要包括 ArcMap、ArcCatalog、ArcToolbox、ArcGlobe 和 ArcScene，每一个应用都具有丰富的 GIS 工具。

1. ArcMap

ArcMap 是 ArcGIS Desktop 中的一个主要应用程序，它承担了所有地图制图和数据编辑任务，也包括基于地图的查询、分析、统计等功能。对于 ArcGIS 桌面软件，地图设计与制作是依靠 ArcMap 来完成的。它的主要功能包括：①制图和可视化；②管理和编辑数据；③数据建模和分析；④生成地图，与 Engine、ArcGIS Server、ArcGIS Online 共享。

2. ArcCatalog

ArcCatalog（目录）是一个集成化的空间数据管理器，类似 Windows 的资源管理器，主要用于数据创建和结构定义，数据导入导出和拓扑规则的定义、检查，元数据的定义和编辑修改等。它的功能主要包括：①浏览和查找地理信息数据；②创建各种类型的地理信息数据；③实现记录、查看和管理元数据；④定义、输入和输出 Geodatabase 数据模型；⑤管理各种类型的 Geodatabase；⑥管理多种 GIS 服务。

ArcCatalog 集成在 ArcMap、ArcScene 和 ArcGlobe 中，也可以独立运行。用户可以使用 ArcCatalog 来组织、查找和使用 GIS 数据，同时也可以利用基于标准的元数据来描述数据。GIS 数据管理员使用 ArcCatalog 来定义和建立 Geodatabase。

3. ArcToolbox

ArcToolbox 是一个简单的包含各种用于空间处理的 GIS 工具的应用程序，作为空间数据格式转换、数据分析处理、数据管理、三维分析和地图制图等的集成化的"工具箱"。在 ArcGIS 9.0 以后不是一个独立模块，集成在 ArcMap 和 ArcCatalog 中。

4. ArcGlobe

ArcGlobe 是 ArcGIS Desktop 中实现三维可视化和三维空间分析的应用软件，需要配备三维分析扩展模块。ArcGlobe 提供了全球地理信息连续、多分辨率的交互式浏览功能，支持海量数据的快速浏览。与 ArcMap 一样，ArcGlobe 也是使用 GIS 数据层来组织数据，显示 Geodatabase 和所有支持的 GIS 数据格式中的信息，它具有地理信息的动态三维视图的功能。在 ArcGlobe 中，图层放在一个单独的内容列表中，将所有的 GIS 数据源整合到一个通用的球体框架中。它能处理数据的多分辨率显示，使数据集能够在适当的比例尺和详细程度上可见。

ArcGlobe 采用统一交互式地理信息视图，使 GIS 用户整合并使用不同 GIS 数据的能力大大提高，而且在三维场景下可以直接进行三维数据的创建、编辑、管理和分析。

5. ArcScene

与 ArcGlobe 一样，ArcScene 也是一个适用于展示三维透视场景的平台，可以在三维场景中漫游并与三维矢量和栅格数据进行交互。ArcScene 基于 OpenGL，支持 TIN 数据显示。显示场景时，ArcScene 会将所有数据加载到场景中，矢量数据以矢量形式显示，栅格数据默认会降低分辨来显示以便提高效率，适合小范围内制作三维模型。

2.3　ArcMap 一体化地图制图

ArcMap 工作环境（图 2-2）由地图显示窗、主菜单条、标准工具条、内容表、绘图工作

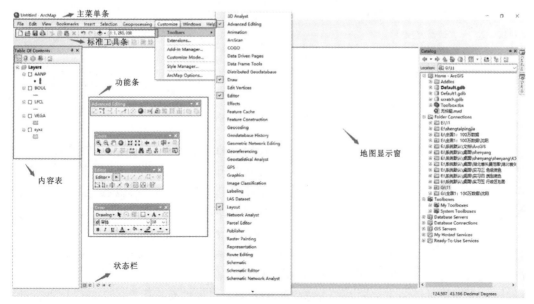

图 2-2　ArcMap 工作环境

区等若干部分组成，还可以在主菜单条空白部分单击鼠标右键获得更多的功能选项，制图者可以任意组合、放置这些功能块。

ArcMap 提供了两种地图显示状态，即数据视图和版面视图，系统默认状态是数据视图，制图者可以通过地图视窗左下角的两个图标在两个显示状态之间随时切换。

2.3.1　数据视图

在数据视图状态，制图者可以进行各种数据查询、检索、编辑、数字化等操作。最初加载的空间数据在数据视图中以最原始的点、线、面形式出现，等待制图者进行最基本的地图符号化处理。

ArcMap 提供了所见即所得的符号编辑器，使制图者可以随意地生成任意复杂的点、线、面符号。所有的符号化工作通过内容表中数据层（也称图层）的属性选项实现，如图 2-3 所示。

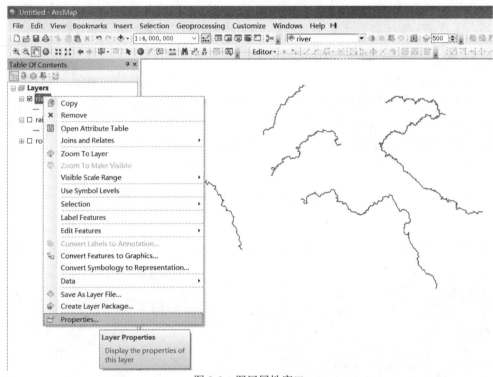

图 2-3　图层属性窗口

为了便于数据的使用与管理，制图者一般使用不同的图层存放不同类型的要素，同一图层的对象不仅类型相同，而且点、线、面几何特征也相同。通过 Symbology 窗口可以进行单一符号化设置（图 2-4），可以对所有的要素采用相同的符号表示，系统根据图层中要素的几何特性，提供相应的点、线、面符号库供用户从中选择。

图层属性对话框中 Label 键帮助制图者将属性字段中的数据（如地名、产值等）作为注记标在地图上，并可设置注记的风格、位置及注记在什么比例尺范围内显示。针对点状要素，ArcMap 提供了各种注记位置优选方式以便制图者在不同情况下使用。

ArcMap 还提供了若干专题制图方法使制图者可以对属性数据库中的专题信息进行地图

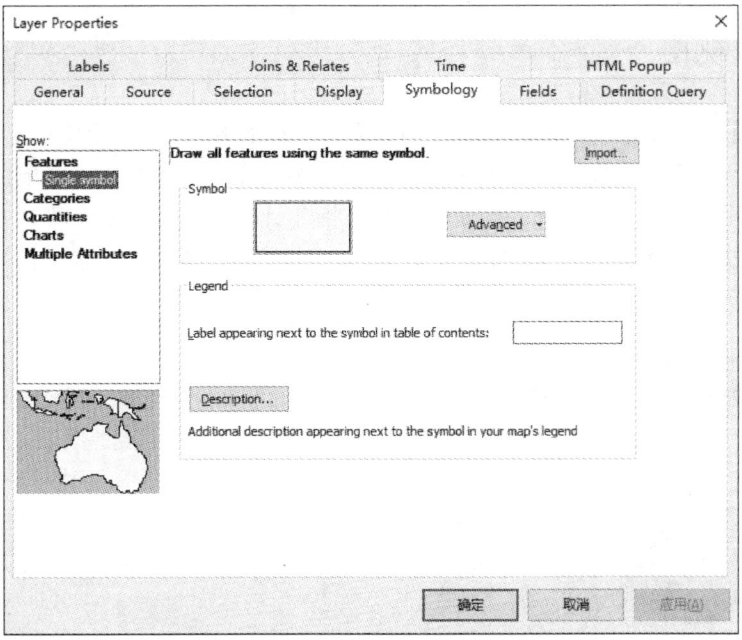

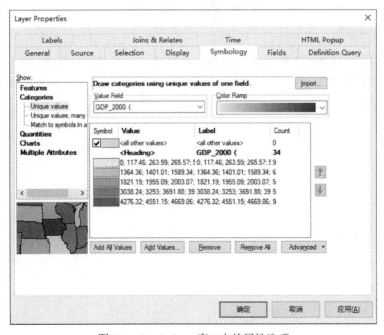

图 2-4　Symbology 窗口

符号化。分类符号法属于质量分类方法，该方法使具有相同属性值的要素采用相同的符号，不同属性用不同符号表达，这种方法常用于制作类型图、区划图等。

　　Symbology 窗口中的 Categories、Quantities 及 Charts 等属性（图 2-5），分别可以用来制作基于质底法、分级统计图表法、分区统计图表法表示的专题地图。当要制作具有相同专题、相同风格、不同区域的若干图时，只需将制作好的地图作为模版保存下来得到一个 Layer 文件，使用时只需改变 Layer 文件的数据源即可，而无须对每一幅图分别进行制作。

图 2-5　Symbology 窗口中的属性选项

2.3.2　版面视图

在版面视图窗口下，制图者可以对地图要素进行排版布局，为地图输出做准备。ArcMap 提供了若干个预定义的布局模板（图 2-6），它们的不同在于：纸张大小、纸张方向、图框样式、地图要素种类（图名、图例、图解比例尺、指北针、其他说明文字等）、各要素布置等。制图者可以通过 ArcMap 主菜单"Insert"，插入所需要的各种地图要素，自行对图面进行配置，并保存为模板。

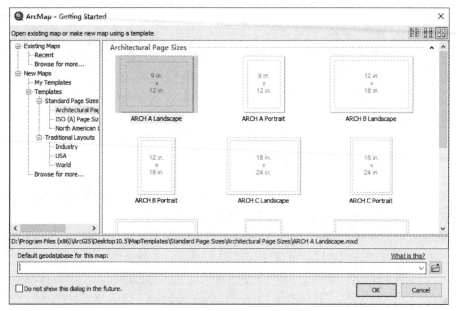

图 2-6　预定义的布局模板

需要特别强调的是，鉴于数字地图的任意尺度，图解比例尺在输出布局中是必不可少的。制图者除了要对图解比例尺的样式进行选择，更重要的是通过调整比例尺的长度使比例尺上的刻度值尽量为整数。

第 3 章　CorelDRAW 软件概述

CorelDRAW 是由加拿大 Corel 公司开发的一款功能强大的专业平面设计、矢量设计、矢量绘图软件。通过该软件不仅可以绘制、编辑图形和文本，还能利用位图处理功能编辑出丰富多彩的图像效果。经过对绘图工具的不断完善和对图形处理能力的增强，CorelDRAW 已经从单一的矢量绘图软件发展为全能绘图软件。

3.1　CorelDRAW 的工作界面

3.1.1　基本界面

CorelDRAW 的工作界面主要由标题栏、菜单栏、工具栏、属性栏、工具箱、标尺、调色板、泊坞窗、状态栏、页面控制栏和绘图页面等部分组成，如图 3-1 所示。

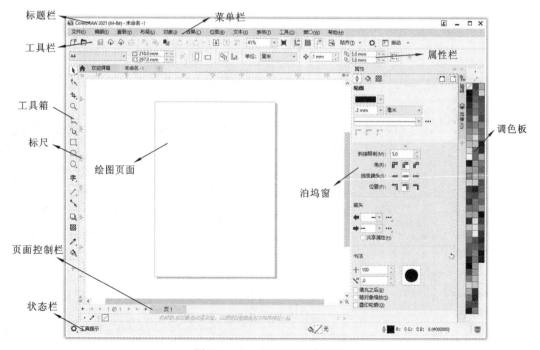

图 3-1　CorelDRAW 工作界面

（1）标题栏：位于窗口的最顶端，用于显示软件名和当前操作文件的文件名，包含程序图标，最大化、最小化、还原、关闭按钮，用于调整 CorelDRAW 窗口的大小。

（2）菜单栏：集合了 CorelDRAW 中的所有命令，并将它们分门别类地放置在不同的菜单中，供用户选择使用。

（3）工具栏：提供了常用的命令按钮（如打开、保存、打印等），使操作方便简捷，为用户节约从菜单中选择命令的时间。

（4）属性栏：显示了所绘制图形的信息，并提供了包含常用的与活动工具或对象相关的命令分离栏。

（5）工具箱：分类存放 CorelDRAW 中常用的工具，这些工具可以帮助用户完成各种工作。

（6）标尺：用于度量图形的尺寸并对图形进行定位，是进行平面设计工作不可缺少的辅助工具。

（7）调色板：可以直接对所选定的图形或图形边缘进行颜色填充，默认的色彩模式为 CMYK 模式。

（8）泊坞窗：包含与特定工具或任务相关的可用命令和设置的窗口，它提供了许多常用的功能，使用户在创作时更加得心应手。

（9）绘图页面：指绘图窗口中带矩形边沿的区域，只有此区域内的图形才可被打印出来。

（10）状态栏：可以为用户提供有关当前操作的各种提示信息。

（11）页面控制栏：显示了 CorelDRAW 文件的当前页码、所包含的总页数等信息，利用页面控制栏还可以增加、删除、切换或重命名页面。

3.1.2 菜单栏

CorelDRAW 的菜单栏包含"文件""编辑""查看""布局""对象""效果""位图""文本""表格""工具""窗口""帮助"12 个菜单，如图 3-2 所示。

文件(F) 编辑(E) 查看(V) 布局(L) 对象(J) 效果(C) 位图(B) 文本(X) 表格(T) 工具(O) 窗口(W) 帮助(H)

图 3-2   CorelDRAW 菜单栏

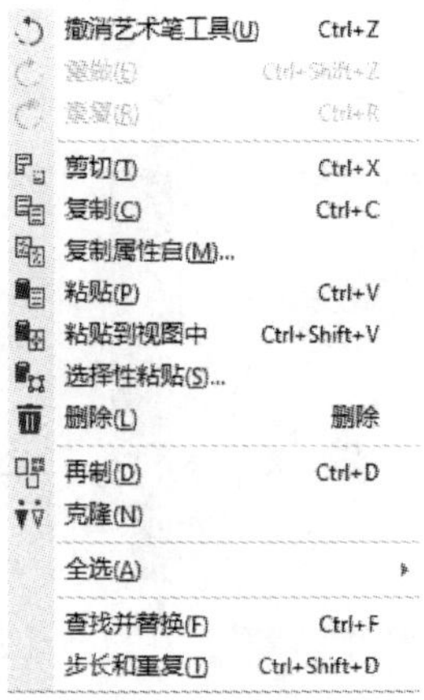

图 3-3   CorelDRAW 编辑栏

单击每一个菜单都将弹出其下拉菜单。如单击"编辑"菜单，将弹出如图 3-3 所示的"编辑"下拉菜单。最左边为图标，它和工具栏中具有相同功能的工具一致，便于用户记忆和使用。最右边显示的组织键则为操作快捷键，便于用户提高工作效率。某些命令后带有 ▶ 标记，表示该命令还有子菜单，将光标停放在命令上即可弹出子菜单。某些命令后带有…标记，单击该命令即可弹出对话框，允许对其进行进一步设置。此外，"编辑"下拉菜单中有些命令呈灰色，表示该命令当前不可使用，需要进行一些相关的操作后方可使用。

3.1.3 工具栏

工具栏位于菜单栏的下方（图 3-4）。这里存放了常用的命令按钮，如"新建""打开""保存""打印""剪贴""复制""粘贴""撤销""重做""导入""导出""发布为 PDF""缩放级别""全屏预览""显示标尺""显示网格""显示辅助线""贴齐""选项""应用程序启动器"。使用这些命令按钮，用户可以便捷地完成一些基本的操作。

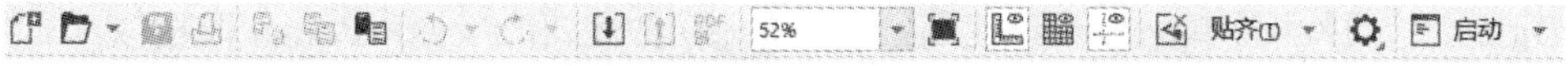

图 3-4 CorelDRAW 工具栏

此外，CorelDRAW 还提供了一些其他的工具栏，用户可以在菜单栏中选择它们。例如，选择"菜单栏→工具→文本"命令，则可显示"文本"工具栏（图 3-5）。用它里面所提供的绘图工具来选取物体、进行绘图和制作各种效果。如果工具在它的右下角显示一个黑色小三角，则表示它还含有"弹出式菜单"，移动鼠标到它上面，按住左键 3 s 后，会显示"弹出式菜单"的其他工具。

图 3-5 CorelDRAW 文本工具栏

3.1.4 工具箱

图 3-6 CorelDRAW 工具箱

工具箱中放置着绘制图形时常用的一些工具，这些工具是每一个软件使用者都必须掌握的基本操作工具。工具箱一般固定在软件的左侧，也可以成为在屏幕上拖动的悬浮窗口，如图 3-6 所示。

在工具箱中，依次分类排列着"选择""形状""裁剪""缩放""手绘""艺术笔""矩形""椭圆形""多边形""文本""平行度量""直线连接器""透明度""颜色滴管""交互式填充"等工具。其中，有些工具按钮带有小三角形标记，表示还有拓展工具栏，将光标放在工具按钮上，按住鼠标左键即可展开。例如，将光标放在"阴影"工具上，按住鼠标左键展开出现如图 3-6 所示的工具栏。

3.1.5 标尺

标尺是绘图中不可或缺的工具。标尺位于绘图窗口的顶端和左边，如果标尺未被显示出来，则可用"视图→标尺"命令打开标尺。标尺的原点，即标尺刻度为 0 的点，位于页面的左下角。对于标尺，CorelDRAW 提供了很多单位（王尚义 等，2014）。

（1）英寸（Inches）。英寸是英文版 CorelDRAW 缺省的度量单位，其在 CorelDRAW 中的地位是不可动摇的。英寸是最小的度量单位，1 英寸等于 2.54 cm。

（2）毫米。在米制系统里，毫米是一个测量单位。

（3）Picas，Points。主要用于印刷界。在传统上，1 英寸要大于 72 点，但现在已经把这个定义改为 1 英寸等于 72 点。1 Picas 等于 12 点。在一般情况下都用 Picas，Points 的格式来度量尺寸。注意，两个单位之间是逗号而不是小数点。例如 1，3 就表示 1Picas+3Points，即 15 点。

（4）点（Points）。在通常情况下，点只用来度量对象的尺寸和行间距等。用点来度量其他尺寸时，有时数值可能会变得很大。

（5）像素（Pixel）。简单地说，一个像素就是计算机屏幕上的一个点。像素是位图的基本单位，如果要生成诸如网页之类的需要用位图来表示的图，那么像素是非常有用的。

（6）Ciceros，Didots。1 Didots 等于 1.07 点，即 1 英寸等于 67.567 Didots。1 Ciceros 等

于 12 Didots。这种计量单位在法国使用。它们的使用方法和 Picas，Points 很相似。

（7）Didots。与 Points 一样，Didots 一般也是单独使用，用以度量对象的尺寸和行间距。

（8）英尺（Feet）。美国、英国等国家使用英尺，这是一个相对较大的单位，1 英尺等于 12 英寸。

（9）码（Yard）。1 码等于 3 英尺。

（10）英里（Miles）。1 英里等于 5280 英尺。

（11）厘米（Centimeter）。厘米是米制系统中的一个单位。1 厘米等于 0.394 英寸。

3.2　CorelDRAW 的基本操作

3.2.1　对象的基本操作

在 CorelDRAW 中，可以使用强大的图形对象编辑功能对图形对象进行编辑，其中包括对象的选取、缩放、旋转、镜像、复制、撤销。

1. 对象的选取

选取对象是管理对象的基础，是操作对象的第一步。CorelDRAW 提供了 4 种选取对象的方法，即用鼠标、用选择框、用 Tab 键、用菜单来选取对象。

（1）用鼠标：选择"选择"工具，在要选取的对象上单击鼠标左键，即可选取该对象；选取多个图形对象时，按住 Shift 键，依次单击选取的对象即可。

（2）用选择框：选择"选择"工具，在绘图界面中选取的图形对象外围单击鼠标左键并拖曳光标，拖曳后会出现一个蓝色的虚线圈选框，在圈选框完全圈住对象后松开鼠标左键，被圈选的对象即处于选取状态。

用选择框选取一组对象时，经常会同时选中一两个不需要的对象，这时可以用按住 Shift 键再单击对象的方法来取消选中的对象。如果用选择框选取对象时按住 Alt 键，那么将同时选中选择框内的对象和任何与选择框相交的对象。按住 Ctrl 键将使选择框变为正方形。同样也可以用选择框来取消某些被选中的对象。具体做法：先按住 Shift 键，然后用选择框选取部分被选中的对象，就可以取消选择框内对象的选中状态。如果在一大片选中对象中取消一小部分相邻对象的选中状态，那么这个功能是非常有用的。

（3）用 Tab 键：每次按下 Tab 键，CorelDRAW 总会按照叠加次序选中下一个对象。如果想在绘图页面中逐个检查有问题的对象或具有特定填充效果的对象等，那么使用 Tab 键将是一个极佳的方法。请记住，先按下 Shift 键，再按下 Tab 键，可以选中当前对象的前一个对象。如果选中了某一对象的子对象，那么按下 Tab 键，只能逐个选取当前对象中的各子对象。

（4）用菜单：使用"编辑→全选"子菜单下的各个命令来选取对象，或按 Ctrl+A 组合键，可以选取绘图页面中的全部对象。

2. 对象的缩放

在绘图过程中，创建的对象一般很少正好与所需尺寸相符，因为人们一般更关心对象看起来是否正确，而不是它的尺寸如何。CorelDRAW 提供了多种缩放对象的方法。

（1）使用鼠标缩放对象：使用"选择"工具选取要缩放的对象，对象的周围出现控制手柄。用鼠标拖曳控制手柄可以缩放对象。拖曳对角线上的控制手柄可以按比例缩放对象。拖曳中间的控制手柄可以不按比例缩放对象。

（2）使用"自由变换"工具缩放对象：使用"选择"工具选取要缩放的对象，对象的周围出现控制手柄。选择"选择"工具，展开式工具栏中的"自由变换"工具，选中"自由缩放"按钮，属性栏如图3-7所示。

图3-7　CorelDRAW属性栏

在"自由变换"工具属性栏中的"对象大小"中，输入对象的宽度和高度。如果选择了"缩放因子"中的锁按钮，则宽度和高度将按比例缩放，只要改变宽度和高度中的一个值，另一个值就会自动按比例调整。在"自由变换"工具属性栏中调整好宽度和高度后，按Enter键，完成对象的缩放。

（3）使用"变换"泊坞窗缩放对象：使用"选择"工具选取要缩放的对象，选择"窗口→泊坞窗→变换→大小"命令，或按Alt+F10组合键，弹出"变换"泊坞窗（图3-8）。其中，"X"表示宽度，"Y"表示高度。如果不勾选"按比例"复选框，就可以不按比例缩放对象。在"变换"泊坞窗中，图3-9所示的是可供选择的圈选框控制手柄8个点的位置，单击一个按钮以定义一个在缩放对象时保持固定不动点，缩放的对象将基于这个点进行缩放，这个点可以决定缩放后的图形的相对位置。

设置好需要的数值，单击"应用"按钮，对象的缩放完成。

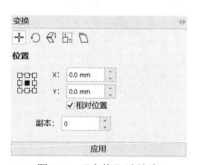

图3-8　"变换"泊坞窗

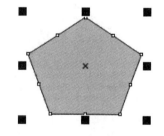

图3-9　圈选框

3. 对象的复制

1）复制

选择要复制的对象，选择"编辑→复制"命令，或按Ctrl+C组合键，对象的副本将被放置到剪贴板中。选择"编辑→粘贴"命令，或按Ctrl+V组合键，对象的副本被粘贴到原对象的下面，位置和原对象是相同的。用鼠标移动对象，可以显示复制的对象。

2）再制

再制对象可以在绘图窗口中直接放置一个副本，而不使用剪贴板。再制的速度比复制和粘贴快。同时，再制对象时，可以沿着X轴和Y轴指定副本和原始对象之间的距离。此距离称为偏移。选择"编辑→再制"命令，就可以执行这一操作。

可以将变换（如旋转、调整大小或倾斜）应用于对象的副本，而不更改原始对象，如果决定要保留原始对象，则可以删除副本。

3）克隆

克隆对象时，将创建链接到原始对象的对象副本。对原始对象所做的任何更改都会自动反映到克隆对象中。不过，对克隆对象所做的更改不会自动反映到原始对象中。通过还原为原始对象，可以移除对克隆对象所做的更改。

在对象被选中的状态下，选择"编辑→再制"命令，生成一个克隆对象。可以反复使用这个命令，生成多个克隆对象。也可以对第一个克隆对象，使用快速复制的方法，生成多个克隆对象。

4）快速复制

可以使用其他方法来快速地创建对象副本，而无须将对象副本放置于剪贴板上。方法一，在松开鼠标左键之前，按一下数字键盘上的"+"键，每按一下就复制一个对象。方法二，松开鼠标左键之前单击鼠标右键。也可以通过右击并拖动对象的方法进行移动或复制对象，当右键被松开后，将看到一个弹出菜单，其中包含"移动"和"复制"选项。方法三，先选定对象，然后在按空格键的同时，拖动对象，从而立即创建对象副本。

4. 对象的旋转

（1）使用鼠标旋转对象：对象在旋转的过程中，可以结合 Ctrl 键来限制旋转的角度。先单击选定旋转对象，再单击一次，四周会出现调整手柄，中心是对象的旋转中心，旋转中心可以通过拖动来调整。

（2）使用属性栏旋转对象：选取要旋转的对象，选择"选择"工具，在属性栏的"旋转角度"文本框中输入旋转的角度数值 30.0，按 Enter 键（图 3-10）。

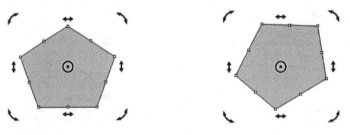

图 3-10　对象的旋转

（3）使用"变换"泊坞窗旋转对象：选取要旋转的对象，选择"窗口→泊坞窗→变换→旋转"命令，或按 Alt+F8 组合键，弹出"变换"泊坞窗，也可以在已打开的"变换"泊坞窗中单击"旋转"按钮。

5. 对象的镜像

（1）使用鼠标镜像对象：选取镜像对象，按住鼠标左键直接拖曳控制手柄到相对的边，直到显示对象的蓝色虚线框，松开鼠标左键就可以得到不规则的镜像对象（图 3-11）。

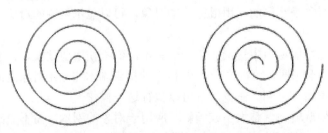

图 3-11　对象的镜像

按住 Ctrl 键，直接拖曳左边或右边中间的控制手柄到相对的边，可以完成保持原对象比例的水平对象。

（2）使用属性栏镜像对象：使用"选择"工具，选取要镜像的对象，属性栏如图 3-12 所示。单击属性栏中"水平镜像"按钮，可以使对象沿水平方向做镜像翻转。单击"垂直镜像"按钮，可以使对象沿垂直方向做镜像翻转。

图 3-12　属性栏

（3）使用"变换"泊坞窗镜像对象：选取要镜像的对象，选择"窗口→泊坞窗→变换缩放和镜像"命令，或按 Alt+F9 组合键，弹出"变换"泊坞窗，单击"水平镜像"按钮，可以使对象沿水平方向做镜像翻转。单击"垂直镜像"按钮，可以使对象沿垂直方向做镜像翻转。设置好需要的数值，单击"应用"按钮即可看到镜像效果。

6. 对象的撤销

可以对图形进行很多变换，但有时候会发现变换后的对象不如变换前，这时通常应选择"编辑→撤销"命令，撤销上一步操作。CorelDRAW 理论上支持无限次的撤销和重做。CorelDRAW 可以记住所进行的所有操作，而且撤销这些变换非常方便。

3.2.2　图层的基本操作

图层就像是含有文字和图形的透明胶片，一张张按顺序叠放在一起，组合起来形成页面的效果。若将对象的多个元素置于不同的图层上，编辑某个图层中的元素时，将不会影响其他图层上的元素，从而帮助用户更好地在绘图中组织和管理对象。

1. 新建图层

在 CorelDRAW 中，若默认的图层不能满足编辑需要，用户可自行新建图层，具体方法：选择需要添加图层的页面后，选择"工具→对象管理器"命令，打开"对象管理器"泊坞窗，在左下角单击"新建图层"按钮，即可在页面中创建一个新图层，默认创建的图层名称为"图层 2"。

若需在主页里创建图层，单击"新建主图层（所有页）"按钮，即可在主页面创建"图层 1（所有页）"。在进行多页编辑时，也可根据需要单击"新建主图层（奇数页）"按钮或"新建主图层（偶数页）"按钮，在奇数页或偶数页创建主图层，如图 3-13 所示。

2. 删除图层

对于不需要的图层，可单击图层的名称来选择该图层，此时"对象管理器"泊坞窗右下角的"删除"按钮激活，单击该按钮即可删除该图层及该图层中的所有对象。若需保留图层上的某些对象，可在删除图层前将对象复制到其他图层中。

3. 显示和隐藏图层

在应用图层过程中，往往需要将图层进行显示和隐藏，以方便图形绘制与编辑。隐藏图层的方法：打开"对象属性"泊坞窗，在图层前单击 ◉（隐藏）按钮，可隐藏该图层。

图 3-13　新建图层

4. 锁定或解锁图层

当不需要编辑某个图层时，可在"对象属性"泊坞窗的图层前单击 🔓（锁）按钮锁定该图层，以防止该图层内容受到其他图层操作的干扰，再次单击锁按钮即可解锁该图层。

5. 在图层中添加对象

要想在图层中添加对象，首先应保证该图层处于解锁状态，然后需要单击图层的名称来选择图层，最后在页面绘制、导入或粘贴对象时，添加对象都将会被放置在该图层中。当在主图层上添加对象时，文档的所有页面上都将显示添加的内容。

6. 在图层间移动与复制对象

（1）在图层间移动对象：选择对象所在的图层，单击左侧的小黑三角按钮展开该图层的所有子图层，选择要移动的对象，按住鼠标左键不放拖动至新的图层，当鼠标变成箭头形状时，释放鼠标即可将对象移动到新的图层中。

（2）在图层间复制对象：选择对象所在的图层，单击左侧的小黑三角按钮展开该图层的所有子图层，选择需要复制对象的子图层，并按 Crtl+C 键进行复制，然后选择新图层，按 Crtl+V 键进行粘贴。

3.2.3　文本的基本操作

在 CorelDRAW 中的文本有两种类型，分别是美术字文本和段落文本。

（1）输入美术字文本：选择"文本"工具，在绘图页面中单击鼠标左键，出现插入文本光标，这时属性栏显示为"文本"属性栏，选择字体，设置字号和字符属性，设置好后，直接输入美术字文本（图 3-14）。

（2）输入段落文本：选择"文本"工具，在绘图页面中按住鼠标左键不放，沿对角线拖拽，出现一个矩形的文本框，松开鼠标左键，在"文本"属性栏中选择字体，设置字号和字符属性，设置好后，直接在虚线框中输入段落文本（图 3-15）。

（3）转换文本模式：使用"选择"工具选中美术字文本。选择"文本→转换为段落文本"命令，或按 Ctrl+F8 组合键，将其转换为段落文本。再次按 Ctrl+F8 组合键，将其转换为美术

图 3-14　美术字文本　　　　　　　　　　　　图 3-15　文本设置

字文本。

（4）利用"文本属性"面板改变文本的属性：单击属性栏中的"文本属性"按钮，打开"文本属性"面板，可以设置文字的字体及大小等属性。

（5）文本编辑：选择"文本"工具，在绘图页面中的文本中单击鼠标左键，插入鼠标光标并按住鼠标左键不放，拖拽鼠标可以选中需要的文本，松开鼠标左键。在"文本"属性栏中重新选择字体，设置完成后，选中文本的字体被改变。在"文本"属性栏中还可以设置文本的其他属性。

（6）文本导入：使用剪贴板导入文本，CorelDRAW 可以借助剪贴板在两个运行的程序间剪贴文本。一般可以使用的字处理软件有 Word、WPS 等。在 Word、WPS 等软件的文件中选中需要的文本，按 Ctrl+C 组合键，将文本复制到剪贴板。在 CorelDRAW 中选择"文本"工具，在绘图页面中需要插入文本的位置单击鼠标左键，出现"I"形插入文本光标，按 Ctrl+V 组合键，将剪贴板中的文本粘贴到插入文本光标的位置，美术字文本的导入完成。

在 CorelDRAW 中选择"文本"工具，在绘图页面中单击鼠标左键并拖拽光标绘制出一个文本框。按 Ctrl+V 组合键，将剪贴板中的文本粘贴到文本框中，段落文本的导入完成。选择"编辑→选择性粘贴"命令，弹出"选择性粘贴"对话框（图 3-16）。在对话框中，可以将文本以图片、Word 文档格式、纯文本 Text 格式导入，根据需要选择不同的导入格式。

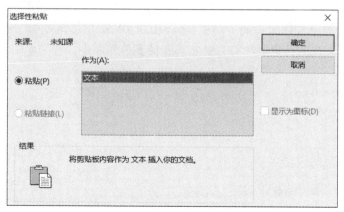

图 3-16　"选择性粘贴"对话框

使用菜单命令导入文本：选择"文件→导入"命令，或按 Ctrl+I 组合键，弹出"导入"对话框，选择需要导入的文本文件，单击"导入"按钮。在绘图页面上会出现"导入/粘贴文本"对话框。转换过程正在进行，如果单击"取消"按钮，可以取消文本的导入。若确定导入，则选择需要的导入方式，单击"确定"按钮。转换过程完成后，绘图页面中会出现一个标题光标，按住鼠标左键并拖拽绘制出文本框，松开鼠标左键，导入的文本出现在文本框中。

如果文本框的大小不合适，可以用鼠标拖拽文本框边框的控制点调整文本框的大小。

3.3　CorelDRAW 与地图制图

CorelDRAW 是一个基于 Windows 平台的向量绘图软件，原用于绘制美术、广告等作品，由于其功能强大，尤其是具有卓越的图形和文字编辑处理功能，已经受到了地图制图的地图出版部门的青睐。它不仅是一个很好的专题地图绘图软件，还是一个能组版并能直接输出 EPS 文件格式的桌面出版软件。CorelDRAW 除了具有目前普遍使用的 GIS 软件的绘图功能，还有很多非常特殊甚至非常神奇的功能，而这些功能恰恰是地图制图最需要的（姚兴海 等，2003）。

（1）强大的线绘制功能和编辑功能。CorelDRAW 提供的绘线功能，尤其是绘制曲线可谓是 CorelDRAW 软件的精髓所在。这组功能提供了多种各具特色的绘线工具，用户可以根据具体需要选择。其中，"贝塞尔曲线"工具最具特点，用它绘出的曲线平滑、节点较少。利用"节点编辑"功能，可以很方便地进行一系列的曲线编辑工作，如曲线形状改动、线段连接和分割、曲线光滑和锐化等。

（2）面积填充功能。CorelDRAW 除了平铺色填充，还有图案花纹填充、PostScript 填充、渐变色填充等各种填充方式，大大丰富了地图的表现力。

（3）神奇的文字注记和编辑功能。CorelDRAW 提供了强大的文字注记和编辑功能，其中最具特色的是"使文本适合路径"，一个简单的命令，就可以使道路路名和水系注记沿着道路或河流的方向变化而自动改变其文字的方向。

（4）丰富的图形和文字效果。CorelDRAW 的图形效果功能非常丰富，如立体效果、阴影效果、变形效果、轮廓图效果等，对提高地图的艺术效果必不可少，也是一般的矢量制图软件所达不到的。

（5）方便的图例符号建库和调用功能。CorelDRAW 提供了地图符号库的设计与制作功能，用户可以根据自己的需求制作符号并将其存储到符号库中。符号库中的符号精细程度较高，便于用户使用。

第4章 色彩基础

人类生活在一个多彩的世界之中，每时每刻都受到周围色彩的影响，同时又不断地用色彩去表现周围的一切。色彩现象是十分复杂的现象，涉及生理学、物理学及心理学的研究范畴。

4.1　视觉和视觉感受性

人类生活的环境是丰富多彩、纷繁复杂和永远变化的。科学家对人的感官研究表明，相对于数据和文字，人对图形图像有更强的信息获取能力，人在日常生活中所接收的信息80%以上来自视觉，视觉信息是人的主要信息来源。视觉器官（眼睛）接收外界刺激信息，并由大脑对这些信息进行综合，形成外界事物的知觉形象，从而获得关于外界自然环境和社会环境的认识。

视觉是一个信息处理过程，它能从外部世界的图像中得到一个既对观察者有用又不受无关信息干扰的描述。视觉感知与留存于记忆的同类活动有关，视觉能够储积大量的视觉意象（俞连笙 等，1995）。记忆形象可用于对知觉对象的辨认、解释和补充。

4.1.1　视觉刺激的性质

光是作用于眼使之产生视觉的刺激物。现代物理学认为光是一种电磁波，在整个电磁带中，可见光只占一个很小的区段，如图4-1所示，可见光波长为390~770 nm。波长小于390 nm的紫外线、X射线、宇宙射线和大于770 nm的红外线、雷达和无线电波等电磁波都是不可见的。

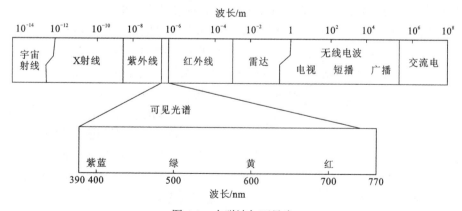

图 4-1　电磁波与可见光

太阳是自然界最大的光源，具有极大的辐射能量。太阳光一般被认为是"白色（无色）"的。1666年牛顿曾做过一组光学实验，他使一束光在暗室内通过棱镜投射在白色屏幕上，结果发现由于不同波长的光线通过棱镜时具有不同的折射率，形成光的色散，即由红、橙、黄、绿、青、蓝、紫 7 种颜色连续排列的光带，如图 4-2 所示，这就是可见光的连续光谱。组成光谱的各色称为光谱色，它们连续渐变，自然过渡。各色波长如表 4-1（廖景丽，2018）所示。

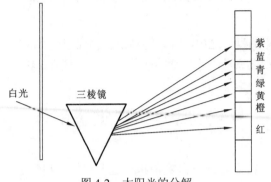

图 4-2　太阳光的分解

表 4-1　可见光的波长

色光	波长/nm	范围/nm
红	700	630~780
橙	620	600~630
黄	580	570~600
绿	550	500~570
青	500	470~500
蓝	470	420~470
紫	420	380~420

光的色散实验说明：①白光是由各单色光组合而成的复色光（混合状态）；②光谱上的单色光不能再分解为其他色光，因而被作为标准色光；③当色散不充分时，可见光谱分为 3 个色区，即红色区、绿色区及蓝色区。

光的来源可分为两种：一种是自然光源，最主要的自然光源是太阳；另一种是人造光源，包括白炽灯、日光灯等各种人工照明装置。而人眼看到的光又分为两类：一类是由发光体直接发射的；另一类是由物体反射或投射的。太阳、电灯等均属发光体。人们所看到的物体绝大部分自己不发光，称为非发光体。发光体由于其周围空间辐射的能量和波谱特征不同而表现为不同的颜色。日光看起来近似白色，是因为它在各个波段上的辐射能比较接近；钨丝白炽灯光之所以是橙黄色，是因为其辐射能在短波区域较弱、在长波区域较强；红色激光的能量集中在一个很窄的长波区，所以看上去是深红色的，如图 4-3 所示。

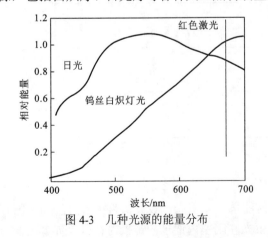

图 4-3　几种光源的能量分布

非发光体由于其物质微粒结构的差别，对照射于它的光线具有不同的选择性吸收和反射（投射）特性。有的物体对所有波长的光几乎都反射，因此看起来就是白色的；还有的物体几乎吸收全部波长的光，因此看起来就是黑色的；更多的物体是吸收某些波长的光，而反射另一些波长的光，这就决定了它们颜色的千差万别。例如三原色油墨印在纸上，由于它们反射的光谱波长不同，而分别表现为不同的曲线，如图 4-4 所示。

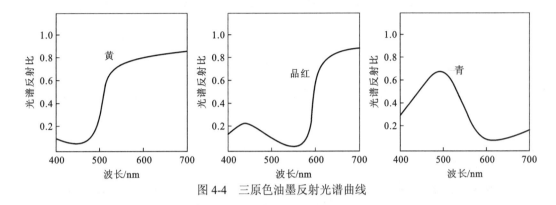

图 4-4　三原色油墨反射光谱曲线

物体所表现的颜色，取决于投射于它的光源的强度、波谱成分及物体本身的吸收、反射特性。

人的眼睛能够分辨的光的特征有三个方面：色相、明度、饱和度，即所谓的色彩三属性。色相即颜色固有的相貌，它取决于光的波长。对于单色光，一种波长即表现一种色相；对于混合光，各种波长的成分及其比例决定其色相。现举例如下。

红色：略带黄色的红，它是反射了光谱中的全部红光，吸收了绿光和蓝光。

绿色：呈翠绿色，它是反射了光谱中的全部绿光，吸收了红光和蓝光。

红灰色：不太鲜艳，因为它不仅反射了红光，也反射了部分绿光。

黄灰色：它不仅反射黄光，也反射了少量蓝光和红光。

物体发射或反射光的强度称为亮度（L），它是一个物理量，表现在视觉上就是明度。明度感觉除了取决于光的辐射强度，还取决于眼睛对刺激物的感受性。如同样波长的光，其强度（能量）不同，人们可以感受到不同的明度。而能量相等的不同波长的光，在人的视觉中其明度差别也很大。在光谱上绿黄色最为明亮，绿色和橙红色次之，蓝色和深红色较暗。所以不同的色相本身也表现出不同的明度。表 4-2 所示为赫斯特测定的光谱上各色的明度（假定白光的明度为 100%）。

表 4-2　光谱色的明度

光谱色	明度/%	光谱色	明度/%
暗红	0.80	青绿	11.00
纯红	4.93	青	4.93
红橙	27.73	绀青	0.90
橙及橙黄	69.85	青紫	0.36
黄	78.91	紫	0.13
黄绿、绿	30.33	黑	0.00

饱和度表示一种颜色的纯净程度，即某种颜色和与它的明度相同的灰色的区别程度，由物体发射或反射的光的纯度来决定。决定其色相的主要波长占比越高，颜色就越饱和；反之，掺杂的其他波长越多，颜色就越灰，就越不饱和。表 4-3 所示为光刺激物理量与心理量之间的关系。

表 4-3 光刺激物理量与心理量的关系

颜色类别	物理量	心理量
非彩色	亮度（L）	明度（$L_{视}$）
彩色	波长（λ）	色相
	纯度	饱和度

4.1.2 视觉感受器

光是唤起人们对色彩感觉的关键，而接受光的刺激的器官是眼睛。那么眼睛各部位接受光的刺激后对色觉的形成各起什么作用呢？它又是如何产生色彩感觉的呢？

人的眼睛是一个直径约为 23 mm 的球状体，图 4-5 是人眼构造图。眼球的复杂构造包括两个主要部分。一部分是屈光系统，包括角膜、虹膜、晶状体、睫状体、玻璃体等。其中，虹膜使瞳孔扩大或缩小，它的作用相当于照相机的光圈，控制和调节进光量。晶状体则自动调节自身的厚薄，随时变化焦点距离，相当于照相机的透镜，晶状体将影像透射在视网膜上，在视网膜上产生正确清晰的像；它们起着透镜的作用，保证视像聚焦在视网膜上，以产生清晰的映像。另一部分是感光系统，主要是视网膜。视网膜位于眼球后部的内层，形成一个展开的感光面，上面分布着作为真正光感受器的视觉细胞——视锥细胞和视杆细胞。这两种细胞呈单层镶嵌排列在网膜上，它们分别含有一种特殊物质"光敏素"（视紫质和视紫红质），在光的作用下分解，光刺激消失后又会自动重新合成。视锥细胞主要集中在视网膜中央，尤其是中央凹部分，其分布密度由中央凹向四周急剧减少。而视杆细胞在视网膜中央凹附近极少，在离中央凹 20° 视角的地方最多。

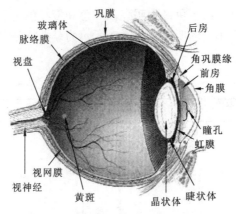

图 4-5 人眼构造图

视锥细胞是白昼视觉（明视觉）感受器，具有很高的分辨能力，能感受和分辨颜色，但是对光的感受性较低，只有在比较明亮的照度下才能起作用。视杆细胞是黑夜视觉（暗视觉）感受器，它的分辨能力很低，不能分辨颜色，但对弱光有高度的感受性，主要是在夜间亮度水平很低时，使人能看见外界物体。这样就形成了视觉的两重功能，即颜色感觉和明暗感觉，前者为明视觉，后者为暗视觉（表4-4）。

表 4-4　人眼明/暗视觉系统特征

项目	明视系统	暗视系统
受纳器	视锥细胞（约 700 万个）	视杆细胞（约 1.2 亿个）
视网膜的位置	集中于中心、少数在外围	一般在外围、中央凹极少
神经过程	辨认性的	积累性的
最长的波长/ nm	555	505
照明的水平	白昼光	夜间微光
颜色视觉	正常的三色	无色
黑暗适应	快（约 7 min）	慢（约 40 min）
空间分辨能力	高度准确	准确性低
时间分辨能力	快速反应	反应迟缓

关于颜色视觉、现代心理学和生物学的研究表明：视网膜表层的锥体细胞分为三种，它们分别对红光、绿光和蓝光敏感，这是一种三色接受机制。在接受光刺激后，三种细胞分别产生兴奋，经视神经传导通路中的加工和大脑皮层的反应，人们便产生了颜色感觉。如三种细胞分别单独受刺激而兴奋，就分别产生红色、绿色或蓝色感觉；三种细胞同时等量兴奋，就产生白色或灰色感觉；都不产生兴奋，则是黑色感觉；如三种细胞同时不等量兴奋，就感受到各种色彩。例如红、绿细胞兴奋，蓝细胞静止，就是黄色感觉；蓝、绿细胞兴奋，红细胞静止，就是青色感觉；红、蓝细胞兴奋，绿细胞静止，就是紫红色感觉。

由于这三种感色细胞及视神经的综合功能，人眼就能感受成千上万种颜色。这种三原色视觉理论在实践中极有意义，如色彩的混合规律、三原色印刷、电子分色、分层彩色感光材料等与三原色视觉理论分不开。

由于视锥细胞与视杆细胞在光谱的感受性上还有一定的差异，在不同照明条件下，眼睛对光谱各色的明度感觉不一样（图4-6）。同时，由于两种视觉细胞性质的不同，分布不一样，

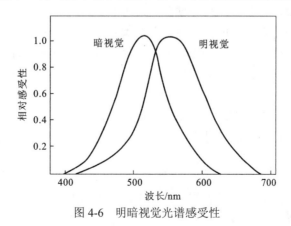

图 4-6　明暗视觉光谱感受性

又形成眼睛的不同视力区域：以中央凹为中心，直径为 5～6 mm 的中央和外围的周边区。中央区视力最强，称为"中心视力"。人们转动眼球，注视物体时，就是使物体影像落在中心视力区内。外围较弱，称为"周边视力"，它对弱光及运动的刺激很敏感。

4.1.3　视觉特征

色知觉是物理因素（如光、物的表面质地、距离等）、生理因素（感觉器官的生理机制）及心理因素的综合反应，而其中视觉的生理机制，特别是心理效应使色彩知觉比机械（照相机）效应更灵活，往往呈现一种非规则（即 1 加 1 不等于 2）的特征，从而产生不同的视觉特征。

1. 视觉适应

眼睛的感受性由于光刺激的持续作用而发生变化的现象称为"视觉适应"。当人们从一种照明环境走进另一种照明环境时，例如进出暗室，眼睛的视力会在短时间内下降，经过一段时间后，才会重新有效地分辨物体。

1）光适应

在黑暗的房间里，电灯骤开的瞬间，人眼会什么也看不清，稍过片刻（大约 0.2 s 以后）便形色皆明了。光照由弱变强，视力感觉性降低，称为光适应。光适应一般在 1～2 min 内就可完成。

2）暗适应

夜晚，从灯泡明亮的大厅走到较暗的室外，刹那间眼前会一片漆黑，过一会儿才慢慢辨认出道路、树木等。光照由强变弱，视力感觉性提高，称为暗适应。暗适应过程需要 10～40 min 的时间。

3）色适应

当长时间注视一个鲜艳的颜色时，人们会感到色彩的鲜艳度慢慢降低，这种现象是视觉的色适应。色适应的最佳时间为 5～10 s。人对光源色的第一印象，也就是最初的色彩感觉，随着对物体观察时间的增加而逐渐减弱，所以观察色彩时，要注意捕捉第一印象和最初的色彩感觉。

2. 恒常性

恒常性又称为视觉惰性，是一种心理现象，与经验有关，当看物像时，常常不自觉地进行心理的调节，以免被进入眼内的物理性质所欺骗，从而能认识物像的真实特性。视觉的这种自然或无意识地对物体的色知觉始终想保持原样不变和"固有"的现象即为视觉惰性，包括形态恒常性、体量恒常性、色彩恒常性等。

1）大小恒常

例如，前方有两个等大的人，其中一个站在眼前，一个站在远处，虽然近处的人比远处的在视网膜上的成像大得多，但还是会绝对地认为他们是同样大的，这种视觉现象称为大小恒常。

2）明度恒常

若一个穿浅灰衣服的人站在阳光下，一个穿白衣服的人站在阴影处，二者相比较，虽然在阳光下浅灰衣服对光的反射量比在阴影处的白衣服对光的反射量多，但仍然感到在阳光下的人穿的是浅灰衣服，而在阴影处的人穿的是白衣服，这种视觉现象称为明度恒常。

3）色彩恒常

当把一张白纸投照以红色光，把一张红纸投照以白光（金色光），二者相比较，虽然两张纸都成了红色，但是眼睛仍然能区分出前者为白纸，后者为红纸。这种把物体的固有色与照明光相区别的视觉能力，称为色彩恒常。

假如一个穿黄色裙子的小女孩从阳光下走出，穿过林荫道来到室内，小女孩的黄裙子给人的感觉始终是一样的黄色。若色彩环境或照明条件发生变化，如让穿黄裙子的小女孩进入蓝紫色光的室内，黄裙子由于没有黄色光可反射而成为黑灰色，这时色彩恒常现象就不能维持，从而产生色彩异化现象和同化现象。

4.2 色彩的物理学理论

4.2.1 色彩的分类

色彩包括两大类，即无彩色系与有彩色系。"无彩色系"也称为消色色调，是指黑色、白色及由黑白两色相混而成的各种深浅不同的灰色系列。从物理学角度来看，它们不包括在可见光谱之中，故不能称为色彩。但是从视觉生理学、心理学而言，它具有完整的色彩性，应该包括在色彩体系之中。由白色渐变到浅灰、中灰、深灰直到黑色，色度学上称为黑白系列。黑白系列是用一条垂直轴表示的，一端是白，另一端是黑，中间是各种过渡的灰色。无彩色系里没有色相和纯度，也就是说其色相、纯度都等于 0，只有明度上的变化。作为无彩色中的黑与白，由于只有明度差别而没有色度差别，故称为极色。

"有彩色系"也称为彩色色调，是指可见光谱中的全部色彩，即红、橙、黄、绿、青、蓝、紫等色。基本色之间不同量的混合和基本色与无彩色之间不同量的混合所产生的成千上万种色彩都属于有彩色系列。任何一个有彩色系的颜色都具有色相、明度、饱和度三个方面的性质，即任何彩色都有它特定的色相、明度和饱和度，在色彩学上称为色彩的三属性。

4.2.2 色彩的三属性

1. 色相（色别、色种）

色相（hue）即每种颜色固有的相貌。色相表示颜色之间"质"的区别，是色彩最本质的属性。光谱中的红、橙、黄、绿、青、蓝、紫 7 种分光色是最具有代表性的 7 种色相，它们呈直线排列，红、紫两端不相连接，不形成闭合环。光谱色中缺少"谱外色"（品红和红紫色），在色料中若按光谱色序排列，并在红、紫间插入品红、红紫，就能形成闭合环。色料闭合环包括了色料三原色，即品红、黄、青。

2. 明度（亮度）

明度（value）是指色彩的明亮程度，也指色彩对光照的反射程度。明度是全部色彩都具有的属性，任何色彩都可以还原为明度关系来思考（如素描、黑白电视、黑白版画、黑白照片），明度关系可以说是搭配色彩的基础，最适合表现物体的立体感与空间感。

对光源而言，光强者显示色彩明度大；反之，明度小。对反射体而言，受光强而反射率高者，色彩的明度大；反之，明度小。

同一颜色加白或黑两种颜色掺和以后，能产生各种不同的明暗层次。白颜料的光谱反射比相当高，在各种颜料中调入不同比例的白颜料，可以提高混合色的光谱反射比，即提高了明度；反之，黑颜料的光谱反射比极低，在各种颜料中调入不同比例的黑颜料，可以降低混合色的光谱反射比，即降低了明度。

3. 饱和度（纯度、彩度、鲜艳度）

饱和度（chroma）是指色彩纯净程度，也可以说是指色相感觉的鲜艳程度，因此还有艳度、浓度、彩度、纯度等说法。当一个颜色的本身色素含量达到极限时，就呈现其色彩的固有特征，此块颜色就达到了饱和的程度。

在自然界中，绝对纯净的颜色是不存在的。在实验特定条件下，可见光谱中的 7 种单色光由于其本身色素含量近似饱和状态，可以认为是最为纯净的标准色。

在色料的加工制作过程中，由于生产条件的限制，总是或多或少地混入一些杂质，不可能达到百分百的纯净。经过测定，若某色越接近同色相的光谱色，其饱和度则越高，反之越低。

4. 三属性的区别与关系

"纯度"与"明度"是两个概念。"明度"是指该色反射各种色光的总量，而"纯度"是指这种反射色光总量中某种色光所占比例的大小。"明度"是指明暗、强弱，而"纯度"是指鲜灰、纯杂。某种颜色的明度高，不一定就是纯度高，如果它混杂其他颜色，其明度又比它本身的明度高，那么，它的明度是提高了，而纯度却降低了。同样，纯度相等的各色，其明度却并不相同。

色相的三属性具有互相区别、各自独立的特性，但在实际色彩应用中，这三属性又总是互相依存、互相制约的。若一个属性发生变化，其他一个或两个属性也随之变化。例如，在高饱和度的颜色中混入白色，则明度提高；混入灰色或黑色，则明度降低。同时，饱和度也发生变化，混入的白色或黑色的分量越多，饱和度越小，当饱和度降至极小时，则由量变引起质变——由彩色变为消色。

4.2.3　色立体

19 世纪末，现代广告设计、书籍装帧设计等的出现，促使印刷工艺迅速发展，为了能准确、快速地表达设计师的设计意图，过去那种靠感觉来辨别色彩的方式，已无法适应现代商业社会的需要，对色彩变化的准确标注成为迫切的需要。为此，20 世纪初，色彩学家在已有研究成果的基础上，以色彩的三属性为基础将色彩体系化，把色彩变化"标准化"，从而找出可以灵活转换的配色"处方"，以使色彩和谐配置达到"科学化"。

当今世界上通用的色彩标准，有孟塞尔色立体、奥斯特瓦德色立体、日本色彩研究所实用色彩配色体系（practical color coordinate system，PCCS）等。现代色彩科学的发展，提供了科学的表示方法，将色彩按色相、明度、纯度三种属性有秩序地、系统地加以排列和组合，构成一个具有三维空间的色彩体系。

1. 色立体的基本骨架

图 4-7 为色立体骨架示意图。以无彩色为中心轴，顶端为白，底端为黑，两端之间分布着不同明度渐次变化的灰色；色相环呈环状包围着中轴，这上面的各色与无彩色轴连接，表示彩度。越靠近无彩色轴，彩度越低；离彩色轴越远，彩度越高。在色立体骨架示意图中，各色相的彩度值是不相等的，明度也是不相等的，它们相连接并非呈圆形，所以此图只是为了便于理解。

图 4-7　色立体骨架示意图

（1）明度色阶表。明度色阶表位于色立体的中心位置，成为色立体的垂直中轴，分别以白色和黑色为最高明度和最低明度的极点，在黑白之间依秩序划分出从亮到暗的过渡色阶，每一色阶表示一个明度等级。

（2）色相环。色相色阶以明度色阶表为中心，通过偏角环状运动来表示色相的完整体系和秩序的变化。色相环由纯色组成。

（3）纯度色阶表。纯度色阶表呈水平直线形式，与明度色阶表构成直角关系，每一色相都有自己的纯度色阶表，表示该色相的纯度变化。以该色最饱和色为一极端，向中心轴靠近，含灰量不断加大，纯度逐渐降低，到达另一个极端，即明度色阶上的灰色。

（4）等色相面。在色立体中，由于每个色相都具有横向的纯度变化和纵向的明度变化，构成了该色相的两度空间的平面表示。该色相的饱和色依明度层次不断向上运动靠近白色，向下运动靠近黑色，向内运动靠近灰色，这样的关系构成了该色的等色相面。以明度垂直轴为中心，将各色相面做放射安排，形成三次元的色立体。沿色立体的中心轴纵向剖开可以得到互补色相面。

（5）等明度面。若沿着与明度色阶表成垂直关系的方向水平地切开色立体，可以获得一个等明度面。可以从明度色阶表的任何一个等级水平截取等明度面，不同明度面之间的对比会令人见到色彩调性的变化，可以从孟塞尔色立体及日本色彩研究所实用色彩配色体系上截取到标准的等明度面。

2. 孟塞尔色立体

孟塞尔色立体是美国教育家、色彩学家、画家孟塞尔创立的色彩表示法。孟塞尔色立体由色相、明度、饱和度来表示，色彩三属性自然形成一个立体关系，如图 4-8 所示。

1）色相（hue，简称 H）

孟塞尔色立体的色相环是以红（R）、黄（Y）、绿（G）、蓝（B）、紫（P）5 色为基本色相，再加上它们的中间色黄红（YR）、黄绿（YG）、蓝绿（BG）、蓝紫（BP）、红紫（RP），作为 10 个主要色相。其中，5 种基本色相均冠以"5"字进行表示，如 5R、5Y、5G 等。把从中派生出的 5 种间色，也均冠以"5"字进行表示，如 5YR、5GY、5BG 等。再从中派生出的 10 种间色，冠以"10"字进行表示，如 10R、10YR、10Y、10GY 等。每两个色相之间再分出 5 个色相，这样在孟塞尔色立体图上共有 100 个色相，如图 4-9 所示。

2）明度（value，简称 V）

孟塞尔色立体的中心轴，自白至黑等距离划分为 11 个等级，白色明度定为 10，黑色明度定为 0，自 1 至 9 为灰色系列。整个消色轴再分为暗调（0，1，2，3）、中调（4，5，6）、明调（7，8，9，10）三种明度（图 4-9）。

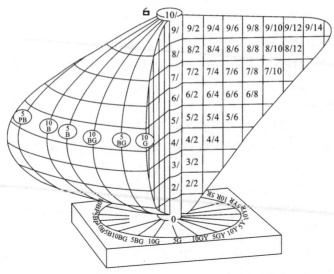

图 4-8　孟塞尔色立体原理图

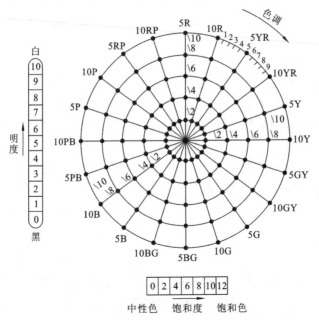

图 4-9　孟塞尔色立体水平剖面图

3）饱和度（chroma，简称 C）

孟塞尔色立体中，饱和度等级以 0 表示为无彩色，并以等间隔增加，用\0、\1、\2 等符号来表示，数字越大越接近纯色。也就是说，彩度高低通过与中心轴的距离来表示，距离中心轴远，彩度高；距离中心轴近，彩度低。孟塞尔的 10 种主要色相中，红（5R）的彩度最高，彩度等级有 14 个色，距 N 轴最远；而蓝绿色的彩度等级只有 6 个色，距 N 轴较近。由于彩度等级长短不一，其复杂的外形使人联想到树，被称为色彩树（color tree），如图 4-10 所示。

孟塞尔色立体中有彩色的表示符号为 HV\C（色相、明度\彩度），如"5R4\14"，分别表示第 5 号红色相，明度位于中心轴第 4 等级的水平线上，彩度位于距离中心轴 14 个等级。

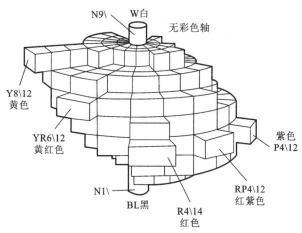

图 4-10 孟塞尔色立体"色彩树"

孟塞尔色立体 10 个主要色相的纯色符号表示：R4\14（红）；YR6\12（黄红）；Y8\12（黄）；YG7\10（黄绿）；G5\8（绿）；BG5\6（蓝绿）；BG\8（蓝）；BP3\12（蓝紫）；P4\12（紫）；RP4\12（红紫）。

无彩色的黑、白、灰系列均用"N"表示。因黑、白、灰仅有明度特征，斜线后面不标记饱和度。例如，明度为 5 的灰色，标记为 N5\。若略带有彩色倾向的灰色，其标记为 NV\（HC），例如，N8\Y0.4 表示稍带黄味的灰色。

孟塞尔色立体是目前国际上广泛采用的颜色系统，用以对表面色进行分类与标定。孟塞尔色立体经过测色学的修正后是最科学的，而且它所使用的概念及对颜色的分类与标定符合人的逻辑心理与颜色视觉特征，比较容易理解，以该体系为基础的配色研究成果也较多。自 1915 年美国最早出版《孟塞尔图谱》以来，经美国国家标准局与美国光学学会多次修订，分别在 1929 年和 1943 年出版了《孟塞尔图册》。1973 年和 1974 年又先后出版了《孟塞尔颜色图册（无光泽样品版）》（共包括 1 150 块颜色样品，附有 32 块中性色样品，用于组织配色）及《孟塞尔颜色图册（有光泽样品版）》（共包括 1 450 块颜色样品，分上下两册，附有一套 37 块中性色样品，用于油漆、油墨等的配色），应用非常广泛。

4.3 色彩的混合方法

两种或两种以上色光或颜料构成一种新的颜色，称为色彩的混合。色彩的混合方法分为加色法混合方法和减色法混合方法。

4.3.1 加色法混合方法

利用两种或两种以上的色光相混合，构成新的色光的方法，称为加色法混合。如在暗室中用两台幻灯机同时向白屏幕上投射两种单色光，使光速重叠于一处，便得到明显的加色混合色。

加色法混合的特点：用两种色光组合成的色光比混合前的各色光的亮度大。如黄比红、绿亮；品红比蓝、红亮；青比绿、蓝亮等。如果同时将红、绿、蓝三种色光重叠于一处，便得到明亮的白色。由此可知，用加色法混合的色，不是增加色的浓度，而是增加色的总明度，总明度等于被混合各色光明度之和。

1. 色光三原色

不能由其他色混合而成的色彩称为原色。用原色却可以混合出其他色彩（当然不是全部）。光的颜色很多，可以从太阳光中分解出来的单色光也不少，但作为原色的光只有三种，即红色光（R）、绿色光（G）、蓝色光（B）。

在白光的色散实验中，充分展开的光谱可区分为红、橙、黄、绿、青、蓝、紫7个波段，如果稍加转动棱镜的角度，使光谱由宽变窄，则光谱上7种色光逐渐靠近，最后形成三种颜色，即橙、红诸色变成红色；黄、绿诸色变成绿色；青、紫诸色变成蓝色。此时，光谱上呈现红、绿、蓝三个色区。实验表明：若以红、绿、蓝三种色光为基本色，以不同比例相匹配，则可得到光谱中的任何色光，但此三种色光却不能由光谱中的其他色光混合得到。因此，将红、绿、蓝称为色光的三原色。在色彩视觉的研究中也发现，人眼中存在三种感色细胞，分别对红、绿、蓝三种色光敏感，而人能感觉到丰富多彩的颜色，都是由三种感色细胞的不同兴奋状态组合形成的，所以也将红、绿、蓝三原色称为"生理色"。

为了统一三原色的标准，国际照明委员会（International Commission on Illumination（英）Commission Internationale de L'Eclairage（法），CIE）经过精确研究，在1931年对三原色的波长做出了规定：红色光（R）波长为700 nm，色相为大红，略带橙色；绿色光（G）波长为546.1 nm，色相为十分鲜亮的黄绿色；蓝色光（B）波长为435.8 nm，色相为略偏红色的深蓝，也称蓝紫色。

2. 色光三间色

用红、绿、蓝3种色光两两混合，可得到青、品红、黄三种间色光。色光三间色的混合，可用下式表示：

$$红光+绿光=黄光$$
$$绿光+蓝光=青光$$
$$蓝光+红光=品红光$$

从上式看出，标准间色光只有三种，若改变原色光的混合比例则可得到不同色相的间色光，绿光与蓝光混合可得浅绿、青、绿青等；红光与蓝光混合可得浅品红、品红、青紫等。

3. 色光的补色光

在光的三原色中，任意二原色光相加而成的色光与第三种原色光相对，即为互补光。如红光与青光、绿光与品红光、蓝光与黄光皆为互补光。任一原色光与其补色光相混合，均成白光。

对于补色光中的"补"字，可以理解为白光不是由三原色等量混合而成。若某一光源缺少原色光的一部分，或者一部分之比例不足，均会产生白色的偏色。

例如，直射日光偏黄，是由于其中蓝光比例不足（蓝占25%），若要获得白光，只需在其中加入蓝光即可，因黄光与蓝光可以组成白光，所以是互补色光；蓝天偏蓝色是由于绿光和红光不足（绿光占27%，红光占27%）。任何光源所偏向的色彩，正好说明其中缺少偏色的补色光。

因此，凡是两个色光混合后所产生的混合为白光者，称为互补色。在色环中，相互对应的两色均为补色关系。

4.3.2 减色法混合方法

利用色料混合或颜色透明层叠合的方法获得新的色彩，称为减色法混合。

色料和有色透明层呈现出一定的颜色，是这些物体对光谱中的各种色光实现了选择性吸收（即减去某些色光）和反射的结果。即人眼所见到的色料或者有色透明层的颜色，是白光中某些色光被选择性吸收以后剩余的色光。色光被吸收得越多，则剩余色越晦暗，其亮度也越小；若三原色光或互补色光部分或全部被吸收，则混合色呈深灰色或黑色。

1. 色料三原色

色料三原色也称第一次色，是指品红、黄、青三种标准的颜色。自然界中的千万种颜色基本上可由这三原色混合而成，但是，三原色是任何颜色混合不出来的。

色料三原色与色光三原色之间存在十分密切的关系。从图 4-11 可知色料三原色的性质，即每种原色能够减去白光中相应的三分之一原色光，并同时透射出其余的三分之二原色光，其关系如下：

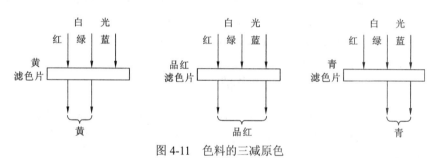

图 4-11　色料的三减原色

品红=白光-绿（减绿色）
黄=白光-蓝（减蓝色）
青=白光-红（减红色）

式中等号左边的品红、黄、青为色料三原色，等号右边的绿、蓝、红为色光三原色。因此，色料三原色又称为三减原色，即减绿、减蓝、减红。

色料三原色（黄、品红、青）以不同比例混合可以获得任何一种颜色。因此，减色法三原色的色相必须与色光三间色的色相一致，混合出的各种颜色才比较准确。但出于制作方面的原因，色料三原色的色相不可能与色光三间色的色相一致，用色料三原色混合出的颜色也就不够纯正，与光谱色相比相距甚远。

2. 色料三间色

由两种色料原色混合得到的色称为间色，又称为第二次色。色料三间色的形成规律如下：

品红+黄=橙
黄+青=绿
青+品红=紫

若将原色分量稍加改变，还可以混合出多种不同的中间色，如：

$$品红_3+黄_1=橙红$$
$$品红_2+黄_1=红橙$$
$$品红_1+黄_1=大红$$
$$品红_1+黄_2=黄橙$$
$$品红_1+黄_3=橙黄$$

式中的数字代表混合量。

3. 复色

由两种间色或三原色不等量混合得到的色称为复色，又称为再间色或第三次色。

橙+绿 =（品红+黄）+（青+黄）=（品红+黄+青）+黄=黑+黄=黄灰（古铜色）

橙+紫 =（品红+黄）+（青+品红）=（品红+黄+青）+品红=黑+品红=红灰

绿+紫 =（青+黄）+（品红+青）=（青+黄+品红）+青=黑+青=青灰

从上列各式可以看出，凡是复色均包含三原色成分。三原色等量混合即呈中性灰色或黑色；三原色不等量混合，可得到各种色调的复色。由于复色中均含有三原色成分，即含有黑色，饱和度、明度大大降低，这也就是复色不及间色和原色那样鲜艳、明亮的原因。但正因为复色包含多种成分，故而显得深沉、大方、耐看。

调复色常用的方法有：①三原色不等量相混；②两间色不等量相混；③原色或间色与黑色相混；④对比色不等量相混，如绿与红橙相混；⑤互补色不等量相混，如绿与品红相混；⑥常用颜料中的土黄、熟褐、赭石、深绿等颜色均为复色，可直接使用，也可根据需要适当调入其他颜色，便可得到各种复色。

4. 互补色

色料三原色中，任意两种原色相混而成的间色，与第三种原色相对，即为互补色。如品红与绿、黄与紫、青与橙为三对标准互补色。其中品红、绿为色相对比最强的互补色；黄与紫为明度对比最强的互补色；青与橙为冷暖对比最强的互补色。

色料原色与补色等量混合，实质上是色料三原色的混合。因此，混合结果均为黑色或灰色。如品红+绿=黑，黄+紫=黑，青+橙=黑。

4.4 色彩的心理效应

色彩运用的最终目的是表达和传递感情。色彩本身无所谓感情，这里所说的色彩感情只是发生在人与色彩之间的感应效果。一般来说这种感应效果可以从两个方面来研究：由色彩的物理性刺激直接导致的某些心理体验，可称为色彩的直接性心理效应。如高明度色刺眼，使人心慌；红色夺目、鲜艳，使人兴奋。一旦这种直觉性反应强烈时，就会同时唤起知觉中更为强烈、更为复杂的其他心理感受。如饱和的红色，在强刺激下令人产生兴奋、闷热的心理情绪，由于它与印象中的火、血、红旗等概念相关联，很容易让人联想到战争、伤痛、革命等，从而构成色彩的总体反映。

4.4.1 色彩的情感

色彩本身并没有灵魂，它只是一种物理现象，但人们却能够感受到色彩的情感，这是因为人们长期生活在一个色彩的世界中，积累了许多视觉经验，一旦视觉经验与外来色彩刺激发生一定的呼应时，就会在人的心理上引发某种情绪。

色性指单独一个颜色的性质。通常在讲述色彩或运用色彩时，头脑中总要比较明确地知道所针对的是哪一种色或哪一种色调，以及它们的基本特性，与什么色搭配更和谐等。在红色环境中，人的脉搏会加快，血压有所升高，情绪兴奋冲动；而处在蓝色环境中，人的脉搏会减缓，情绪也较沉静。有的科学家发现，颜色能影响脑电波，人对红色的反应是警觉，对蓝色的反应是放松。19 世纪中叶以后，心理学已从哲学转入科学的范畴，心理学家注重实验所验证的色彩心理效果。

冷色与暖色是依据心理错觉对色彩的物理性分类。对颜色的物质性印象，大致由冷暖两个色系产生。波长长的红光和橙黄色光，本身有温暖的感觉；相反，波长短的紫色光、蓝色光、绿色光有寒冷的感觉。夏日，关掉室内的白炽灯，打开日光灯，人就会有一种变凉爽的感觉。

1. 冷暖感

不同的色彩能够使人产生不同的冷暖感觉。色彩的冷暖和色相有直接的关系。一般来说，给人以温暖感觉的色，称为暖色，如红、黄、黄绿。给人以寒冷感觉的色，称为冷色或寒色，如蓝、蓝绿、浊黄、暗黄绿、浊绿。另外尚有一部分色彩为中性色，如暗黄色、中明黄绿色、中青绿与暗青绿、蓝紫等。无彩色系的白、灰为冷色，黑色为中性色。

2. 进退感

进退感是由色度、面积等多种对比产生的错觉。暖色、亮色、纯色有前进感，冷色、暗色、灰色有后退感。在进退感的强度中，以色相排列依次为红、橙、黄、绿、紫、蓝，以饱和度排列依次为红、橙、黄、绿、紫、蓝，以明度排列依次为黄、橙、红、绿、蓝、紫。在地图色彩设计中注意进退感运用可造成距离差别，获得有效的空间感与层次感。

3. 胀缩感

色彩胀缩感的产生，缘于色光波长的长短、强弱与视网膜接收时产生的扩散性，同样面积的色块，有膨胀感的色彩显得较大，有收缩感的色彩显得较小。一般认为暖色、亮色、纯色有膨胀感，冷色、暗灰色有收缩感，地图色彩设计中应注意胀缩感产生的错视效果。

4. 轻重感

色彩轻重感的产生有直觉与普遍性、必然性联想两方面的原因。通常情况下，明度高的色会感觉轻，明度低的色会感觉重。色相的轻重次序排列为白、黄、橙、红、灰、绿、蓝、紫、黑。另外，色彩中的透明色轻，不透明色重。地图色彩设计应调整色彩间的轻重感以保持平衡。

5. 强弱感

色的强弱感与明度和纯度有重要关系。一般情况下，以明度 V5 作为中性明度，明度低的色感强，明度高的色感弱。以 C5 为界，C6 以上纯度变高。纯度变高，色感的强度增大；

纯度变低，色感强度减弱，直至中性没有色感。对比强的色、高纯度的色有强感，反之呈现弱感。色的强弱感几乎不受色相影响，故强感的色较暗。

6. 热烈与恬静感

色的热烈与恬静感与色相、明度和纯度均有关系。

色相中红与红紫有兴奋感，橙与紫呈中性色，其他色相都有恬静感。一般地，暖色系中越接近红味色相的，热烈感、兴奋感越强；寒色系中越倾向蓝味的色相，恬静感越强。明度变高，兴奋感增强；明度变低，恬静感增强。色的热烈与恬静感受纯度的影响最大。纯度越低，恬静感越强；反之，纯度越高，兴奋感越强。由此看来，带来强烈感的是暖色系中暗而鲜艳的色，富有恬静感的是冷色系中暗而湿浊的色。

7. 明快与忧郁感

色彩明快或忧郁的主要原因是色的纯度和明度。从纯度关系看，纯度低的显得忧郁，纯度高的显得明快、活泼，尤其是纯色，具有最高的明快感；就明度关系而言，低明度呈现忧郁阴冷，高明度则呈现明快热情。总的来说，明快的色是明亮而鲜艳的色，忧郁的色是暗而混浊的色。

8. 华美与质朴感

色的华美与质朴感深受纯度影响，明度对色的华美与质朴感也有影响，色相则影响微弱。

从纯度方面看，纯度越高越有华美感，纯度越低越有质朴感，全部明亮鲜艳的色，呈现华美感。

从明度方面看，明度越高越有华美感，明度越低显得越质朴。

从色相方面看，红、红紫、绿依次有华美感，黄绿、黄、橙、蓝紫依次有质朴感，其余色相呈中性。饱和度高的纯色具有华美感。

4.4.2 色彩的象征性

人们常将某种色彩与其社会环境或生活经验有关的事物联系在一起，产生色彩的联想，而象征则是由联想经过概念的转换后形成的思维方式。

1. 各色的象征意义

（1）红色。红色的联想与象征性具有两重性，即喜庆、幸福、积极、革命与危险、警告。我国人民十分喜爱红色，对女子盛妆、容貌等以"红妆""红颜"进行赞誉。红色又是高贵、富有的象征，如"朱门""朱轩""朱衣"等。红色如果与黑、灰、白色调和，就会改变原有品性，体现出沉着、内向、稳健的热情，因此，暗红、红灰、浅红等色是色彩设计的常用色。

（2）橙色。橙色是居于红与黄色相之间而兼有此两色品性的色，既有光辉、光热的感觉，又具有明朗、活泼的品性，但有时也作为疑惑、嫉妒的象征。橙色如与黑、白、灰调和，就失去原光的色彩性格而趋向安定、温和、亲切的温暖色感，即欧洲人们习惯所称的"牛奶咖啡色"，是国内外设计的常用色。

（3）黄色。黄色具有光明、希望、明朗、庄严与高贵的象征意义。黄色是我国封建社会中权力的色彩象征，为帝王专用；在东方宗教中则是信仰、神圣、虔诚的象征。但是，黄色在西方曾被视为背叛、野心、狡诈的象征，而近代又成为低级的代名词。黄色与白色调和为浅黄色，有着和平、温柔而潇洒的品性，在儿童用品、食品等众多设计中有着重要作用。

（4）绿色。绿色是理想、希望、和平、青春、生命的象征。绿色与黄色调和为黄味绿，有绿色性格而更为明朗、跳跃。绿色与青色调和为青味绿，在活泼中又有端庄、沉静的一面，在饮料、文化商品、旅游用品设计中有着重要的作用。

（5）蓝色。蓝色是沉静、广远、理智、儒雅的象征。青色与蓝色十分接近，象征性意义大同小异。中国传统民间俗称的蓝色，是指一种深青色，它深沉、宁静，又有一定的消沉感。国外部分地区也认为蓝色是悲伤、忧虑的象征，是消极的色彩。

（6）紫色。紫色具有沉着、优雅、宁静的品格，但也有孤傲、消极的意味，紫色和白色调和为粉紫色，它改变了原先紫色的消极品性，具有轻柔、典雅，充满优雅美感。正由于粉紫色的这一色彩性格，它在妇女用品、化妆品、纺织品设计中十分流行。

（7）黑、白、灰。黑色既有庄重、肃穆、内向的积极象征，又有黑暗、罪恶、寂寞的消极象征。多数人对黑色有着特殊的感情，它在色彩设计中占有重要位置，虽然一般不宜大面积使用，但又是色彩组合中难以缺省的颜色。白色有着纯洁、轻快的象征性。同时白色也存在双重性，在西方国家是作为婚事的习惯服色，而在我国则是作为丧事的传统服色。灰色作为中性色，是不明确、平凡、温和而无个性的象征，有虚无、空灵、中庸等内在含义的暗示。

（8）光泽色。金银等色由于其本身特有的光泽，加之长期用于宫廷装饰、生活用品，具有高贵、光彩、荣华、豪华的象征意义。光泽色既有闪耀的亮度，又可起到调和各色的作用，是设计中常用的点缀色。

2. 色彩象征意义的运用

在设计中如何运用象征性的色彩表现手法，是一个复杂的问题，在我国装饰色彩的运用中，存在大量象征性的手法。如以五色配以不同纹样象征不同方位，青龙为东、白虎为西、朱雀为南、玄武为北，中央是天子为黄，并将五色与五帝、五神、五行、五德串连附会在一起，构成五行说。如在繁缛的舆服用色中，将色彩作为等级差别的区分标志，"三品以上服紫、四品五品服绯、六品七品以绿、八品九品以青"。又如在戏曲人物脸谱中，用不同色彩象征各种性格，以红色表示忠义，黑色表示刚直勇敢，黄色表示暴虐，绿色表示顽强而有勇无谋，蓝色表示草莽雄健，金银色表示神仙鬼怪等。了解这类用色的手法，有助于把握象征问题的本质，可以在色彩设计中加以借鉴与吸收。

色彩的象征意义往往带有特定性，有的通行世界，有的局限在一定的范围内，有的附有相应的形象，一旦离开了具体的前提，其特定的象征意义也就随之消失。离开先决条件也就混淆了色彩的重要性，不仅含义矛盾、造成混乱，而且归纳的本身在理论上也是不恰当的。正如阿恩海姆指出："颜色的面貌和表情是受题材制约的……因为我们是把它和对象的常态色联系起来或者带着这种色彩所揭示的情况的涵义来进行观察的"。关于色彩象征手法的运用，色彩学家伊顿说过一段有意义的话，可以作为概括："缺乏视觉的准确性和没有感人力量的象征主义将只是一种贫乏的形式主义；缺乏象征性真实和没有情感能力的视觉印象效果将只能是平凡的、模仿的自然主义；而缺乏结构的象征内容或视觉力量的情感效果也只会被局限在表面的情感表现上。"在色彩设计中，应对上述的某一方面有所侧重。

4.5 色彩的应用

在现代设计中，任何设计都离不开色彩的应用，地图设计更是如此，一件地图产品设计的成败，在很大程度上取决于色彩的应用。凡是色彩应用得当的，不仅能加深人们对内容的理解和认识，充分发挥产品的作用，而且由于色彩协调，富有韵律，能给人以强烈的美感。

色彩的应用在于根据各自不同的设色对象、目的及功能要求，选择色彩的组合关系，用以描述对象的性质、特征，并应用配色规律，给人以色彩美的享受。

色彩的应用研究一直受到视觉图像设计者的重视。但由于影响色彩设计的因素较多，加上人们对色彩的喜好、感觉和审美趣味的差异及国家、地域、民族、信仰的差异，所以它是一个相当复杂的课题。

色彩应用的关键在于研究色彩的对比和调和规律。

4.5.1 色彩的对比

在色彩设计时，不是只看一种颜色，而是在与周围色彩的对比中认识颜色。当两种以上的颜色放在一起时，能清楚地发现其差别，这种现象称为色彩的对比（俞连笙 等，1995）。

色彩对比包括同时对比和连续对比。同时观看相邻色彩与单独看一种颜色的感觉不一样，会感到色相、明度、饱和度都在变化。这种发生在同一时间、同一空间内的色彩变化，称为"同时对比"。先后连续观看不同的颜色，当前一色的"暂留"印象未消失时，立即看另一色，由于前者的"印象"加在后者上，所以感觉后者有变化，称为"连续对比"。如先看红色转而看白纸时，感觉白纸带"绿味"；又如先看绿色后看紫色，感觉紫色倾向于红紫色调。无论哪种对比方式，其色彩感觉的变化规律是相似的，利用视觉对比变化进行配色非常重要。

1. 明度对比

把同一种颜色放在明度不同的底色上，会发现该色的明度异样，在浅底上的色块感到深了，而在深底上的色块感到浅了。这种由于对比作用影响明度异样的现象，称为"明度对比"，如图 4-12 所示。

明度对比有两种。一种是同种色之间的明度对比。例如，无彩色黑、白、灰之间的对比和有彩色同种色之间的对比，如深红和浅红之间的对比。另一种是不同色相之间的明度对比，例如，深蓝与浅黄之间的对比。对于前一种对比，都能理解，也容易感觉到；对于后一种明度对比，常常因色相差异比较明显，集中于色相对比，而忽视了明度对比，这是在色彩设计时，最容易被忽视的现象。

明度对比的变化规律扩大了明度对比差异。如不同明度的颜色置于浅底色上，深者越深，浅者越浅。

明度对比是其他形式对比的基础，是决定设色对象明快感、清晰感、层次感的关键。有较高色彩素养的设计者，往往能十分娴熟地运用明度对比，设计出较高水平的地图产品。

由此可知，在地图设色时，不仅要注意其色相，更要注意颜色之间的明度对比关系。根据孟塞尔色立体，垂直轴分为 11 个明度等级、三种调性，如图 4-9 所示。

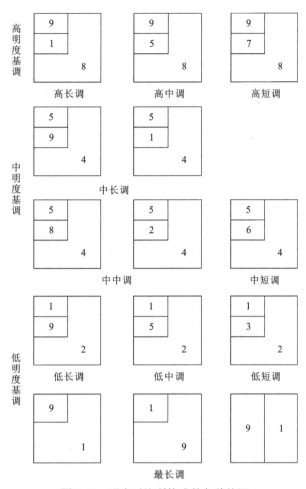

图 4-12　明度对比所构成的各种基调

　　明度差在 3 个等级以内的组合，称短调，此为明度的弱对比，如 1 与 3、2 与 4、7 与 9 每两个色块的组合。

　　明度差在 5 个等级以上的组合，称长调，此为明度的强对比，如 1 与 5、4 与 9、6 与 10 每两个色块的组合。

　　低明度色彩为主（面积在图面上占 70%左右）的组合，称低调；中明度色彩为主（面积在图面上占 70%左右）的组合，称中调；高明度色彩为主（面积在图面上占 70%左右）的组合，称高调。

　　由于明度对比的程度不同，各种基调给人的视觉感受也不尽相同。

　　高调：轻快、柔软、明朗、纯洁。

　　中调：朴素、沉静、庄重、平凡。

　　低调：浑厚、强硬、刚毅、神秘。

　　高长调、中长调、低长调：光感强、体积感强、形象清晰、锐利、明确。

　　高短调、中短调、低短调：光感弱、体积感弱、形象含混、模糊、平面感强。

　　最长调：生硬、空洞、简单化。

　　应用色彩时，要根据设计对象的具体情况选择恰如其分的明度对比，才能取得理想的色彩效果。

2. 色相对比

同一色相的包块放置在不同色相的底色上时，会因对比而产生色相变异，这种对比关系称为"色相对比"。"色相对比"的类别及变化规律如下。

1）同种色的对比

将任一色相逐渐变化其明度或饱和度（加白或黑），构成若干个色阶的颜色系列，称为同种色。例如，淡蓝、蓝、中蓝、深蓝、暗蓝等为同种色。

同种色对比时，各色的明度将发生变化，暗者越暗，明者越明。如浅绿与深绿对比，浅绿显得更浅、更亮，深绿则显得更深暗。由于不存在色相差别，这种配合很容易调和统一。

2）类似色的对比

在色环上，凡是 60° 范围内的各色均为类似色，如红、红橙、橙等。类似色比同种色差别明显，但差别不大，因各色之间含有共同色素，如橙、朱红、黄都含有黄色，故类似色又称为同类色。

类似色对比时，各自倾向于色环中外向邻接的色相，扩大了色相的间隔，色相差别增大。例如，品红与橙对比时，品红倾向于红紫，橙倾向于黄橙。

3）对比色的对比

在色环上，任意一色和与之相隔 90° 以外、180° 以内的各色之间的对比，属于对比色的对比，此种对比是色相的强对比。

对比色之间的差别要比类似色大，故对比色的色相感要比类似色鲜明、强烈、饱满、丰富，但又不及互补色那样强烈。对比色对比时，两色互相倾向于对方的补色，例如：品红和黄作为对比色，品红倾向于紫色调（黄的补色），黄倾向于绿色调（品红的补色）；黄和青作为对比色，黄倾向于橙色调（青的补色），而青则倾向于紫色调（黄的补色）。

在配色时，可适当改变各个对比色的明度和饱和度，构成众多、审美价值较高的色相对比。

4）互补色的对比

在色环上，凡相隔 180° 的两色之间的对比，称为互补色的对比。对比时，两色各增加其鲜明度，但色相不变。如品红与绿并列时，品红显得更红，绿显得更绿。互补色对比的特点是相互排斥、对比强烈、色彩跳跃、刺激性强，是色相对比中最强的一种。

互补色配合得好，能使图面色彩醒目、生气勃勃、视觉冲击力极强；相反，若运用不当，则会产生生硬、刺目、不雅致的弊病。

3. 饱和度对比

任一饱和度与相同明度不等量的灰色混合，可得到该色的饱和度系列。

任一饱和度与不同明度的灰色混合，可得到该色不同明度的饱和系列，即以饱和度为主的颜色系列。

将不同饱和度的色彩相互搭配，根据饱和度的差别，可形成不同饱和度的对比关系，即饱和度的对比。例如，按孟塞尔色立体的标定，红的最高饱和度为 14，而蓝绿的最高饱和度为 8。为了说明问题，现将各色相的饱和度统分为 12 个等级，如图 4-13 所示。

色彩间饱和度差别的大小决定饱和度对比的强弱。由于饱和度对比的视觉作用低于明度对比的视觉作用，大约 3～4 个等级的饱和度对比的清晰度才相当于一个明度等级对比的清晰度，所以如果将饱和度划分为 12 个等级，相差 8 个等级以上为饱和度的强对比，相差 5 个等

			低饱和度					中饱和度				高饱和度		
0	1	2	3	4	5	6	7	8	9	10	11	12		

图 4-13　饱和度轴

级左右为饱和度的中等对比，相差 4 个等级以内为饱和度的弱对比。

以高饱和度色彩（面积在图面上占 70%左右时）构成高饱和度基调，称鲜调；以中饱和度色彩（面积在图面上占 70%左右时）构成中饱和度基调，称中调；以低饱和度色彩（面积在图面上占 70%左右时）构成低饱和度基调，称灰调，如图 4-14 所示。

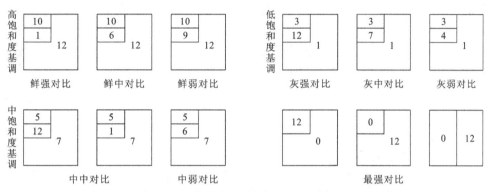

图 4-14　饱和度对比所构成的各种基调

由于饱和度对比程度的不同，各种基调给人的视觉感受也不尽相同。

高饱和度基调：积极、活泼、有生气、热闹、膨胀、冲动、刺激。

中饱和度基调：中庸、文雅、可靠。

低饱和度基调：平淡、无力、消极、陈旧、自然、简朴、超俗。

饱和度对比越强，一方的色相感越鲜明，因而使配色显得艳丽、生动、活泼。饱和度对比不足时，会使图面显得含混不清。

明度对比、色相对比、饱和度对比是最基本、最重要的色彩对比形式，在配色实践中，除消色的明度及同一色同明度的饱和度对比属于单一对比外，其余色彩对比均包含明度、色相、饱和度三种对比形式，不可能出现"单打一"的色彩对比，研究各种对比形式，实际上就是研究以哪种对比为主的问题。

4. 冷暖对比

利用色彩感觉的冷暖差别而形成的对比称为冷暖对比。

根据色彩的心理作用，可以把色彩分为冷色和暖色两类。以冷色为主可构成冷色基调，以暖色为主可构成暖色基调。冷暖对比时，最暖的色是橙色，最冷的色是青色，橙与青正好为一对互补色，故冷暖对比实为色相对比的又一种表现形式。

另外，黑白也有冷暖差别，一般认为黑色偏暖，白色偏冷，而同一色相中也有冷感和暖感的差别。冷色与暖色混以白色，明度升高，冷感增强；反之，混以黑色，明度降低，暖感增强。例如，属于暖色的朱红色，加白色变成粉红色就有冷感；加黑色变成暗红色就有暖感。

5. 面积对比

面积对比是色彩面积的大与小、多与少之间的对比，是一种比例对比。色彩的对比不仅与亮度、色相和饱和度紧密相关，而且与面积大小关系极大。例如，1 cm^2 的纯红色使人觉得鲜艳可爱，1 m^2 的纯红色使人感到兴奋、激动，而当人们被 100 m^2 的纯红色包围时，会因刺激过强而产生疲倦和难以忍受的感觉。这说明随着面积的增减，对视觉的刺激与心理影响也随之增减。因此，在设计大面积色彩时，大多数应选择明度高、饱和度低、色差小、对比弱的配色，以求得明快、舒适、安详、持久、和谐的视觉效果。

在设计中等面积的色彩对比时，宜选择中等强度的对比，使人们既能持久感受，又能引起充分的视觉兴趣。

在设计小面积色彩对比时，灵活性相对大一些，不管对比是强还是弱均能获得良好的视觉效果。一般小面积以用高饱和度、强对比度的颜色为宜。当图面是由各种面积色彩构成时，大面积宜选择高明度、低饱和度、弱对比的色彩，小面积宜选择高饱和度、强对比的色彩。巧妙而合理的色彩搭配，可以使不太完美的面积对比变得完美协调。

4.5.2 色彩的调和

"调和"一词源自希腊语，本意是"组织"或"结合"，是希腊时期主要的美的形式原理。从狭义的概念去认识，色彩调和是指两种以上的颜色组织或结合；从心理学的角度去认识，色彩调和则是指作为局部的色彩的内容服从于主观上整体统一的法则，这一法则产生的色彩组织或色彩结合本身能激起某种快感。

从广义的角度理解，色彩调和则是"多样性"的统一，即组织色彩时若能给人以整体感，则色彩是调和的。通过变化中的统一来产生色彩美，是色彩调和的要求。因此，色彩的调和可以说是有明显差异的、对比强烈的色彩，经过调整之后，构成符合目的、和谐统一的色彩关系。

色彩调和原理和色彩对比原理相同，把这些原理加以相反运用，就可以得到色彩调和的效果。色彩对比是扩大色彩三属性诸要素的差异和对立，而色彩的调和则是缩小这些差异和对立，减少对立因素，增加同一性。

为使色彩配合达到既有变化，又有统一的图面效果，应注意以下几项。

（1）配色符合主题目的。设色必须与对象的主题内容相一致，不同的内容需要不同的色彩（主色调）来表现，前面所论述的色彩的感觉与象征、色彩的对比变化等都是研究色彩如何通过自身的表现力更好地表现产品的内容，使产品的内容与色彩能有机地结合起来，更好地发挥色彩先声夺人的作用。凡与产品内容相冲突的色彩配合均有可能被认为是不调和的色彩，并对描述产品内容产生消极作用。因此，"色彩（主色调）与产品内容的统一"是色彩调和的一个重要原则。例如，人口图一般采用暖色调，若改用冷色调，即使图面色彩协调，主色调统一，但因为冷色调与人口现象不协调，故认为是不调和的色彩设计。

（2）设色必须能引起读者审美心理的共鸣。设色实践证实，凡能与读者产生心理共鸣的色彩搭配，一般认为是美的、调和的色彩。由于国家、宗教、信仰、生活环境、地理位置、文化修养、年龄、性别、时代、阶层、经济条件等因素的不同，人们具有不同的审美能力和审美需求。因此，要使色彩设计能够获得成功，使读者与之产生共鸣，就必须有针对性。如设计供儿童使用的地图产品，就应该符合儿童的审美需求，从封面到图面，应选用饱和度高、对比鲜明的色彩。

（3）同种色调和。同种色调和是通过同一色相（加黑或白）深、中、浅的配合，运用明度、饱和度的变化来表现层次、虚实。同种色调系统分明、朴素、雅致、整体感很强，但容易显得单调无力。配色时应注意调整色阶间隔，以获得明朗、协调的图面效果。

（4）类似色调和。类似色调和是近似和邻近色彩的调和，这种调和比同种色调和更丰富且富有变化。根据图面设色需要适当调整各色之间的明度、饱和度、冷暖和面积大小，使之既有对比，又达到协调的效果。

（5）增加共同色素调和。在互相对比的色彩中调入黑、白或者其他颜色，增加同一色素，使其调和；或在互相对比的色彩中进行一定程度的相互掺和，使其产生共性，从而达到调和的效果。

（6）分割调和。使用黑、白极色，中性灰色或金、银色线划将对比色分割，缓和直接对立状态，增加统一因素，从而达到调和的效果。

（7）面积调和。在色彩设计中，面积调和的重要性不亚于色彩调和，任何配色都必须先研究色彩相互之间的面积比问题。色彩的面积决定了颜色应选择的明度、饱和度、色相，两色对比，当明度、饱和度、色相不可改变时，可适当改变对比色之间的面积，使之色感均衡，达到调和的效果；若面积不可改变时，则改变颜色的明度、饱和度，使之色感均衡，从而达到调和的效果。

（8）渐变调和。将对比的色彩进行有秩序的组合，形成一种渐变的、等差的色彩序列，从而达到调和的效果。例如，红与绿两饱和色的对比是强烈的色相对比，极不调和，若两色均以柠檬黄混合，并将混合得到的各色依次排列，就得到红、朱红、橘红、橘黄、中黄、柠檬黄、绿黄、草绿、中绿、绿的色相序列，减弱了原来的对比效果，呈现出色相序列极强的调和感。

（9）弱化调和。色彩对比过于强烈时，适当降低几个颜色或其中一色的饱和度，提高其明度（使颜色变得浅一些），往往可以达到调和的效果。

综上所述，配色的根本目的是求得不同色彩三属性之间的统一性与对比性的适应平衡，寻求统一中的变化美。

4.5.3 配色的类型

配色是将两种以上的色彩加以配合，使其组合后产生新的视觉效果，色彩是不可能单独存在的，每一色彩必受其周围其他色彩的影响，是相互比较而产生、相互依赖而存在的。一般而言，单独一种颜色并没有所谓的美与丑，只有在两种以上的色彩互相比较时，才有美或不美的效果出现。色彩配置通过各种对比与调和手法形成各种色调变化，是色彩设计的实质性的技术实施手段。

配色从考虑设计功能的目的性出发，以色彩审美规律的运用贯穿始终。配色手法主要是传达某种色彩感觉，固然可以利用理性来控制色彩效果，但是不应忽视色彩的感性认知经验，也就是说，应在对色彩理论深入了解、掌握运用表现规律的基础上，根据设计者个人的美感经验所产生的色彩感觉对设计做出解释，才能达到配色的完美。

任何色彩的配合，常常是以两个以上的色彩配合，地图设色尤其是这样，以面状色彩、线状色彩、点状色彩及注记色彩相配合。但是，不论色彩配合形式如何变化，其配色类型归纳起来不外乎以下几类。

1. 以色相为主的配色

以色相为主的配色，一般以色相环为依据，按照色彩在色相环上的位置所成的角度，可分为邻近色、类似色、中差色、对比色、互补色等类型。两色所成角度越小，色彩的共性越大，反之两色所成角度越大，色彩的对比性越强，调和性越弱，以处于直径两端的互补色配色最为强烈，过了180°对比性又渐缓和。

（1）同色相配色：利用同一色相的不同明度、饱和度的变化来搭配组合，容易取得十分协调的色彩效果。

（2）类似色配色：在色环中，邻近的几个色相相互组合的配色（如红、红橙、橙的组合）会有很强的统一感。为避免单调，应注意调整色相的明度差。

（3）对比色配色：对比色的组合能产生生动活泼的感觉，但不易调和，可变化其明度和纯度从而产生调和感。

（4）互补色配色：具有强烈对比性的互补色组合在一起时，会呈现强烈的相互的视觉效果，能使图面产生强烈的视觉冲击力。如需减弱对比强度，可适当减小一色的面积或降低一色的饱和度，从而产生调和感。

（5）冷色系与暖色系配色：暖色系的配色产生暖感和刺激性；冷色系的配色产生冷感和沉静安定感。

2. 以明度为主的配色

明度是色彩的明暗差别，即深浅层次差别，色彩的明度配合是配色美的主要因素，只有适度的明度对比才会带来调和感。

（1）高明度配色：因对比色混入大量的白色后，缓和了对比强度，产生了很强的统一感，整体色调明快柔和，但要注意各色之间的明度差，以产生一定的节奏韵律感。

（2）中明度配色：明度差小，给人以较厚重感，为增加配色的明快柔和感，可以在色相及饱和度上加以变化。

（3）低明度配色：因含有较多的黑色，色相对比减弱，明度差小，容易得到调和的效果，呈现深沉朴素的安定感。但要注意各色之间的明度差，以消除过度的单调沉闷感。

（4）对比明度配色：明度高与明度低的色彩配合时，由于对比强烈的明度差给人以清晰、明快、爽朗的感觉，容易取得较好的视觉效果。

3. 以饱和度为主的配色

饱和度的选择是配色是否调和的重要因素，是配色成败的关键，也是形成"鲜艳""朴素""沉着""柔和"等不同感情倾向的因素之一。

（1）高饱和度配色：由于各色的色相鲜明，对比度强，给人以鲜艳、华丽、活泼的感觉。但要注意变化其明度及色相，以减弱其过分刺激、浮躁等不调和因素。

（2）中饱和度配色：减弱了色相的对比度，但仍保持了一定的鲜明度。色彩含蓄厚重，给人以清新爽朗的感觉。

（3）低饱和度配色：色调很弱，沉实而近于黑，给人以稳重、坚实的感觉。可以适当变化其明度，减少沉闷感。

（4）饱和度对比配色：包括高饱和度与低饱和度配色、中饱和度与低饱和度配色、高饱和度与中饱和度配色。不同的配色能产生不同的感情倾向。

以上仅仅列举了配色的类型，具体到地图设色时，首先，应根据不同图幅的主题内容和具体条件进行全面考虑，使色彩配合形式与地图内容相统一。例如，对考古地图的设色应与旅游地图的设色有所区别，前者应给人以古朴、典雅的感觉，而后者应给人以明快、华丽的感觉。若所配色彩与内容相冲突，即使符合配色规律，也属不调和色彩。其次，提出设计方案，制作彩色样图，进行各种色彩的配色试验。这时应主要考虑各类要素的组合效果，对彩色试样进行反复比较，以达到最理想的配色效果。

掌握色彩的配色技巧，除懂得色彩基本理论及其配色方法外，还要善于观察、体会各种自然色彩的特点。如植物、花卉、贝壳及大理石的纹理等，其他还有邮票、各种装饰绘画及国内外优秀地图集的配色等，都可以借鉴。总之，只要善于观察、体会、多多实践，不断地提高自己的审美能力，是可以掌握色彩配合的技巧的。

4.6 实例与练习——十二色环的绘制

4.6.1 实验目的

绘制 CMYK、RGB 两种色彩模式下的十二色环，通过学习，掌握不同色彩混合模式下的色彩混合方法，进一步理解加色法和减色法的区别与联系。

4.6.2 实验要求

（1）掌握 CorelDRAW 下图形绘制的方法。
（2）掌握 CorelDRAW 下颜色填充的方法。
（3）掌握色光三原色与色料三原色的色彩混合方法。

4.6.3 实验数据

十二色环图片。

4.6.4 实验步骤

1. 绘制十二色环

（1）打开 CorelDRAW 新建文档，保存文件名为"十二色环"。
（2）选择左侧工具栏"手绘工具"中的"2 点线"工具，按住 Ctrl 键在画布上绘制一条竖直线段，并在页面上方"对象大小"处，将对象高度调整为"80 mm"，在"对象位置"处，将竖直线段的相对中心调整为"（100 mm，160 mm）"。从顶部"窗口"选项调出"变换"窗口，选中竖直直线，调整旋转角度为"60"度，副本设置为"1"，鼠标左键单击两次"应用"，再次用"2 点线"工具将相应线段的端点连接起来。
（3）选择左侧工具栏"椭圆形工具"，按住 Ctrl 键在画布上绘制一个正圆，在页面上方点击"锁定比率",将对象宽度调整为"20 mm",将正圆的相对中心调整为"(100 mm,200 mm)",使其圆心与三角形的顶点重合。选中正圆,在"变换"泊坞窗中,调整旋转角度为"30"度,副本设置为"1",鼠标左键单击11次"应用",得到十二色环的基本框架(图4-15)。

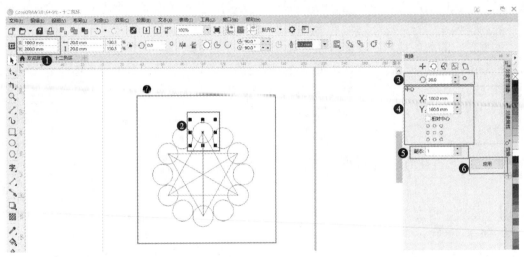

图4-15　绘制十二色环

2. 绘制 RGB 色彩模式下的十二色环

(1)填充颜色:RGB 色彩模式下的十二色环颜色值如表4-5所示。首先选中要填充的正圆,在"对象属性"泊坞窗中选择"填充",再选择"均匀填充",颜色模型选择"RGB",最后调整红色、绿色、蓝色组件的值得到目标色彩,如图4-16所示。

表4-5　RGB 色彩模式下的十二色环颜色值

项目	颜色	R	G	B
三基色	红	255	0	0
	绿	0	255	0
	蓝	0	0	255
三间色	青	0	255	255
	品红	255	0	255
	黄	255	255	0
复色	橙	254	127	0
	黄绿	127	254	0
	青绿	0	254	127
	靛	0	127	154
	紫	127	0	254
	紫红	254	0	127

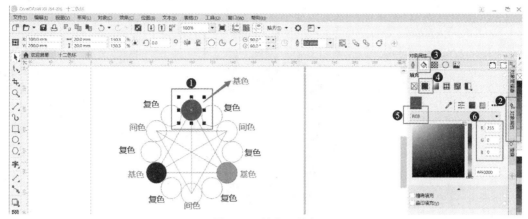

图 4-16　填充三基色

（2）导出十二色环结果图：单击左上角"文件"
选项卡，选择"导出"，设置文件名为"十二色环"，
选择保存类型为"JPG-JPEG 位图"格式，左键单
击"导出"，设置颜色模式为"RGB（24 位）"，其
导出效果如图 4-17 所示。

3. 绘制 CMYK 色彩模式下的十二色环

（1）填充颜色：CMYK 色彩模式下的十二色环
颜色值如表 4-6 所示，首先选中要填充的正圆，在
"对象属性"泊坞窗中选择"填充"，再选择"均匀
填充"，颜色模型选择"CMYK"，最后调整青色、
品红色、黄色、黑色组件的值得到目标色彩。

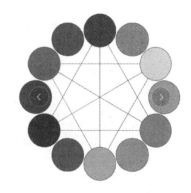

图 4-17　RGB 色彩模式下的十二色环

表 4-6　CMYK 色彩模式下的十二色环颜色值

项目	颜色	C	M	Y	K
三基色	青	100	0	0	0
	品红	0	100	0	0
	黄	0	0	100	0
三间色	红	0	100	100	0
	绿	100	0	100	0
	蓝	100	100	0	0
复色	橙	0	50	100	0
	黄绿	50	0	100	0
	青绿	100	0	50	0
	靛	100	50	0	0
	紫	50	100	0	0
	紫红	0	100	50	0

（2）导出十二色环结果图，其效果如图 4-18 所示。

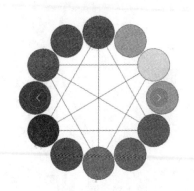

图 4-18　CMYK 色彩模式下的十二色环

4.7　实例与练习——减色法配色方法练习

4.7.1　实验目的

通过减色法复色调配练习，掌握三原色不等量相混、间色不等量相混、三原色与黑色相混、间色与黑色相混、对比色不等量相混、互补色不等量相混等基础的色彩的组合关系和配色规律。

4.7.2　实验要求

（1）基于 CorelDRAW 软件，掌握减色法复色调配的方法。
（2）掌握色彩的组合关系和配色规律。

4.7.3　实验数据

减色法复色调配练习.cdr 文件。

4.7.4　实验步骤

1. 基本方法

使用鼠标左键单击左列工具框里的"智能填充工具"，在页面上方左键单击"填充色"右侧黑色下三角，选择"颜色模型"为 CMYK 模型，在青色、品红色、黄色组件处调整值得到目标色彩，并在要填充的区域左键单击以填充相应色彩，如图 4-19 所示。

2. 配色原理与方法

（1）三原色不等量相混：黄+品红+青=黄灰。由练习题目可知，黄：品红：青=2：1：1，通过相应的比例计算得出可能的混色方案，颜色比例如表 4-7 所示。根据混色方案，配色结果如图 4-20 所示。

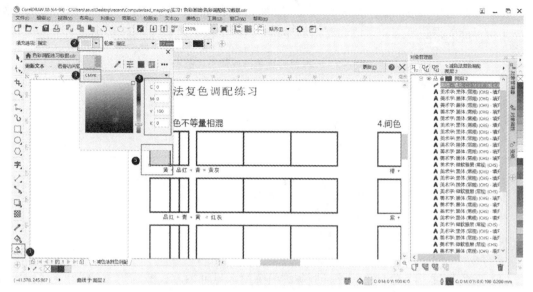

图 4-19　填色基本方法

表 4-7　三原色不等量相混颜色比例表

黄	品红	青	黑
80	40	40	0
60	30	30	0
40	20	20	0

图 4-20　三原色不等量相混结果图

（2）间色不等量相混：红橙+绿=黄灰。由练习题目可知，红橙：绿=2：1；且 1 红橙=
1 品红+1 黄，1 绿=1 黄+1 青。因此可得 2 红橙+1 绿=1 青+2 品红+3 黄。根据相应的比例，
计算得出可能的混色方案，颜色比例如表 4-8 所示。根据配色方案，配色结果如图 4-21 所示。

表 4-8　间色不等量相混颜色比例表

青	品红	黄	黑
30	60	90	0
20	40	60	0
10	20	30	0

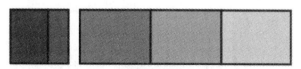

图 4-21　间色不等量相混结果图

（3）三原色与黑色相混：黄+黑=黄灰。由练习题目可知，黄∶黑=3∶1，根据相应的比例计算得出可能的混色方案，颜色比例如表4-9所示，配色结果如图4-22所示。

表4-9　三原色与黑色相混颜色比例表

青	品红	黄	黑
0	0	90	30
0	0	60	20
0	0	30	10

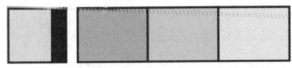

图4-22　三原色与黑色相混结果图

（4）间色与黑色相混：红橙+黑=橙灰。由练习题目可知，红橙∶黑=2∶1，1 红橙=1 品红+1 黄，因此 2 红橙+1 黑=2 品红+2 黄+1 黑，根据计算得出可能的混色方案，颜色比例如表4-10所示，配色结果如图4-23所示。

表4-10　间色与黑色相混颜色比例表

青	品红	黄	黑
0	80	80	40
0	60	60	30
0	40	40	20

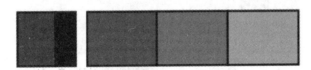

图4-23　间色与黑色相混结果图

（5）对比色不等量相混：橙+青=黄灰。由练习题目可知，橙∶青=3∶1，1 橙=1 品红+2 黄，因此 3 橙+1 青=2 青+3 品红+6 黄，根据计算结果得出可能的混色方案，颜色比例如表4-11所示，配色结果如图4-24所示。

表4-11　对比色不等量相混颜色比例表

青	品红	黄	黑
30	45	90	0
20	30	60	0
10	15	30	0

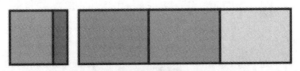

图4-24　对比色不等量相混结果图

（6）互补色不等量相混：黄+蓝=黄灰。由练习题目可知，黄∶蓝=3∶1，1 蓝=1 青+1 品红，因此 3 黄+1 蓝=1 青+1 品红+3 黄，根据计算得出可能的混色方案，颜色比例如表 4-12 所示，配色结果如图 4-25 所示。

表 4-12　互补色不等量相混颜色比例表

青	品红	黄	黑
30	30	90	0
20	20	60	0
10	10	30	0

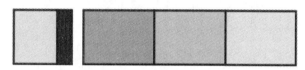

图 4-25　互补色不等量相混结果图

以上仅给出每一种混色方法的一种配色方法，请读者参考以上配色方法，完成其他组的练习。

第5章 地图色彩

色彩是产生美感和创造艺术魅力的基本要素，同时也是表现艺术形式美的一种重要手段。现实生活中，凡是与视觉工艺有关的领域都不可避免地要研究和运用色彩。地图是以特有的视觉图形来传递空间信息的，图形和色彩是构成地图的最基本的视觉要素，其中色彩作为一个能够相当强烈而迅速诉诸感觉的因素，在地图设计中有着不可忽视的作用。地图设计的好坏，在很大程度上取决于色彩运用的优劣，故在地图设计的全过程，必须认真考虑色彩的运用。

5.1 地图色彩设计

5.1.1 地图色彩的作用

在现代技术条件下，制作彩色地图没有任何困难，黑白地图已经极少见到（只有在专门需要时制作），这说明地图需要色彩，人们需要彩色的地图，因为色彩对地图有重要的指示作用。

（1）色彩的运用简化了图形符号系统。地图内容十分丰富，表现的对象又很多样，所以地图的符号系统相当复杂，在黑白地图上，所有点状、线状和面状的制图对象只能依靠图形符号加以区别，不同对象必须使用不同形状和花纹的符号来表示。例如线状符号，地图上呈线状的要素很多，如各种道路、岸线、河流、等高线、区域范围线等，在单色条件下区分它们只能依靠线状符号的粗细、组合、结构、附加图案花纹等图形差异，差别过小可能难以辨别，差别大往往需要较复杂的图形。又如区分面状分布的现象，在单色条件下必须在面积范围内设置点状或线状图案，这种面状符号的使用使得图面线划载负量大大增加，而图面清晰度则受到很大影响。色彩的使用使上述问题迎刃而解，如同一种细线，蓝色的表示岸线，黑色的表示路，棕色的表示等高线……色彩变量取代图形变量，简单的符号由于使用了不同的颜色而可以分别表示不同对象，使地图上可以尽量采用较简单的图形符号表示丰富的要素。

（2）色彩可以丰富地图的内容，提高读者的视觉感受能力。地图上使用色彩，有利于体现事物分类、分级的质量和数量特征，在有限的幅面内表示更多的内容。地图色彩不仅能使不同的地图要素构成一体，还能使它们处于不同的视觉层面，从而提高地图的视觉敏锐度，适应人们的视觉心理，使地图更加清晰易读、准确生动，达到最佳的信息传输效果。

（3）色彩可以增强地图的艺术性。马克思曾说过："色彩的感觉是一般美感中最大众化的形式。"美的色彩组合所造成的完美境界，能引导人们从美学意义上去鉴赏地图作品，使人们在阅读和使用地图的过程中得到美的享受和熏陶。同时，具有良好的色彩构成的地图作品，能够强烈地吸引读者的注意力，增加地图的艺术魅力，提高地图的实用价值。

5.1.2 地图色彩的特点

地图是科学与艺术的结晶，地图色彩当然也必须服从地图科学和技术的要求。因此，地图色彩与一般艺术创作中的色彩具有不同的性质和特点。

艺术色彩有写生色彩与装饰色彩之分：写生色彩偏重自然色彩的再现；装饰色彩不求色彩的逼真，而是以自然色彩的某些特征为基础，化繁为简，合理夸张，使色彩更富理想化。装饰色彩偏重研究物体色的对比调和关系、色彩的组合效果及色彩的形式美。

地图色彩也不同于自然色彩的写实和逼真，而是以自然色彩的某些特征为基础，从地图图面效果的需要出发，使用象征色和标记色。从这一点来看，地图色彩有些类似于装饰色彩。不过装饰艺术的唯一目标是色彩的形式美，而地图色彩必须服从内容的表现和阅读的清晰性要求，因此，地图色彩还有它自己的特点（何宗宜 等，2016）。

（1）地图色彩以均匀色层为主。地图的设色与地图的表示方法有关。除地貌晕渲和某些符号的装饰性渐变色外，地图上大多数点状、线状和面状颜色都以均匀一致的"平色"为主，尤其是面状色彩。现代地图上主要采用垂直投影绘制物体的平面轮廓，每一个范围内的要素被认为是一致的、均匀满布的，如表示土壤或植物的分布范围，人们不可能再区分每一个范围内的局部差异，而将其看作内部等质（某种指标的一致性）的区域，这就是地图综合——科学抽象的必然。因而，使用均匀色层是最合适的。同时，地图上色彩大多不是单一层次，由于各要素的组合重叠，采用均匀色层才能保持较清晰的图面环境，有利于多种要素符号的表现。

（2）色彩使用的系统性。地图内容的科学性决定了其色彩使用的系统性，地图上的色彩使用表现出明显的秩序性，这是地图用色与艺术用色的最大区别。

地图上色彩使用的系统性主要表现为两个方面，即质量系统性与数量系统性。质量系统性是指利用颜色的对比性区别，描述制图对象性质的基本差异，而在每一大类的范围内又以较近似的颜色反映下一层次对象的差异。

数量系统性主要指运用色彩强弱与轻重感觉的不同，给人以一种有序的等级感。色彩的明度渐变是视觉排序的基本因素，例如在降水量地图上用一组由浅到深的蓝色色阶表示降水量的多少，浅色表示降水少，深色表示降水多。在专题地图上这种用色方法十分普遍。

（3）地图色彩的制约性。在绘画艺术中，只要能创造出美的作品，一切由画家的主观意愿决定，画面上的景物、色彩及其位置、大小都可根据构图需要进行安排调动，称为"空间调度"，现代派画家甚至撇开图形而纯粹表现色彩意境和情调。地图则不同，地图上的色彩受地图内容的制约大得多，地图符号、色斑位置和大小，一般不能随意移动，自由度很小。一般来说，色彩的设计总是在已经确定的地图图形布局的基础上进行。同时，由于地图上点、线、面要素的复杂组合，色彩的选配也受到很大限制，例如，除小型符号外，大多数面积颜色要保持一定的透明性，以便不影响其他要素的表现。

（4）色彩意义的明确性。在绘画中，色彩只服从于美的目标，而不必有什么意义，有些以色块构成的现代绘画，只是构成一种模糊的意境而不反映任何具体事物。地图是科学作品，其价值在于承载和传递空间信息，地图上的色彩作为一种形式因素担负着符号的功能。在地图上除少数衬托底色仅仅是为了地图美观外，绝大多数颜色都被赋予了具体的意义。而且作为一种符号或符号视觉变量的一部分，其含义都应该明确，不允许模棱两可、似是而非。

5.1.3 地图色彩设计的基本要求

（1）地图色彩设计与地图的性质、用途相一致。地图有多种类型，各种类型的地图无论在内容还是使用方式上都有所不同，其色彩当然也不相同。色彩的设计既要适应地图的特殊读者群体，又要适应用图方法。例如地形图作为一种通用性、技术性地图，色彩设计既要方便阅读，又要便于在图上进行标绘作业，因而色彩要清爽、明快；交通旅游地图用色要活泼、华丽，给人以兴奋感；教学挂图应符号粗大，用色浓重，以便在通常的读图距离内能清晰地阅读地图；一般参考图应清淡雅致，以便容纳较多内容；而儿童用的地图则应活泼、艳丽，针对儿童的心理特点，激发其兴趣。

（2）色彩运用与地图内容相适应。地图上内容往往相当复杂，各要素交织在一起。不同的内容要素应采用不同的色彩，这种色彩不仅要表现出对象的特征性，还应与各要素的图面地位相适应。在普通地图上，各要素既要能相互区分，又不能产生过于明显的主次差别。在专题地图上，内容有主次之分，用色就应反映它们之间的相互关系。主题内容用色饱和，对比强烈，轮廓清晰，使之突出，居于第一层面；次要内容用色较浅，对比平和，使之退居次一层面；地理底图作为背景，应该用较弱的灰性色彩，使之沉着于下层平面。

（3）充分利用色彩的感觉与象征性。既然地图色彩主要是用来表现制图内容，设计地图符号的颜色时必须考虑如何提高符号的认知效果。有明确色彩特征的对象，一般可用与之相似的颜色，如蓝色表示水系，棕色表示地貌与土质，黑色符号表示煤炭，黄色符号表示硫黄等。没有明确色彩特征的可借助色彩的象征性，如暖流、火山采用红色，寒流、雪山采用蓝色；高温区、热带采用暖色，低温区、寒带采用冷色；表示环境的污染则可用比较灰暗的复色等。

（4）层次清楚、和谐美观、形成特色。地图的色彩设计，为了突出主题和区分不同要素，需要足够的对比，但同时又应使色彩达到恰当的调和，使其既能表现内容结构，反映不同层面的信息，又美观悦目。与此同时，地图虽然属于技术产品，但是地图色彩设计也不能千篇一律，一幅地图或一本图集，都应形成自己的色彩特征。

5.2　色彩在地图设计中的应用

5.2.1　地图色彩的类别

色彩在地图上是附着于地图符号使用的，可以分为点状符号色彩、线状符号色彩和面状符号色彩。

1. 点状符号色彩

点状符号色彩是指表示点位数据的点状符号的色彩。点状符号可分为简单点状符号和组合点状符号。表示同种地物的简单点状符号一般只用一种颜色；组合点状符号通常由两个或两个以上的简单符号按一定的规则组成，如饼状符号、环状符号、柱状符号等。

在专题地图上，常用定点符号来反映一切呈点状分布物体的地点、数量、质量特征和变化动态，用非定点符号来反映面状分布要素的范围和数量、质量对比关系。点状符号有三个基本特征：图形、尺寸和颜色，它们也是构成每一个点状符号的三个基本要素。三者之间密切相关，利用三者的变化互相配合，可设计出多种点状符号。

常采用不同图形的尺寸或者不同颜色的符号反映物体的质量差异；用不同尺寸的符号系列反映物体的数量大小或变化动态；用渐变的颜色或者不同色相的符号反映数量的增减。

2. 线状符号色彩

线状符号色彩除了各类线状事物，还包括各类界限及事物的运动线。在专题地图上，彩色线划有三种类型，分别代表不同的含义：一是各类界线，如类型界线、等值线、区划界线；二是各类线状物体，如交通线、岸线、河流、地质结构线、地层的向斜和背斜线；三是动线，即带有箭头的线划符号，常用于表示专题要素的具体移动路线和方向，如探险家的行进路线、作战部队的行军路线、货物运输线、居民移动方向线，也可以用于表示某种现象的运动趋势，如洋流、风向。

3. 面状符号色彩

在专题地图上，一切呈面状分布的专题现象通常用面状符号表示，色彩作为构成面状符号的最主要变量，在地图上起着重要的作用。地图上面状符号色彩主要包括质别底色、色级底色、衬托底色、区域底色等。

4. 注记色彩

专题地图中注记用途很广，注记色彩较多，注记本身就是一种符号，是专题地图不可缺少的基本要素之一。构成注记的特征有注记的字体、字号及色彩，这三个基本特征与点状符号特征很相近。利用注记表示并说明各种专题要素和现象时，应注意正确选择注记的字体、字号及色彩。

5.2.2　地图符号的色彩设计

1. 点状符号的色彩设计

（1）利用不同色相表示现象的类别，即质量差异。调色时，多采用对比色和互补色组合，若采用同种色和类似色，则宜选用强对比的同种色和类似色组合。例如，工业分布图中，在半径相同的圈形符号内填入灰色、蓝色、红色、黄色，以分别代表金属工业、机械工业、化学工业、食品工业。

（2）点状符号的色彩应尽量与地物的固有色相似，便于读者联想。例如，火力发电站用红色，水力发电站用蓝色，森林用绿色。当然，并不是图上每种要素均能同地物的自然色取得一致，它还受到多方面因素的影响。例如，在表示棉花的地图上，若考虑棉花的固有色，应该用白色表示，但为了与浅淡的底色形成对比，则应用其他颜色表示。

（3）在选择和确定点状色彩时，首先应考虑地图的性质和用途，因为各类地图对点状符号色彩都有不同的要求。挂图用色多偏于鲜艳、强烈；桌面用色多偏重和谐、秀丽、素雅。专题地图的专题要素与底图要素相比，专题要素符号要鲜明、醒目，突出于"第一层面"；而作为专题地图的底图符号，色彩则要求清淡，退居于"第二层面"。除了考虑上述情况，还必须考虑符号本身的图形、大小及地图制印的成本、技术条件等。

（4）一般来说，设色面积应与饱和度呈反比。由于点状色彩面积较小，需略提升其饱和度，多用原色、间色或不饱和的原色、间色，少用复色，使符号与符号之间有鲜明对比。在结构符号中，多用对比色组合，并注意色块之间的明度对比，提高识别度。而与符号配合的面状色彩一般饱和度可降低，用较浅淡的间色或复色，使符号与底色之间反差扩大，形成两个"层面"。

2. 线状符号的色彩设计

专题地图上线状色彩有三种类型，每种类型设色要求不一。

1）各类界线色彩

这是一种代表非实体现象的界线，应根据地图的性质、用途确定图中界线的主次关系，凡属主要界线者用色应鲜、浓、艳、深、粗；凡属次要界线者用色应灰、浅、细。利用色彩之间的对比，形成不同"层面"。例如，在区划图中，区划界线属于"第一层面"的要素，用色应浓艳、醒目，常用大红、玫瑰红、黑色、青色、白色（深底留白线）；而河流、岸线等线状色彩是属于"第二层面"的辅助要素，用浅灰色、浅褐色、浅棕色、黄灰色表示。然而在气候图中，等温线用大红色（或其他鲜艳色）线划符号表示，使之突出于"第一层面"，而行政区划界线则用直径为 0.1 mm 黑点组成的虚线表示，使之退居"第二层面"。

2）各类线状物体色彩

对于各类线状物体，首先应确定各类线状物体（如交通线、河流、岸线、山脉走向、地质结构线）在图上的主次关系，然后按上述原则处理。利用色彩对比，表达主次要素之间的质量差别，以达到图面层次分明、清晰易读的目的。如在中国公路图上，主要内容为高速公路、主要公路、一般公路；次要内容为铁路、河流、岸线、行政界线。主要内容采用鲜艳的、对比强的色彩，次要内容则用浅棕色或钢灰色等饱和度低的色彩。

凡表示线状物体的数量差异，设色时应注意一定的逻辑性，按色彩的渐变或色彩对视觉的冲击力强弱来排列顺序。如用绿、中黄、橙、大红分别表示公路噪声由弱到强的污染等级，噪声污染最严重的公路用红色表示，给人以强烈的视觉冲击，加深形象记忆。

3）各类动线色彩

对于各类动线色彩，也应首先根据地图的性质和所表示的内容，明确图内各类动线符号的主次关系，然后按关系设色，这一点同于上述两类的设色原则。如在矿产图中，各类矿产分布的位置为主要表达内容，宜用原色、间色等鲜明的点状符号表示，而表示铁、煤、石油等的运输方向的动线，则用浅灰、浅红灰等不显眼的彩色动线表示。相反，在贸易图中，代表各类贸易线路的动线属于主要表达内容，应用鲜艳的色彩表示；代表各类矿产的定位符号则为次要内容，应选用比动线浅淡的色彩表示。

有时为了给读者留下深刻的印象，采用"变异"手法，即违反常规的设色方法，例如在《加拿大国家地图集》中的河流流量图上，为了突出河流流量，采用朱红色线条表示，打破惯用蓝色表示河流的框框，创新出全新的意象。

3. 面状符号的色彩设计

区域符号面积较大，能够迅速抓住读者的视觉，影响读者的审美情趣。成功的面状用色是用较少的地图语言传递出较丰富的信息，使地图用途和设计意图得以清晰、完整、准确地表达，为此，面状符号用色应区分层次，选用不同的色值。在地图上，不同类型的面状符号用色，需遵循相应的规律。

1）质别底色

质别底色是用不同颜色的面状底色、面状晕线、面状花纹分别涂在制图区域或类型分布范围内，以不同的颜色区别表示各区域不同类型和质量差别。利用质别底色表示的专题现象很多，如地质现象、大地构造、土壤分布、土地利用、民族分布、宗教分布等。

质别底色设色数目需根据专题现象的种类或类型多少来确定，不同的色相作为地图的主题色彩，将现象显示在"第一层面"上，其他要素的色彩则居于"第二层面"或"第三层面"上。设色时要注意：①尽量运用接近色或象征色；②反映区域性质，以色相变化为主；③设色符号分类的系统性；④可以用代码作为补充。

2）色级底色

色级底色是以一组呈规律变化的底色（渐变色阶）表示区域数量（或等级）特征，常用在分级统计图和分层设色表示地貌的分级底色上。设置分级底色，要按照一定的颜色深浅和冷暖变化的顺序和逻辑关系。色级底色是专题地图上用来表示呈面状分布的专题现象的数量特征的方法。常用的有点数法、分级统计图法、分区统计图表法、定位图表法。另外，表示连续分布且数量变化呈逐渐增减的专题现象，常用等值线加分层设色法。

上述几种表示法在图面上的表现形式各不相同。就以分级统计图法和分层设色法来说，这两种方法都采用分级设色的形式，其中分级统计图法是利用渐变的色阶来反映数量级别，所表示的现象不一定是连续分布（如人口密度分布）。因此，图面上各相邻区域的底色不一定按色彩渐变的顺序排列，而图例中的色阶是按色彩渐变的顺序排列的。也就是说，色阶随着数量的变化有次序地从一种色彩逐渐过渡到另一种色彩。分层设色法是以等值线为基础，在等值线构成的各个层级上分别涂上不同的底色，利用色彩的渐变，表示专题现象数量渐变的规律，如地势图、气温图、降水量图。分层设色图上的颜色和图例上的颜色均按一定顺序排列，色彩是渐变的，因此相邻的色层不宜用对比过强的色彩。这是分层设色法与分级统计图法在表现形式上最主要的不同之处。

一般来说，使用色级底色表示同一专题要素的数量或等级关系时，通常以明度、饱和度变化为主要手段，色相变化为辅助手段，设色时注意：①色阶以明度变化为主，一般强色表示的数量多，弱色表示的数量少。②根据过渡的色阶的数量，可以分为单色系列和多色系列。单色系列一般底色设计采用同一色相的明度或饱和度渐变的颜色；多色系列的底色设计一般在不同色相间渐变的颜色，经常是在同类色或邻近色之间逐渐过渡。在色彩过渡时，既有明确原则，又有连续渐变规律。③注意冷暖色的运用，一般暖色表示增加、冷色表示减少。④注意色阶的秩序，数据是由少到多渐变（或分级渐变）的，颜色也是如此，因此注意色相变化自然，明暗变化连续。

3）区域底色

对于间断呈面状分布的地物，为了表示其分布范围，可使用不同的颜色填充在其不同的区域范围内的设色方式，但色彩并不表示任何的质量和数量特征，称为"区域底色"，如水域普染色、绿地普染色、矿产分布等。

区域底色主要是指用来区分隶属不同区域的色彩，它的地理概念较强，不表示任何类型、数量、等级上的差别，例如政区图的底色。设置区域底色的目的在于清楚标明区域范围，没有主次之分，所以设色时应使整个图面色彩配置比较均匀，不能造成某个或某些区域色彩特别突出醒目，通常多采用中低浓度的对比色。设置区域底色时，色相变化为主要手段，明度、饱和度变化为辅助手段。

4）衬托底色

衬托底色既不表示专题地图数量或等级特征，也不表示质量或类型特征，它仅仅是为了衬托图面上的其他要素，使图面形成不同的层次，以便读者阅读。在这种情况下，底色的作用不是主要的，它仅仅居于辅助和从属的地位。一般在没有区域底色和分级底色的情况下才会用到衬托底色，衬托底色通常都采用较浅的原色或间色，使之与点状颜色、线状颜色形成一定的对比，不影响其他要素的显示。如在一些分布图上，主图内不套印底色，或套印浅淡的底色，而邻区则套印浅淡的复色作底色，以此衬托图面内容，使图面色彩和谐悦目，大大提高了地图的艺术设计水平。

5.3 实例与练习——质别底色地图的色彩设计

5.3.1 实验目的

通过练习，掌握质别底色的配色方法设计要点，独立完成质别底色地图色彩的设计与制作。

5.3.2 实验要求

基于 ArcGIS 软件，根据土地利用示意图的土地类型属性，实现不同地类的颜色设置。

5.3.3 实验数据

土地利用示意图的 Shapefile 文件。

5.3.4 实验步骤

分析所给数据，要求根据土地利用类型，实现不同地类的颜色设置，因此，其色彩的变化主要以色相为主。在颜色选择时，应尽量遵循颜色的象征性和相似性，例如，绿色是植物的颜色，蓝色通常让人联想到海洋、天空、湖水，因此水域选择用蓝色进行填充。此外还可以参考城市规划用地中的标准色系进行颜色的选择。比如此处示例中耕地采用淡黄色进行填充，居民点及工矿用地选择粉红色进行填充。从地图的美感出发，初步给定的配色方案如表 5-1 所示。

表 5-1　质别底色配色方案

质别	R	G	B
耕地	255	250	180
园地	230	200	225
牧草地	155	200	125
林地	50	170	100
水域	165	215	245
交通用地	255	165	130
未利用地	160	170	215
居民点及工矿用地	220	100	120

5.3.5 实验结果

根据该数据的土地利用类型，结合配色方案进行设色，添加图名及图例，最终结果如图 5-1 所示。

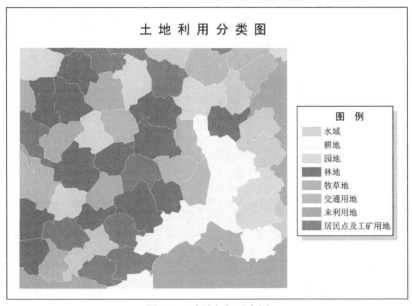

图 5-1 质别底色示意图

5.4 实例与练习——色级底色图的色彩设计

5.4.1 实验目的

通过色级底色配色练习，理解色级底色的定义，实现单一色相及多色相色级底色的配色方法。

5.4.2 实验要求

（1）基于 ArcGIS 软件，根据虚拟数据曲岩省人口数据，实现单色相渐变的色彩配色方法。
（2）基于 ArcGIS 软件，根据 multicolor.shp 数据，实现多色相渐变的色彩配色方法。

5.4.3 实验数据

虚拟数据曲岩省面状要素文件 district.shp，多色相色级底色文件 multicolor.shp。

5.4.4 实验步骤

1. 单色相渐变配色方案设计

根据各市常住人口数，对数据进行分级。从色级底色的定义出发，要实现用一组呈规律变化的多级单色相渐变色阶，主要以单色相的明度变化为主，强色表示等级高，弱色表示等级低。单色相渐变色级底色的设计采用同一色相的明度或饱和度渐变的颜色。本实验选用"绿色"为基准色进行配色设计，遵循色阶的"色相变化自然、明暗变化连续"的秩序。给定的单色相渐变配色方案如表 5-2 所示。

表 5-2　单色相渐变配色方案

GB	C	M	Y	K
1	90	40	80	0
2	70	30	70	0
3	50	20	60	0
4	30	10	50	0

2. 多色相渐变配色方案设计

分析 multicolor.shp 数据中的 GB 字段，要实现一组呈规律变化的七级多色相渐变色阶的设计，其变化特征主要包括色相和明度的变化。多色相渐变色级底色的设计使用在不同色相间渐变的颜色，一般是在同类色或邻近色之间逐渐过渡，保证色级的级差既要有明确的原则，又要有连续渐变规律，从而达到分级渐变的效果，配色方案如表 5-3 所示。

表 5.3　多色相渐变配色方案

GB	R	G	B
1	115	180	140
2	170	215	180
3	220	240	200
4	255	255	210
5	255	255	180
6	250	220	180
7	245	200	140

5.4.5 实验结果

1. 单色相渐变配色结果

在 ArcMap 软件中，根据单色相渐变配色方案对相应等级区域进行填色，并添加图名及图例，其效果图如图 5-2 所示。

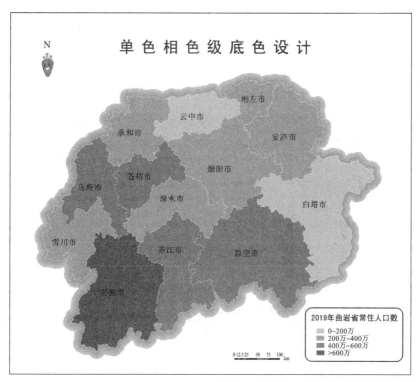

图 5-2 单色相色级底色设计

2. 多色渐变配色结果

基于 ArcMap 软件，根据配色方案，利用 multicolor.shp 中的 GB 字段实现相应等级区域色彩的设置，并添加图名及图例，最终结果如图 5-3 所示。

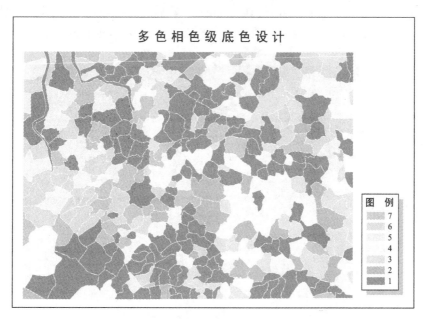

图 5-3 多色相色级底色设计

5.5 实例与练习——行政区划图的色彩设计

5.5.1 实验目的

通过练习，掌握行政区划图色彩设计的一般原则，独立完成行政区划图色彩的设计与制作，理解地图色彩的重要性，并区分行政区划图与质别底色色彩的差别。

5.5.2 实验要求

利用 4 种不同的颜色填充行政区域。

5.5.3 实验数据

虚拟数据曲岩省面状要素文件 district.shp。

5.5.4 实验步骤

行政区划图又称"政区地图"，是一种专题性地图，着重反映国家或地区的领域范围或行政区划的状况等，政治性较强。一般通过色彩的变化及相邻区域间色彩的对比来表示不同的行政归属。在行政区划图上，各政区的级别是一致的，因而在视觉上，色彩的对比既要强烈，又要均衡。本实验要求使用 4 种颜色，尽量使具有共同边界的区域填充不同的颜色。

在 ArcGIS 软件中，加载数据，选中图层，点击右键，选择"Layer Properties→Symbology→Categories→Unique values"，值字段选择"name"，然后选择"Add All Values"，选择合适的颜色或者手动更改每一块面状要素的颜色，双击颜色符号可单独编辑各个区域的填充色，如图 5-4 所示。

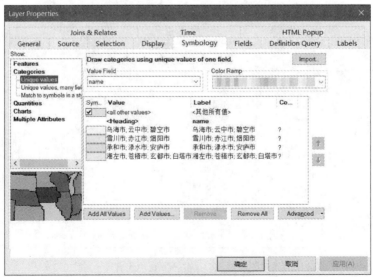

图 5-4 行政区划图颜色设计操作界面

5.5.5 实验结果

为行政区划添加色带、图名、比例尺、指北针、注记等要素，行政区划图色彩设计结果如图 5-5 所示。

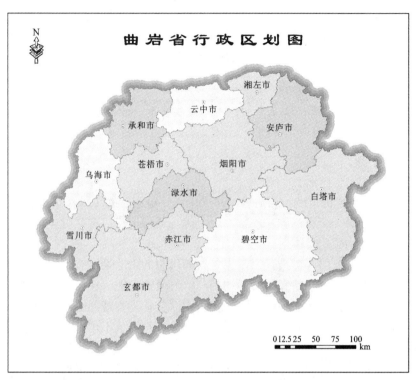

图 5-5 行政区划图色彩设计结果

第6章 地图符号及其构成规律

地图是由符号建筑的"大厦"，没有符号就没有地图。地图的性质从根本上说是由符号的性质特点所决定的，因而研究、设计和使用符号是地图学的根本问题之一。不了解符号的实质和符号的功能特点，就难以正确设计和使用地图符号（俞连笙 等，1995）。

6.1 符号及其含义

6.1.1 符号的概念

"符号"是表达观念的系统，凡是包含并能传递一定信息的工具都属于符号，包括语言、文字、乐谱、教学符号、交通标志、象征性仪式等。通俗地说，符号就是用一个事物代表另一个事物，是某种事物的代号。

"符号"是客观对象的人工指代物，也是人的思想的表达物。它是人们创造出来并为自己的需要服务的。人的认识活动和实践活动都与符号紧密相关。在认识活动中，符号是将客观转化为主观的手段；在实践活动中，符号又是主观转化为客观的必不可少的工具，它是主体和客体相互联结、相互转化的中介物。可以说，没有符号就不可能有人的认识活动和实践活动，符号化的思维和符号化的行为是人类生活中最富于代表性的特征。

"符号"是采用一一对应的方式，把一个复杂的事物用简便的形式表现出来。符号所表示的是事物最本质的属性，即完全舍弃那些非本质的、枝节的、偶然的因素，提炼出最本质的、最能代表这类事物的特性予以表示。于是人们才有可能把世界上具体的、极其复杂的事物简化为用符号表达的一般形式来处理。这样不但能方便、迅速地解决复杂的问题，而且可以从中抽象出解决问题的规律和公式来。可见，"符号"是人类创造文化的一种必然产物。

人类所创造的符号在形式上极为多样，随着社会生产和科学文化的发展，符号大系统还在不断扩展，符号种类和数量迅速增长。语言是所有符号中最基本、最稳定，也最具代表性的符号系统。符号的研究主要是在语言学研究中发展起来的，但视觉符号与听觉符号有很大区别，听觉符号以时间为结构要素，呈线性的形式，即使用文字书写出来也是如此。而视觉符号都具有空间特征，很多视觉的图像符号比语言文字更直观、形象，有的符号意义甚至不解自明。要在世界上推选同一种语言文字非常困难，但视觉符号可以通行全世界，很多图形符号已经被采用作为辅助性的国际语言。

符号的使用日趋广泛，因为符号现象涉及人类认识和思维的规律，其社会意义早就引起人们的重视。人们对符号的本质和规律进行了长期的研究，并形成了一门新的科学——符号学。最早的符号研究可以追溯到古希腊时期。历史上第一部有关符号学理论的著作，是古希腊医学家希波克拉底写的《论预后诊断》，它说的是如何从病人的症候来判断病情。之后，古罗马哲学家盖伦延用这一思路写了《症状学》一书，其书名为 *Semiotics*，即现在所说的"符号学"。希波克拉底死后，古希腊哲学家们开始把符号的概念应用于更为广泛的领域。柏拉图、亚里士多德都曾论述过符号学的问题。

在中国古代，虽然并不直接地谈论符号，但有关符号的思想却十分丰富。老子曾说过："道可道，非常道；名可名，非常名。无名天地之始，有名万物之母。故常无，欲以观其妙；常有，欲以观其徼。"指出万物有了指示它们的名称（符号）之后才能将它们区别开来。后来，庄子的"象罔"说、刘禹锡的"境生于象外"说、司空图的"象外之象，景外之景"说，等等，实际上都阐述了一种符号论思想。

瑞士语言学家索绪尔于 1894 年提出了符号学（semiology）概念。索绪尔在《普通语言学教程》中指出，语言的问题主要是符号学问题。他认为每种符号可分为符征或曰意符（符号形式）与符指或曰意涵（符号内容）两种层面，前者称为"能指"，后者称为"所指"。他认为符号代表的意义是根据整体社会文化系统而定。符号本身没有内含意义，而是来自约定俗成的社会系统。索绪尔对能指与所指的界定，几乎启发了所有的现代符号学家，因而索绪尔被认为是符号学之父。

英国学者奥格登与理查德在所著《意义的意义》一书中，认为索绪尔只以符号形式和符号内容二分法去界定符号是不够的。索绪尔的说法无法区分抽象层面和实质层面，故他们增加了另一要素——指涉物（指示物）来说明符号指示的实际物体，因此组成了一个"语意三角"，如图 6-1 所示。

图 6-1　"语意三角"

皮尔士从 1867 年起着手于符号学的研究，对于理论符号学的建立起了奠基的作用。他把符号学范畴建立在思维和判断的关系逻辑上。

在皮尔士和杜威的理论基础上，皮尔士的学生莫里斯进一步提出了行为符号学，他从三种功能意义上对符号行为做了规定，即标识、评价和指令作用。他在 1938 年出版的《符号理论基础》中把符号学分为语构学（句法学）、语义学和语用学。语构学（句法学）研究符号在整个符号系统中的相互关系。语义学研究符号和实物的关系。语用学研究符号使用者对符号的理解和运用。符号学的构成可以看作一个三角形结构，三个组成部分分别反映符号与符号、符号与概念、符号与人的关系，如图 6-2 所示。

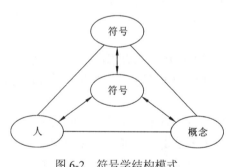

图 6-2　符号学结构模式

莫里斯的理论既是皮尔士理论的延伸，更加深了符号理论的广度和深度。在《意味和意义》一书中，他认为符号学可以为一切科学提供一种工具，因为每一门学科都要应用符号并通过符号来表述其研究成果，所以符号学是一种元科学，由此逐渐促成符号学向独立学科的发展。

6.1.2　符号的实质

索绪尔在研究语言符号系统时指出："语言符号所连接的不是事物和名称，而是概念和音响形象。"如图 6-3 所示，符号包含的对象一定是经过综合和抽象的某类事物的概念，而不是一个具体的事物。符号的形象不一定是实际的物质形象，也可以是一种能被感觉的物质表象（心理形象）。即语言符号是一个包含两项要素的心理实体。语言符号在使用过程中，在说话人和听话人中以相反的形式被感知。

根据索绪尔对语言符号的定义，同样也可以为视觉符号给出一个模式，如图 6-4 所示，这里的符号形象是视觉形象。可以说，一个概念与一个视觉形象的结合就是一个图像符号。

图 6-3　语言的复合体　　　　　　　　　图 6-4　视觉符号模式

索绪尔把符号的两项要素分别称为"能指"和"所指"。"能指"由物质表象构成，即符号的表示成分，如一个特定的颜色、一个三角形图形等。"所指"是它所代表的概念，即符号的被表示成分。如某颜色代表某种土壤类型，三角形代表三角网控制点等。"能指"和"所指"是相互对立而又相互依存的两个方面，这两个部分的联结有两种途径：一是社会的约定俗成，自然而然联系起来的；二是通过人为规定相联系。能指如自然语言，所指如地图符号之类的人工语言。所以"符号"是能指和所指的复合体，两者缺一就不能称为符号。当人们使用符号的时候，把一个概念转换为形象，也就是创造一个物质表象并且赋予它一定的概念含义；当人们读取符号的时候，则由物质表象转换为相应的概念以获得信息。这是一种逆向过程。当人们看到一个形象而不知其义时，它只具有符号的躯壳而没有符号的实质。

6.1.3　符号的功能

人们创造符号是生产实践和生活实践的需要，凡是要表达自己的思想、感情、传达信息、认识问题和进行思维离不开各种类型的符号。可见符号作用的重要性和功能的多样性，总体上来看，可以把符号的功能归纳为以下三个方面。

（1）作为传达信息的手段。符号功能中一个最重要的方面就是它作为信息的载体。人们要表达自己对客观世界的认识时，都用每一个具体事物来表达是不可能的，必须把具体抽象为一般，即使用符号的方式才能做到。符号是表达认识、思维结果的手段，是使人的知识得以传播、实现其价值的工具。同时，符号又作为直接认识的对象，在社会中具有越来越重要的地位。社会中的任何人都不可能直接接触所认识的一切对象，在大多数情况下，人们必须通过符号这个中介物间接地去认识，因而符号又充当直接认识对象而具有认识功能。就像人们要了解各地的地理情况时不必踏遍每一个地点，而可以通过地图这个工具，从地图符号及其联系中获得有关知识。

（2）作为文化模式的功能。符号实际上并不只是简单的载体，它还有超越载体的作用。人们认为符号还是文化的象征，一种符号体系必然对应着一种相应的文化模式。日本符号学家池上嘉彦举过这样的例子：在英语中"brother（兄弟）"一词不分年长年幼，美国人在言谈中似乎根本没想到要去区分兄和弟，但在汉语中"哥哥"和"弟弟"是很明确的，日语中也是如此。这显然反映了在不同的传统文化中,兄弟关系具有不同的意义。由此可见,确定了一种符号系统,就确定了一种文化的价值体系,也就确定了一种理解什么和如何去理解的方式。从另一个角度而言,符号的创作过程(即"给予意义"的创造活动)一经完成,符号系统一旦确定,它也将成为一种束缚人们行为的规范,人们必须在它的规范下观察和认识事物。一个符号在离开了它的体系规范的约束时,就失去了它的价值。

(3)符号的美学功能。所谓"美学功能"是与符号一般意义上的"实用功能"相对应的。从实用功能来看,符号作为一定内容的载体,只有对某种目的起作用时能有其价值,而美学功能则是从符号本身的形式来体现的。这是符号意义功能的两极,前者具有完全约定的、规范化的符号意义,具有科学的性质,后者是没有约定和规范化的符号形式所产生的意义,具有艺术的性质。

总之,符号不仅一一对应地表现内容,而且也以符号个体及其组合的物质形式体现出美的价值,在语言符号体系中,美学功能表现为语言艺术,最典型的是诗歌。在地图符号体系中表现为符号形象及其构图的视觉审美素质。人们在创造和使用符号时总会表现出一种对美的追求意向,这种意向一定会在符号体系及其功能方面表现出来,这就是符号超越代码作用的美的功能。

6.2 地图符号的性质

地图符号即地图的语言,它是直观地表达各种事物或现象的一种重要的工具,同时,也是使读者感受事物或现象的基本形式。地图符号指地图上表达各种事物或现象的符号(包括文字、数字和颜色)。

6.2.1 地图符号的实质

地图符号属于表象性符号。它以其视觉形象指代抽象的概念。它们明确直观、形象生动,很容易被人们理解。客观世界的事物错综复杂,人们根据需要对它们进行归纳和抽象,用比较简单的符号形象地表现它们,不仅解决了描绘真实世界的困难,而且能反映出事物的本质和规律。因此,地图符号的形成实质上是一种科学抽象的过程,是对制图对象的第一次综合。

人们用符号表现客观世界,又把地图符号作为直接认识对象而从中获取信息、认知世界,表现出具有"写"和"读"的两重功能。现在,很多地图学文献中常常把地图符号称为"地图语言",这表明对地图符号本质认识的深化。人们不仅仅看重地图符号个体的直接语义信息价值,而且也十分重视地图符号相互联系的语法价值。这对探索地图符号的性质、规律和深化地图信息功能具有重要的意义。当人们说"地图语言"的时候,就是强调这样一种观点:地图不是各个孤立符号的简单罗列,而是各种符号按照某种规律组织起来的有机的信息综合体,是一个可以深刻表现客观世界的符号——形象模型。

当然,人们最终还是应该把地图语言还原为符号,因为符号的概念比语言更本质化。地图符号与语言符号虽有本质上的共性,但地图符号有自己的特点,无论在符号形式上,还是在语法规律上及表现信息的特点上都与语言符号不同。

6.2.2　地图符号的特点

地图符号作为一种科学的人工符号,它在形成和使用过程中都表现出自己的特点(俞连笙 等,1995)。

(1)约定性。地图符号和自然语言的区别之一就是符号两要素关系的约定方式。自然语言是在长期社会生活中自然形成的,而地图符号是人为规定的。地图设计者对制图对象进行综合、概括后,为它们确定相应的符号形式及相互之间的关系规则。可以说,形成图式文件的过程就是建立符号图像与抽象概念之间一一对应关系的过程,这种关系一经约定就成为符号,对制图者和未来的用图者来说也就具有了相应的约束性。

(2)任意性。符号作为对象的"人工指称物",它与对象之间不一定都有必然的联系,给一定的符号内容确定一个符号形式具有很大的任意性。设计地图符号时,对同一概念人们总是可以设想出多种符号形式,就是说存在一个符号集合,其中的每一个形式都能够指代同一内容,可以选择其中的任何一个,因而它们在本质上是等价的。正是因为确定符号的任意性,使制图者可以选择自己认为最好的符号,把有用原则和满意原则很好地统一起来,形成自己的地图风格。从这个集合中选择符号形式的出发点主要不是符号本身的内部规律,而是外部因素,如地图比例尺、用途、制图对象的特点、地图读者及制图者的自我心理因素。

(3)抽象性。尽管所有地图符号的物质形象都是具体的、可以感知的,但作为"符号",它们又都是抽象的。每一个符号只能是指代某一类事物的概念,而不可能是十分具体的对象。因而,地图作为客观世界的模型与复杂多变的客观世界并不等同,且存在很大的"距离",人们不可能要求地图及其符号与客观对象一模一样。但是,正是这种"距离",才使人们有可能真实地表现出这个世界的最本质的特征和内在规律。

(4)准确性。地图符号是抽象的,但却具有无可置疑的准确性。虽然人们认为地图符号与语言符号一样带有模型属性,但与语言符号相比,地图符号还是准确得多,因而它是一种科学符号系统。一般情况下,任何地图符号都必须被赋予明确无误的概念,这种准确性表现在符号的性质概念、等级概念、数值概念、位置概念及关系逻辑概念等方面,因而地图可以传递十分明确的信息。

(5)简明性。使用符号使人们描述世界成为可能,与此同时,使用符号也常常使复杂的事物能简明地表达出来,因而地图符号也总是遵循"简单明确"这一原则。对经过科学抽象的概念,也要设计出经过抽象概括的形象与之相适应。所以几何图形是常用的符号形式,即使艺术符号也总是力求简洁明确。要从视觉感受的角度探讨地图符号的构图规律,使地图在清晰的条件下表现丰富的内容。因而,设计符号的过程,即从符号内容到符号形式的设计过程,是制图综合抽象过程的一部分。

6.2.3　地图符号的功能

(1)地图符号对地理现象进行不同程度的抽象和概括。实地存在大量的地理现象,不可能逐个设置符号,需根据共同特征进行概括,满足图面清晰易读和各方面的需要。抽象、概括是"语言"和"符号"的共同之处,但"语言"是一种思维工具,具有局限性。"符号"是一种传输工具，可世界通用，含义十分丰富，能反映事物的许多特征。

地图上一个点可以表达很多意义。例如：一个点可以表示某些实体的位置，如高程点、机场的位置；可以表示现象的空间变化，如人口的空间分布变化；可以表示某些无形的空间现象，如气温、降水；可以表示时空变化，如人口随时间的变化特征；可以表示制图对象的数量差异，如城市人口数及国民经济总产值等的数量差异；可以表示某种质量概念，如干出滩、沼泽等。

（2）地图符号使地图具有极大的表现能力。地图符号既能表示具体的地物，如城镇、山林分布，也能表示抽象的事物，如宗教信仰、文化素质的区域差异；既能表示地理现状，如河流、山岭，也能表示历史时代的事件，如黄河改道，以及未来的设计（如设计中的道路和土地开发）；既能表示地物的外形，如海岸线，也能表示地球的物理状态，如重力场、地磁偏角。它可以表示具体的事物，如一个居民地、一棵树；可以表示抽象的事物，如基督教、佛教、天主教的分布等；可以表示过去的事物，如古迹；可以表示现在的事物，如房屋、山脉；可以表示预期的事物，如建设中的道路；可以表示事物的外形，如湖泊的轮廓形状；还可以表示事物的内部特征，如海滩的内部特征为淤泥、沙滩，等等。

（3）地图符号是空间信息传递的手段。社会中任何人不可能直接接触所要了解的一切对象，空间信息在制图者的认识、改造和制作过程中，被符号化后构成地图。地图只是认识客观世界的间接手段，因为读图者阅读地图，不可能恢复地物的形象。例如"爱晚亭"的形象是读者到过或见过爱晚亭从而保留在头脑中的长时记忆，而在地图的具体位置上只有一个亭子的符号和"爱晚亭"的注记，所以符号所传递的只能是抽象、综合和简化后的空间信息符号模型。

（4）地图符号不受比例尺大小的限制。地图符号构成的符号模型，不受比例尺缩小的限制，仍能反映区域的基本面貌。普通地图在图解精度内能获得区域环境的基本知识，而专题地图还能在制图空间内，通过图例的各种形式（符号、注记等），任意缩放，完整地表达专题内容。

（5）地图符号能提高地图的应用效果。地图符号能再现客体的空间模型，或者给难以表达的现象建立构想模型，例如，等值线、等温线可以构成立体模型，或构成经过回归分析的趋势面模型。符号之间和曲面上都可以进行数量的测度，为一些现象设计模型，且可量化。地图符号不是孤立存在的，它不仅有名称的"内涵"，还可以通过组合关系反映某种"外延"。

6.2.4　地图符号的定位特征

每一个地图符号都表示实地上一定的物体，大比例尺地形图要求符号具有较高的精度，但是不依比例符号都是扩大了的图形，那么符号的哪一点（或线）代表实地物体的真实位置呢？通常，在设计符号时就已经规定了符号的哪一部位代表其实际位置，这些规定的点和线，就叫定位点（主点）和定位线（主线）。

1. 点状符号

根据图形特点确定定位点，以定位点代表相应物体的真实位置。如表6-1所示。

表 6-1　点状符号的定位

类别	定位点	符号及名称		
有一点的符号	在点上	三角点 △	亭 ⌂	窑 ⌂
几何图形符号	图形中心	油库 ◒	独立屋 ■	发电厂 ✕
底部宽大符号	底部中点	水塔	气象站	古塔
底部直角符号	直角顶点	路标	突出阔叶树	突出针叶树
组合图形符号	下方图形中心	变电所	石油井	塔形建筑物
其他符号	图形中央	车行桥	水闸	矿井

点状符号的定位有以下几种情况。

（1）符号图形中有一点的，该点即为地物的实地中心位置。

（2）几何图形符号（圆形、正方形、长方形、星形等），以图形的中心为地物的实地中心位置。

（3）底部宽大符号（烟囱、水塔、古塔、独立石、独立树丛等），以底部中心为地物的实地中心位置。

（4）底部直角符号（路标、突出树等），以直角的顶点为地物的实地中心位置。

（5）组合图形符号（变电所、石油井等），以下方图形的中心为地物的实地中心位置。

（6）不依比例尺描述的其他符号（桥梁、拦水坝、水闸、矿井、石灰岩溶斗等），以符号的中心为地物的实地中心位置。

2. 线状符号

以定位线（主线）表示实地物体的真实位置，其符号的定位线具有下列规律。

（1）成轴对称的线状符号，定位线在符号的中心线，如图 6-5 所示。

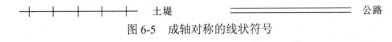

土堤　　　　　　　　　　　公路

图 6-5　成轴对称的线状符号

（2）非成轴对称的线状符号，定位线在符号的底线，如图 6-6 所示。

城墙　　　　　　　　　　　围墙

图 6-6　非成轴对称的线状符号

3. 面状符号

由于其是按物体真实轮廓描述的，其轮廓本身就可以表明物体的真实位置。

6.3 地图符号的视觉变量及其对事物特征的描述

表象符号之所以能形成众多类型和形式，是各种基本图像元素变化组合的结果。这些能引起视觉差别的最基本的图形和色彩变化因素称为"视觉变量"或"图形变量"。有了这些变量系统，地图符号就具有了描述各种事物性质、特征的功能（祝国瑞，2004）。

6.3.1 符号的视觉变量

最早研究视觉变量的是法国人贝尔廷，他领导的巴黎大学图形实验室经过许多研究，总结出一套图形符号的变化规律，各国地图学家在此基础上也进行了多方面的研究，提出了地图符号的许多视觉变量。

1. 基本的视觉变量

从制图实用的角度来看，视觉变量包括形状、尺寸、方向、明度、密度、结构、颜色和位置（图6-7）。

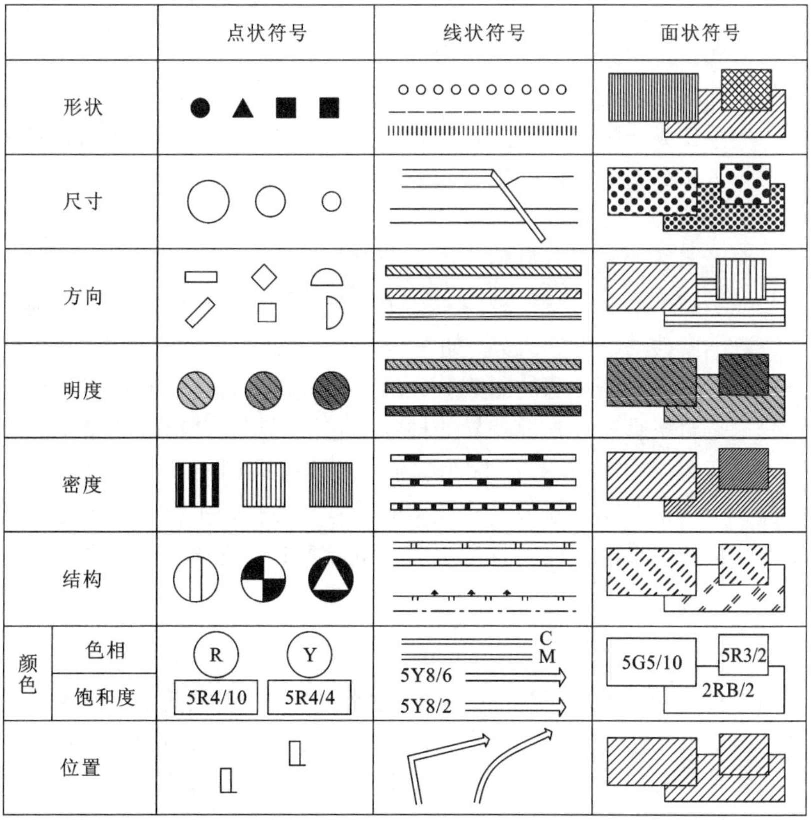

图6-7 地图符号的视觉变量

（1）形状。对点状符号而言，形状就是符号的外形，可以是规则图形（如几何图形），也可以是不规则图形（如艺术符号）；对线状符号而言，形状是指构成线的那些点（即像元）的形状，而不是线的外部轮廓。面状符号的形状是指构成各种面状符号的图案形状，它们可以是一棵树、一个点或一条线等。

（2）尺寸。点状符号的尺寸是指符号整体的大小，即符号的直径、宽、高和面积大小。对于线状符号，构成它的尺寸变了，线宽的尺寸自然也改变了。尺寸与面积符号范围轮廓无关。

（3）方向。符号的方向是指点状符号或线状符号的构成元素的方向，面状符号本身无方向变化，但它的内部填充符号可能是点或线，也有方向变化。方向变量受图形特点的限制较大，如三角形、方形有方向区别，而圆形就无方向之分（除非借助其他结构因素）。

（4）明度。符号的明度是指符号色彩基调的相对明暗程度。明度差别不仅限于消色（白、灰、黑），也是彩色的基本特征之一。需要注意的是，明度不改变符号内部像素的形状、尺寸、组织，不论视觉能否分辨像素，都以整个表面的明度平均值为标志。明度变量在面积符号中具有很好的可感知性，在较小的点、线符号中明度变化范围就比较小。

（5）密度。符号的密度是指在保持符号表面平均明度不变的条件下改变像素的尺寸和数量。它可以通过放大或缩小符号图形的方式体现。当然，对全白或全黑的图形是无法使用密度变量的。

（6）结构。结构变量是指符号内部像素组织方式的变化。与密度的不同在于它反映符号内部的形式结构，即一种形状的像素的排列方式（如整列、散列）或多种形状、尺寸像素的交替组合和排列方式。结构虽然是指符号内部基本图解成分的组织方式，需要借助其他变量来完成，但仅依靠其他变量无法给出这种差别，因而也应列入基本的视觉变量之中。

（7）颜色。颜色作为一种变量除同时具有明度属性外，还包括两种视觉变化，即色相和饱和度变化，它们可以分别变化以产生不同的感受效果。色相变化可以形成鲜明的差异，饱和度变化则相对含蓄平和。

（8）位置。在大多数情况下，位置是由制图对象的地理排序和坐标所规定的，是一种被动因素，因而往往不被列入视觉变量。但实际上位置并非没有制图意义，在地图上仍然存在一些可以在一定范围内移动位置的成分。如某些定位于区域的符号、图表或注记的位置效果；某些制图成分的位置远近对整体感的影响等。所以从理论上讲，位置仍然是视觉变量之一。

以上视觉变量是对所有符号视觉差异的抽象，它依附于这些符号的基本图形属性，其中大多数变量并不具有直接构图的能力，因为它们只相当于构词的基本成分（词素），但每一种视觉变量都可以产生一定的感受效果。构成地图符号间的差别不仅可以根据需要选择某一种变量，为了加强阅读的效果，往往同时使用两个或更多的视觉变量，即多种视觉变量的联合应用。

2. 感知变量

随着图形图像技术和电子地图制图技术的发展，目前，视觉变量已经由最初的静态视觉变量发展到动态视觉变量，乃至感知变量（江南 等，2017）。所谓感知变量是指能引起人的感官感受差别的各种图形因素、色彩因素、声音因素和触觉因素等。

感知变量主要包括视觉变量、听觉变量、触觉变量和嗅味觉变量（图6-8）。

视觉变量包括静态的视觉变量和动态的视觉变量。静态视觉变量又分为基本视觉变量和扩展视觉变量。它们是地图可视化的基础，是最基本、最主要的感知变量，在地图符号设计中起着主导作用。基本视觉变量就是形状、尺寸、色彩和纹理；扩展视觉变量主要是指电子

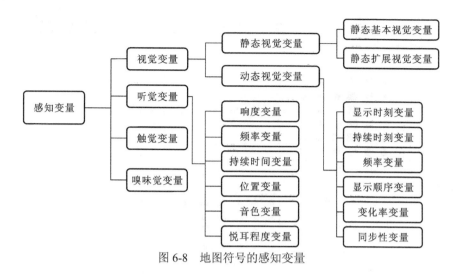

图 6-8　地图符号的感知变量

地图条件下出现的新的静态视觉变量，主要有清晰度、模糊/朦胧、晕影、透明度、波纹、色彩饱和度。动态视觉变量主要包括显示时刻、持续时间、频率、显示顺序、变化率和同步性变量。

听觉变量是指可以起到听觉上差别的声音中的基础元素，可以与实际数据相映射表达要素的属性特征。基础的听觉变量有 6 个：响度（音量）、频率、持续时间、位置、音色和悦耳程度。在追求人对数据特征本能和自发感知的过程中，听觉是人们在视觉之外获取信息的主要途径，是对视觉变量良好的补充，有利于读图者对空间信息的准确理解。例如，为儿童制作的电子地图中就可以适当增加听觉符号和动画符号，使它们更容易理解和接受地图信息。

总之，听觉变量和触觉变量的引入，使人能依赖除视觉之外的其他多种感觉器官的联合活动，感觉到事物更多的属性，从而对事物的知觉和判断更加准确和完善。另外，感知变量的使用有利于构造出更多的符号，丰富地图的表现形式，提高地图的艺术表现力和实际应用价值。

6.3.2　视觉变量的知觉效果

视觉变量提供了符号辨别的基础，同时由于各种视觉变量引起的心理反应不同，又产生了不同的感受效果，这正是表现制图对象各种特征所需要的知觉差异。感受效果可归纳为整体感与差异感、等级感、数量感、质量感、动态感和立体感。

1. 整体感与差异感

"整体感"也称为"联合感受"，"差异感"也称为"选择性感受"，这是矛盾的两个方面。所谓"整体感"是指当人们观察由一些像素或符号组成的图形时，它们在感受中是一个独立于另外一些图形的整体。整体感可以是一种图形环境、一种要素，也可以是一个物体。每一个符号的构图也需要整体感。整体感是通过控制视觉变量之间的差异和构图完整性来实现的。换句话说，各符号使用的视觉变量差别较小，其感受强度、图形特征都较接近，那么在知觉中就具有归属同一类或同一个对象的倾向。形状、方向、颜色、密度、结构、明度、尺寸、位置等变量都可用于形成整体感（图 6-9），效果如何主要取决于差别的大小和环境的影响。如形状变量（圆形、方形、三角形等简单几何图形）组合，整体感较强，而其他复杂图形组合的整体感较弱。

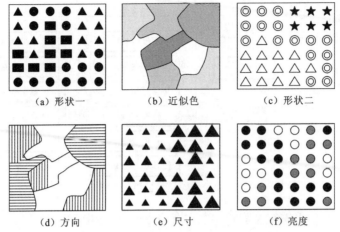

图 6-9　视觉变量产生的整体感示意图

位置变量对整体感也有影响。图形越集中、排列越有秩序，越容易看成相互联系的整体。

当各部分差异很大，某些图形似乎从整体中突出出来，各有不同的感受特征时，就表现出所谓的"差异感"。当某些要素需要突出表现时，就要加大它们与其他符号的视觉差别。

整体感和差异感这一对矛盾的同时性关系对制图设计具有重大的意义。地图设计者必须根据地图主题、用途，处理好整体感和差异感的关系，在两者之间寻求适当的平衡，使地图获得最佳视觉效果。只注意统一而忽视差异，就难以表现分类和分级的层次感，缺乏对比，没有生气；反之，片面强调差异而无必要的统一，其结果会破坏地图内容的有机联系，不能反映规律性。

2. 等级感

等级感指观察对象可以凭直觉迅速而明确地被分为几个等级的感受效果。这是一种有序的感受，没有明确的数量概念，人们心理因素的参与和视觉变量的有序变化，就形成了这种等级感，如居民地符号的大小、注记字号、道路符号宽窄等所产生的大与小，重要与次要，一级、二级、三级……的差别。

在视觉变量中，尺寸和明度是形成等级感的主要因素。例如，用不同尺寸的分级符号、由白到黑的明度色阶表现等级效果是地图上最常用的方法之一。形状、方向没有表现等级的功能；颜色、结构和密度可以在一定条件下产生等级感，但它们一般都要在包含明度因素时才有较好的效果（图 6-10）。

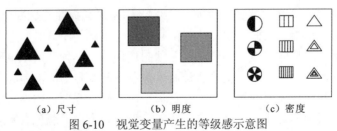

图 6-10　视觉变量产生的等级感示意图

3. 数量感

数量感是从图形的对比中获得具体差值的感受效果。等级感只凭直觉就可产生，而数量感需要经过对图形的仔细辨别、比较和分析等过程，它受心理因素的影响较大，也与读者的知识和实践经验有关。

尺寸大小是产生数量感的最有效变量。由于数量感具有基于图形的可量度性，所以简单的几何图形如方形、圆形、三角形等效果较好。形状越复杂、数量判别的准确性越差。以一个向量表现数量的柱形，数量估计性最好；以面积数量的方、圆等图形次之；体积图形的估计难度就更大一些。不规则艺术符号一般不宜用来表现数量特征，如图 6-11 所示。

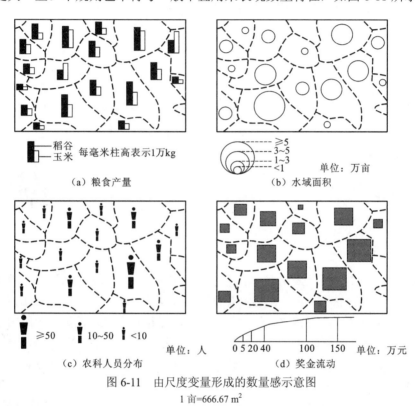

图 6-11　由尺度变量形成的数量感示意图

1 亩=666.67 m²

4. 质量感

所谓"质量感"即质量差异感，就是观察被知觉区分不同类别的感知效果，它使人产生"性质不同"的印象。形状、颜色（主要是色相）和结构是产生质量差异感的最好变量；密度和方向也可以在一定程度上形成质量感，但变化很有限，单独使用效果不是很明显；尺寸、明度很难表现质量差别，如图 6-12 所示。

5. 动态感

传统的地图图形是一种静态图形，但在一定的条件下某些图形却可以给读者一种运动的视觉效果，即动态感，也称为"自动效应"。图形符号的动态感依赖于构图上的规律性。一些视觉变量有规律地排列和变化可以引导视线的顺序运动，从而产生运动感。运动感有方向性，因而都与形状有关。在一定形状的图形中，利用尺寸、明度、方向、密度等变量的渐变都可以形成一定的运动感。箭头是表现动向的一种习惯性用法，如图 6-13 所示。

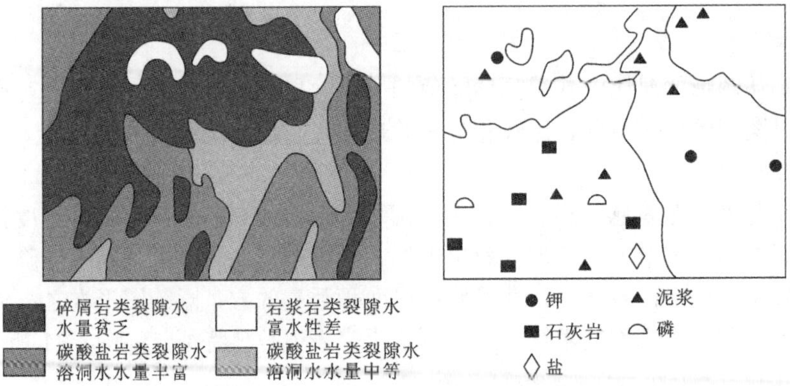

（a）水文地质　　　　（b）农用矿产分布

图 6-12　图形的质量感示意图

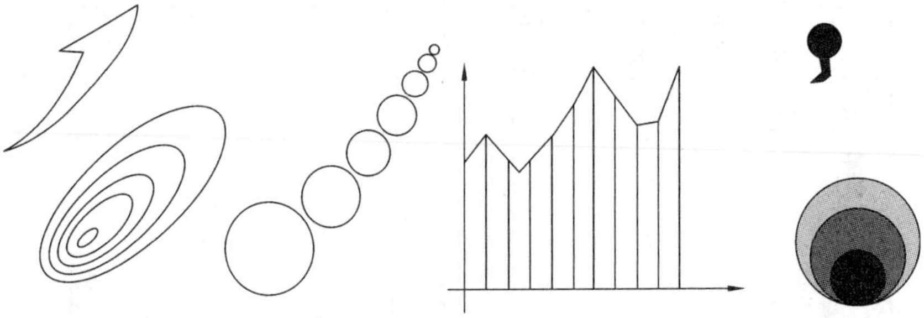

图 6-13　图形的动态感示意图

6. 立体感

“立体感”是指在平面上采用适当的构图手段使图形产生三维空间的视觉效果。视觉立体感的产生主要有两种途径：一种主要由双眼视差构成，称为“双眼线索”，如戴上红绿眼镜观看补色地图，在立体镜下观察立体像对等；另一种是根据空间透视规律组织图形，只要用一只眼睛观看就能感受，称为“单眼线索”或经验线索。由各种视觉变量有规律地变化组合，在平面地图上形成立体感属于后者。这种透视规律包括线性透视、结构级差、光影变化、遮挡及色彩空间透视等。

尺寸的大小变化，密度和结构变化，明度、饱和度及位置都可以作为形成立体感的因素。如地图上的地理坐标网的结构渐变、地貌素描写景、透视符号、块状透视图等都是具有立体效果的实例。以明度变化为主的光影方法和以色彩饱和度及冷暖变化的方法常常用于表示地貌立体感，如单色或多色地貌晕渲、地貌分层设色等，如图 6-14 所示。

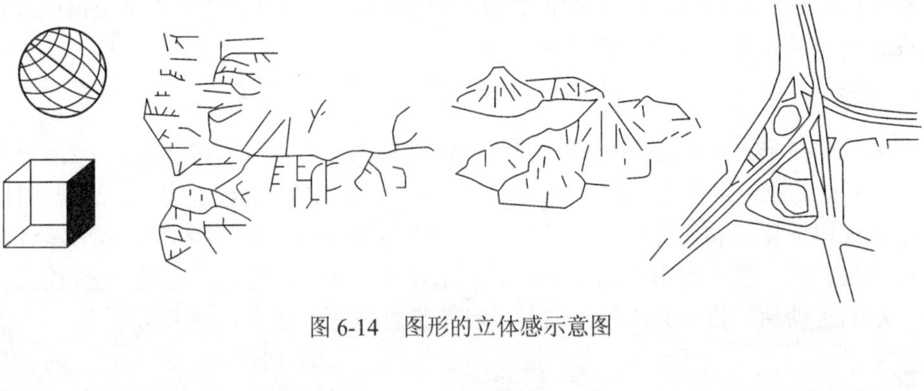

图 6-14　图形的立体感示意图

6.3.3 符号构形的知觉阈值

视觉变量使人们可用于设计极为多样的符号，这些符号在地图上要能被清晰地读出，就要求视觉变量的变动范围有一定的限度。影响符号图形的清晰性有两个因素，首先是可见度，其次是分辨性。为了认识图形，必须使读图者不仅能辨别是否存在某个图形，而且要识别出是什么图形。实践证明，各种视觉变量差异的可知觉程度不同，多种变量组合图像的知觉水平差别更大。在这里最主要的问题是符号及其构成部分的尺寸大小，为了能够确认，就必须使符号及其构成部分的尺寸大于阈限值。实验心理学的实验结果表明：一个一般视力（1.0）的人，能看到白纸上黑点的最小视角 1′，转换为明视距离下的尺寸为 0.09 mm，但是要能清晰地确认它们，点的大小应达到 2.18′（即 0.2 mm）左右。图 6-15 中列举了一些几何符号及其各部分的辨认阈值。

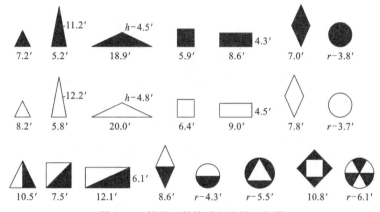

图 6-15　符号及其构成部分辨认阈值

图形阈值的大小还与符号及其背景的颜色、明度有关。表 6-2 列出了各种颜色条件下图形基本结构元素和简单图形的辨认阈值。表 6-3 则列出了各种颜色线划元素间距的辨别阈限值。由这几个插图及附表可以看出形状、颜色、明度、结构等对视觉辨认的影响。如黑色圆点在不同颜色背景上其视觉的可分辨性不同，而不同颜色的点和线在白色背景上的分辨性也相差很多。又如几何图形的分辨性比点或线低；空心符号比同样尺寸的实心符号分辨性低；

表 6-2　能进行可识别的符号及其基本结构元素的阈值

符号或其元素的名称	符号或其元素的图形	符号元素可以识别的最小尺寸								
		颜色符号					彩色符号			
							天蓝	绿	蓝	橙
		底色					白			
		白	天蓝	绿	橙	棕				
1.基本结构元素										
点	•	2.1′	2.1′	2.4′	2.8′	3.5′	2.8′	5.5′	4.1′	4.1′
线划	——	0.9′	0.9′	1.0′	1.2′	1.4′	1.8′	2.1′	0.9′	1.4′
弧	⌒	2.2′	2.2′	2.4′	2.5′	2.8′				

符号或其元素的名称	符号或其元素的图形	符号元素可以识别的最小尺寸								
		颜色符号					彩色符号			
							天蓝	绿	蓝	橙
		底色					白			
		白	天蓝	绿	橙	棕				
	2.几何图形结构									
圆形	●	3.1′	3.4′	3.8′	3.8′	3.8′				
	○	3.5′	3.8′	4.1′	4.1′	4.1′				
正方形	■	6.2′	6.9′	1.6′	7.6′	8.3′				
	□	6.9′	1.6′	8.3′	8.3′	9.0′				
等边三角形	▲	7.6′	8.3′	8.3′	9.0′	9.7′				
	△	8.3′	9.0′	9.0′	9.7′	10.3′				
等腰三角形	▲	10.3′（h）～4.8′（c）	11.0′～5.2′	11.0′～5.2′	11.7′～6.5′	12.2′～5.8′				
	△	11.0′～5.2′	11.7′～5.5′	11.7′～5.9′	12.4′～6.2′	13.2′～6.7′				
矩形	▬	8.3′～4.1′	9.0′～4.8′	9.0′～4.8′	9.7′～5.2′	10.3′～5.5′				
	▭	9.0′～4.8′	9.7′～5.5′	9.7′～5.5′	10.3′～5.5′	11.0′～6.2′				
星形	★	4.1′～2.8′	4.1′～2.8′	4.1′～2.8′	4.8′～3.5′	5.5′～4.1′				
	☆	4.8′～3.5′	4.8′～3.5′	4.8′～3.5′	5.5′～4.1′	5.8′～4.1′				
	3.线状符号结构									
线	——	0.7′	0.7′	0.9′	1.0′	1.2′	0.9′	1.4′	0.7′	0.9′
直线错位	⊓	1.4′	1.4′	1.5′	1.7′	2.1′				
直线弯曲	⌒	1.1′～1.4′	1.1′～1.4′	1.2′～1.5′	1.4′～1.7′	1.8′～2.1′				
直线折曲	⌒	0.2′～0.3′	0.2′～0.3′	0.2′～0.3′	0.3′～0.4′	0.4′～0.5′				
线条间断	- - - -	1.0′	1.0′	1.1′	1.2′	1.5′				

表 6-3　各种颜色线划元素间距的辨别阈限值

符号元素	图形 / 颜色	在黑色之间	在蓝色之间	在橙色之间	在不同颜色符号之间
双划线	≣	1.7′	2.1′	2.1′	1.7′
	≣	1.3′	2.8′	2.8′	1.3′
线划组	▤	2.1′	2.8′	2.8′	2.1′
	▤	1.7′	2.1′	2.1′	2.7′

符号元素	图形 / 颜色	黑白符号			
		白	绿	橙	棕
在符号元素之间	◉	1.4′	1.4′	1.7′	2.1′
	◎	1.7′	1.7′	2.1′	2.5′
	▬	1.1′	1.1′	1.4′	1.7′
	▭	1.4′	1.4′	1.7′	2.1′

而带有内部结构的符号相比空心符号，其尺寸应该略大一些。随着结构符号内部黑色元素的扩大，其能见度也有所改善。另外简单图形具有较好的可见性和分辨性，而复杂图形则要求较大的辨别尺寸。

显然按上述图、表所列的尺寸设计符号，虽可保证看得见，但不容易阅读，所以在实践中应将上述尺寸放大一倍以上。

上述视觉阈值均以角、分为单位，是为了不同视距下可做比较。如需要根据预先规定的读图距离把视角转换为线性尺寸，可以使用如图 6-16 所示的诺谟图。

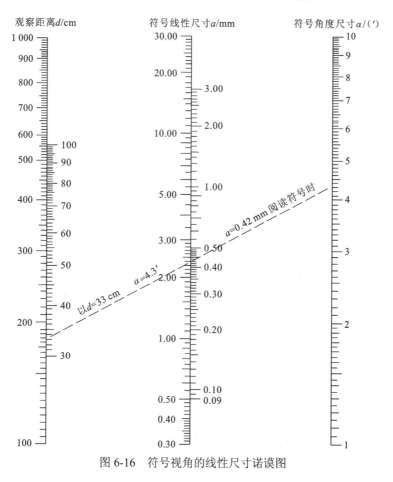

图 6-16　符号视角的线性尺寸诺谟图

6.4　制图对象的特征标志及其描述

任何具有空间分布性质的事物或现象都可以成为地图描述的对象。不同的制图对象具有不同的特征标志，而不同的特征标志则需要不同的方法加以描述（祝国瑞，2004）。制图对象的基本特征标志主要包括以下几个方面。

（1）定位特征：这是空间对象的基本特征之一，包括物体位置和空间范围。

（2）性质特征：辨别不同类型对象的标志，属于定名尺度的范围。

（3）空间结构特征：对象的外部形状特征标志，包括轮廓的形状和内部空间的结构差异。

（4）数量特征：对象数量的大小及数量关系的标志，包括间隔尺度和比率尺度的数量关系。

（5）关系特征：在制图对象系统中，关系特征是指每一个对象所处的地位及其与其他对象的相互关系。

（6）时间特征：确定对象性质或数量的时点和时段标志，反映对象的发展变化趋势特点。

在这些基本特征中，位置可不考虑，时间特征很难用静态图形直接表达，在常规地图上大多以文字加以说明。在电子地图上，时间特征可以得到较好的反映。由于事物的外形和结构特征是一种明确的形象，它与事物的性质直接相关，在符号描述中把它作为性质特征的一个方面。这样，除时间特征外，在常规地图上人们主要面对的就是事物性质、数量和关系三种特征的描述。

6.4.1　性质特征的描述

描述对象性质种类或类型差别的符号赋予定性符号。描述性质特征的变量主要是形状、颜色、结构、方向。而明度、密度等变量只能作为次要的辅助手段，起增强差别的作用（祝国瑞，2004）。

1. 点状符号

由于点状符号是以符号个体表示对象的整体形象，形状变量是表现性质差别最主要的因素，如图 6-17 所示。艺术型的象形符号或透视符号可以很好地表现出符号对象的形象特征。这是一切符号中生动性、直观性最好的符号形式。当不需要或不可能建立直接形象联系时，就采用几何图形，此时可以在符号颜色、结构等方面表现出一定的象征意义，有时也可以采用文字或字母符号，因为文字或字母能够提示制图对象的性质概念。

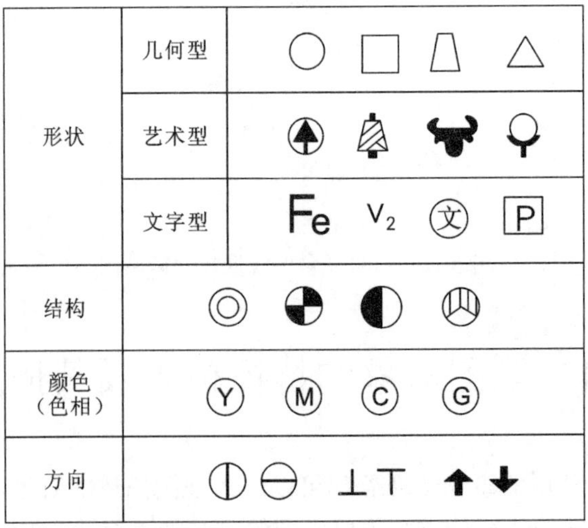

图 6-17　点状符号的定性描述

2. 线状符号

线状对象通常通过形状、颜色、结构形式等表达一定象征意义。如河流蓝线的粗细渐变、等高线与道路的不同色相、境界的不同结构等。由于线状符号的分类中常包含等级差别，如河流的主流与支流、境界分类、道路分类等，所以也常常需要尺寸变量与颜色、形状、结构等变量配合使用。

3. 面状符号

地理现象中无论是呈面状连续分布还是离散分布于一定范围的现象，如土壤、气候或植被分布等都可以以面状符号的形式出现。面状符号所能使用的变量是像素在形状、结构、方向等方面的差异，用它们来描述面积范围的属性差异，如图 6-18 所示。面状符号可以看作面状的图案，其基本构成元素可以是简单的几何形状，也可以是象形的个体图案。采用象形图形作为面积的基本结构元素，具有很好的象征和联想效果。使用点状或线状元素填充面积符号时，除了元素本身的形象差别，结构变化还可以很有效地扩充符号的种类，如图形元素的各种规则排列和不规则排列、组合所形成的丰富的图案式样。颜色（主要是色相）是区分面积性质的另一种有效方法。

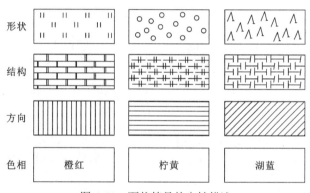

图 6-18　面状符号的定性描述

6.4.2　数量特征的描述

一组定量指标是用什么类型的符号描述，不仅与数据的性质有关，也与地图上表现该指标的具体要求有关。按图上要求对数据的处理主要分为两种形式，即"非分级处理"和"分级处理"。前者是精确的比例描述方法，后者则是相对概略的分级描述方法。所谓"分级描述方法"就是对数据分级，把每个对象分别归入相应的等级中，在视觉模拟上使用分级符号。分级符号在视觉变量的选择上要突出等级感，然后用文字对每一个等级的符号赋予相应的数值范围。也就是说，分级符号的数量概念是由等级感转换而来的，因而是比较直接的。

表现数量特征的变量要少一些。实践证明，尺寸是表现准确数值关系唯一有效的变量，而表现数量相对大小的顺序或等级既可用尺寸，也可用明度、结构等变量。

1. 点状符号

用点状符号定量描述具体数量指标要在符号尺寸与数值之间建立一种函数关系，使之可以根据符号的大小量算或估读出相应的数值。因而符号的形象必须整齐、规则，有可供量度的基准线，一般都采用几何图形。不规则的象形符号只能给出相应的等级概念。符号的有效尺度可以是线状的、面状的和立体的，如图 6-19 所示。从估读准确性来看，一维的线状（柱形）描述最为直观和准确，面状图形（如圆形、方形等）次之，立体图形（如立方体、球体等）估读比较困难。估读困难程度还与比率条件有关，绝对的算术关系容易估读，加某种数学条件的几何关系则较难估读。

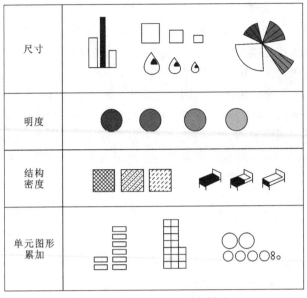

图 6-19 点状符号的定量描述

分级符号也可以采用尺寸变量，它与非分级符号尺寸的不同之处在于一个尺寸与一个数值范围相对应。明度和结构也是分级符号的重要变量。另外，定值图形累加是一种特殊符号形式，实际上是单个定值符号（定值点或定值图形）的组合形式，这种方式具有良好的数值描述效果。

2. 线状符号

线状符号的数量描述比点状符号单纯，符号类型也比较少，如运输量、流量等线状符号以符号宽度表示数值的大小，线宽与数值成一定比例，如图 6-20 所示。线状符号也可用明度、结构和密度等变化描述分级数据，但明度变量只有在较宽的符号中才能充分利用，因为细线符号明度提高时，其可见度迅速降低。在线状符号用于反映面状对象或体状现象数量变化时，需要标注数字，如等高线、等温线、等密度线等。

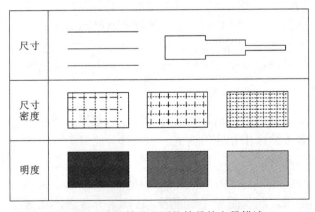

图 6-20 线状符号和面状符号的定量描述

3. 面状符号

面状符号很难表现非分级数值，如果要表示，只能通过面积内基本元素图形的尺寸来表示，但基本元素图形太大会影响面状效果，因而这种方法有一定的使用限制。例如，根据由黑到白组件过度的连续调标尺绘制"无分级等值区域图"，只有在计算机条件下制作和阅读才有可能。面状定量数据大多通过明度等级进行分级描述，如图 6-20 所示，这是最常用的方法。结构和密度、色相和饱和度大多作为形成明度等级的辅助手段。

总的来说，描述数量的变量主要是明度和尺寸，手段不如质量描述丰富，因而在大多数情况下用多种变量配合以加强视觉效果，如尺寸+结构+密度、尺寸+明度+结构或明度+尺寸+结构等。需要说明的是，地图上对数量的描述实际应包括两个方向：一是以每个符号的量度或计数方式完成，有很具体的数量感；二是通过对全部符号总体的知觉把握达到的比较模糊的总体数量概念。所以，定量描述不仅要确定符号形式和尺寸与数值的比例，而且要考虑估读的规律，必要时可以对符号尺寸进行补偿性的改正，同时也要注意符号总体所表示的数量概念是否适当。

6.4.3　关系特征的描述

如果说符号对质量、数量特征的描述属于直接语义描述，对制图对象相互关系的描述则属于句法的描述。制图对象极为多样，它们既有统一性，又有不同程度的差异性，这种关系的描述表现为地图符号系统分类、分级及层次结构和空间组合。如把所有内容区分为性质根本不同的要素（水系、地貌、人口、产值等），每一要素又包含了若干类（如水系分为河流、湖泊、渠道等；产值分为工业产值、农业产值、服务业产值等），每一类还可以区分为若干亚类（如渠道可分为干渠、支渠、毛渠等；工业分为冶金工业、机械工业、纺织工业等），甚至还可做与低层次的区分。显然，大的分类反映了概念上最本质的区别，而低层次的分类只具有较次要的区别。这种不同层次的隶属关系或等级关系，对符号设计来说就是统一和差异的关系。

如图 6-21 所示，是点状符号层次结构描述的方式，运用形状、色相、结构等差异分别构成视觉层次。

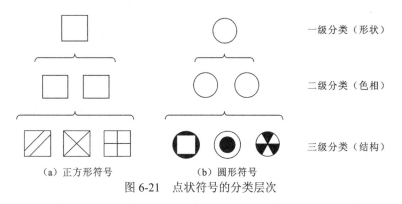

图 6-21　点状符号的分类层次

图 6-22 所示为面状符号分类层次的构成。面状符号以图形、结构、明度和方向的差别表现两级分类、最高级分类需要最强的视觉差异，等级越低差异越小。而同一层次中所有符号

之间，应当既有一定的视觉差异，又有足够的共性，才能在视觉上产生一定的联合感受（整体感）。

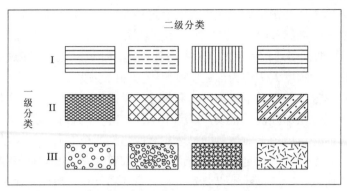

图 6-22　面状符号的分类层次构成

符号的视觉变量就像是调节差别和统一这对矛盾的"旋钮"：两类制图对象如要求各自的个性十分突出，就可能要同时动用所有可能的变量，使差异因变量叠加而变得更大；反之，如果要寻求一组符号之间的共性使之产生整体感，则应使大部分变量保持常值，只变化其中的一个变量，并且其变幅也要小一些。

6.5　地　图　注　记

地图注记是地图上的文字说明，是地图符号系统的一个重要组成部分，也是制图者和用图者之间信息传递的重要途径（江南 等，2017）。注记一般是对地理事物或现象的直接说明，是区别同一图形符号不同属性特征的有效方法。地图有了注记，便具备了可阅读性和可翻译性，成为一种信息传输工具。

6.5.1　地图注记的作用

1. 各种制图对象名称标识

地图用符号表示物体或现象，用注记注明对象的名称。名称与注记相配合，可以准确地标识对象的位置和类型，例如"武汉市""武当山""长江"等。

2. 制图对象属性信息指示

地图上常用文字或数字形式的说明注记标明地图上表示的对象的某种属性，如树种注记、水深、各种比高等。

3. 制图对象的全面描述

有时为了全面而准确地说明一个地理现象，单靠一个名称或几个数字显然不够，这时就需要通过一段话对其进行具体描述，即通过注释才能表达制图者的思想或对事物的全面说明。

6.5.2 地图注记的种类

1. 名称注记

名称注记指用文字注明制图对象专有名称的注记，如居民地名称注记"李家村"、山峰名称注记"黄山"、河流名称注记"长江"、湖泊名称注记"洞庭湖"等。名称注记是地图上不可缺少的内容，并且占据了地图上相当大的载负量。

2. 说明注记

说明注记又包括文字说明注记和数字说明注记两种，用于补充说明制图对象的质量或数量特征。

6.5.3 地图注记的设计

1. 字体设计

字体设计是指对地图上注记的字体进行设计。字体设计类似于符号的形状设计，不同的字体表现为其外形的不同。汉字字体繁多，地图上经常使用的有宋体及其变形体（左斜宋体）、等线体及其变形体（耸肩等线体、扁等线体、长等线体）、仿宋体，还有隶书、华文中宋、华文新魏、微软雅黑等字体。地图注记的字体可用于区分不同内容的要素。例如：水系物体的名称注记一般采用左斜宋体；居民地名称一般采用等线体（或细等线体）、宋体、仿宋体等；山脉名称一般采用耸肩等线体。另外，隶书、魏碑体常用于图名及国家、洲和较大行政区域的表面注记；其他美术宋体常用于图名，如图6-23所示。

在选择地图注记字体时，不仅要考虑地图要素本身的特点及其习惯用法，还要注意不同的地图类型对注记字体的影响和要求，如影像地图、晕渲图上注记的字体常用黑体、粗线体等线划较粗的字体，让其突出于背景图上，更加清晰易读。

2. 字号设计

字号设计是指对地图注记字体的大小进行设计。字号设计类似于符号的尺寸设计，字号可用于反映被标注对象的重要性等级。字体的大小可根据地图的用途、比例尺、图面载负量、阅读地图的可视距离等因素综合确定。

字体的大小通常用号数制、点数制来计量。号数制是以互不成倍的几种活字为标准，从特大号、特号、一号至八号自成体系。点数制即磅数制（P），是世界通用计算字体大小的标准单位。常用制图软件一般用磅或者毫米来计量注记大小，每磅约等于0.35 mm。

设计地图时，注记的字体大小要根据地图用途和使用方式来确定。一般说来，桌面参考用图最小一级的字不能小于2.0 P，而挂图的字应大些，一般不能小于5.0 P。最小一级注记在地图注记中占有很大的数量，影响地图的载负量和清晰程度，选择时应予以重视。最大的注记在地图上通常数量不多。

3. 字色设计

字色设计是指注记所用颜色的设计。字色与字体类似，地图注记的颜色可用于进一步强调要素的分类效果、区分不同的视觉层次。例如，在普通地图上，水系用蓝色注记，地貌用棕色注记，即与所表示要素的用色一致。在专题地图上，字色的应用可提高地图的载负量并

字体		式样	
宋体	正宋体	成都	居民地名称
	宋变体	湖海　长江	水系名称
		山西　淮南	图名、区域名
		江苏　杭州	
等线体	粗中细	北京 开封 青州	居民地名称
	等变	太 行 山 脉	山脉名称
		珠 穆 朗 玛 峰	山峰名称
		北 京 市	区域名称
仿宋体		信阳县　周口镇	居民地名称
隶书体		中国 建元	图名、区域名
魏碑体		浩陵旗	
美术体		台湾省图	图名

图 6-23　地图注记的字体

区分内容层次，使要素之间的区分更加明显，能有效地提高地图的易读性。

4. 字隔设计

字隔设计是指对注记中字与字的间隔距离的设计。在地图上字的间隔与所表达要素的分布特点有关，通常最小的字隔为 0.2 mm，最大字隔不应该超过字大的 5~6 倍。地图上凡是注记点状物（如居民点等），都使用小字隔注记；注记线状物（如河流、道路）则采用较大字隔沿线状物注出，当线状物很长时须分段重复注记；注记面状物体时，常根据其所注面积大小而变更字隔，所注图形较大时，应分区重复注记。

5. 字列设计

字列设计指的是同一注记的排列方式设计，注记在地图上排列方式有四种：水平字列、垂直字列、雁行字列和屈曲字列（图 6-24）。水平字列、垂直字列和雁行字列的字向总是指向北方（或图廓上方）。水平字列的注记线平行上下内图廓线，注记从左至右排列，适用于图上呈点状及东西向伸展物的注记；垂直字列的注记线垂直于上下内图廓线，注记从上到下排列，适用于南北走向的线状、面状物体的注记；雁行字列的注记中心连线与被标注物走向平行，且尽可能呈直线或近似直线，字向直立；屈曲字列注记连线与被标注物体走向平行，可呈自然弯曲状，其字向不直立，随物体走向而变，当物体走向与南图廓边交角大于 45° 时，字格竖边与物体走向平行；当物体走向与南图廓边交角小于 45° 时，字格横边与物体走向平行。

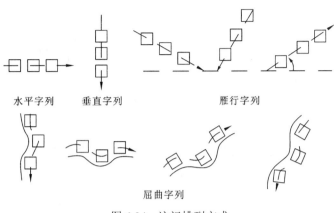

图 6-24　注记排列方式

6.5.4　地图注记的配置

地图注记的配置就是注记位置的确定。注记配置应遵循的一般原则：注记位置应能明确说明所显示的对象，不产生歧义；注记的大小要与被标注对象的等级相适应；注记的配置应能反映所显示对象的空间位置及其分布特征；地图注记不应压盖地图要素的重要特征处，如居民地、道路、河流的交叉点；注记的配置应遵循不同要素的分布特征和规律。地图注记的配置需要注意以下几点。

1. 注记与被说明物体关系的正确处理

（1）注记的指向要明确。地图注记是对地图符号的说明与补充，注记应恰当地配置在被说明物体的周围或内部，指向需明确。

（2）间隔问题。注记与被说明物体的间隔不可太大，也不可太小，当字体大小在 2.0～6.0 mm 时，间隔一般控制在 0.4～0.8 mm。间隔过大，注记与被说明物体之间的关系过于松散，有可能造成注记的指向不明；间隔过小，则易造成粘连及阅读障碍等现象。当字体大于6.0 mm 时，间隔可适当放大。

（3）方位问题。注记配置在地物的什么方位取决于地物形态、阅读习惯及地物的周围环境。对于点状符号，符号的右边是最佳位置，符号的上方、下方和左方是备选方位。线状符号的注记应沿着符号的延伸方向配置，一组注记应配置在符号的一侧。面状符号的注记一般配置在其内部，当面状符号内部放不下时，移出至符号的旁边配置。

2. 注记与其他内容关系的正确处理

当图面内容较多时，要正确处理注记与其他内容的关系，包括注记与注记的关系、注记与其他符号的关系等。注意注记与注记之间不能压盖或粘连。注记与其他符号之间的关系视情况做相应处理，如注记与不依比例尺符号之间不能压盖或粘连；注记与同色的线状或面状符号之间不宜压盖或粘连，若需重叠表示，应对符号做相应处理，保证注记阅读的清晰性。伴随着电子地图的出现，传统的地图注记已不再能满足地图设计者和用户的需求，产生了"地图标注"的概念。地图标注是地图注记自动化配置的一种表现形式，它通过地理要素属性表里的信息对地物进行自动标注，标注前通常对标注的位置进行批量设置。需要注意的是，批量设置的标注位置往往不能满足所有地物属性信息的表示，通常还需要对位置不合适的标注进行专门的修改和调整。

6.6　实例与练习——点状符号的设计与制作

6.6.1　实验目的

使用 CorelDRAW 软件，利用焊接、裁剪等操作绘制点状符号。

6.6.2　实验要求

基于 CorelDRAW 软件，掌握绘制简单点状符号的方法。

6.6.3　实验方法

使用 CorelDRAW 软件中自带的绘图工具，绘制铜钱的点状符号。

6.6.4　实验步骤

（1）首先绘制 4 个圆，使用镜像工具，使其呈两行排列，再复制一个圆，放到外面，备用，将 4 个圆群组，与第 5 个圆中心中齐。

图 6-25　铜钱符号

（2）将"群组"解散，5 个圆的属性变为 10 mm，使用顶部工具栏中"对象"中的"将轮廓转换为对象"，将 5 个圆转换为轮廓线，转换完成后，填充设置为"无"，轮廓设置为"细线"。

（3）将外面 4 个圆依次焊接，中间一个圆拆分，将其外廓线与 4 个圆焊接部分相交，相交后将圆中间的内外轮廓线组合，与外面 4 个圆焊接，即完成铜钱符号的制作（图 6-25）。

6.7　实例与练习——线状符号的设计与制作

6.7.1　实验目的

基于 CorelDRAW 软件，掌握基本图形绘制线状符号。

6.7.2　实验要求

基于 CorelDRAW 软件，实现铁路和公路等线状地物的绘制。

6.7.3 实验方法

使用 CorelDRAW 软件中自带的绘图工具，绘制线状符号中双线道路、双虚线路、铁路的绘制。

6.7.4 实验步骤

1. 双线道路的绘制

步骤 1：使用贝塞尔曲线绘制工具先绘制出一条实线，如图 6-26 所示。

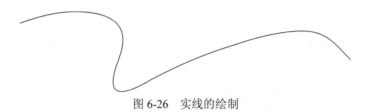

图 6-26　实线的绘制

步骤 2：复制实线，将上层的线条宽度设为 1.5 mm，颜色为白色，下层的线条宽度设为 2.0 mm，颜色为黑色。这样就可以得到一条宽 2 mm、路边线宽 0.25 mm 的双线道路，如图 6-27 所示。

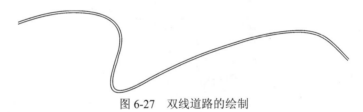

图 6-27　双线道路的绘制

2. 双虚线路的绘制

双虚线路的绘制方法，是在双线道路的基础上，将底层实线的线形设为虚线形如图 6-28 所示，两者重合形成双虚线道路如图 6-29 所示。

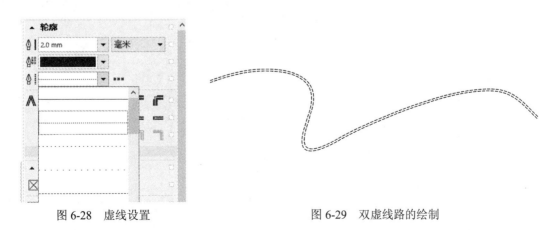

图 6-28　虚线设置　　　　　　　　　　图 6-29　双虚线路的绘制

3. 铁路的绘制

铁路的绘制方法是在双线道路的基础上，将上层实线的线形改为虚线，如图 6-30 所示，两者重合形成铁路如图 6-31 所示。

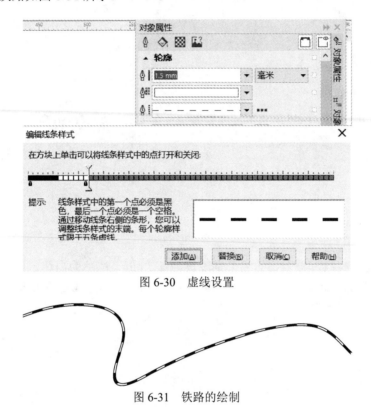

图 6-30　虚线设置

图 6-31　铁路的绘制

第7章　地图符号的设计

要创造出优秀的地图作品，关键问题之一是有针对性地设计一套高质量的符号系统。设计地图符号既不应就事论事地绘出一个个符号，也不应看作单纯的艺术设计只凭直觉来完成，而要从地图的整体要求出发，考虑各种因素，确定每个符号的形象及其在系统中的地位。

7.1　地图符号设计的一般要求和影响因素

为了描述多种多样的制图对象，地图符号的图像特点有很大差别，但作为地图上的基本元素，承担载负和传递信息的功能，它们应具备一些共同的基本条件，满足作为符号的基本要求。

7.1.1　地图符号设计的一般要求

1. 图案化

所谓"图案化"就是对制图对象形象素材进行整理、夸张、变形，使之成为比较简单的规则化图形。地图上绝大部分图形符号都需要进行图案化（俞连笙 等，1995）。

制图对象有具象与非具象之分。对于前者，一般应从它们的具体形象出发构成图案化符号。其中线状、面状符号大都取材于对象的平面（俯视）形象，如道路、水系等；点状符号既可用平面图形，也可用侧视图形，如塔、亭、独立树及房屋、控制点、小桥；对于那些在实地没有具体形象的对象则采用会意性图案，如境界、气温、作物播种日期、噪声、工业效益等。它们虽然没有可视形象，但它们总是会与其他有可视属性的物体相联系，因此，或从它们的意义出发运用象征性图形，或寻找与其有联系的其他具象物体作为基本素材，进行加工。例如，用不同粗细的点、线结构表示各级行政境界，以象征雨水的蓝色连同立柱形表示降雨量的变化，等等。

符号的图案化主要体现在两个方面，如图 7-1 所示。首先，要对形象素材进行高度概括，去除其枝节部分，把最基本的特征表现出来，成为非素描的简略图形；其次，图形应尽可能地规格化。地图符号作为一种科学语言的成分，必须在构图上表现出规律性和规格化，才有可能正确表现对象的质量、数量特征及它们相互间的关系特征。因而一般符号的构图都尽量由几何线条和几何图形组成，除为满足特殊需要而设计的柔美的艺术形象符号外，都应尽可能向几何图形趋近。有很多象形符号也由几何图形组合变形构成，这样的符号便于统一规格、区分等级和精确定位，也便于绘制和复制。

2. 象征性

符号与对象之间的"人为关系"可以通过图例说明显示这种指代关系，但为了使符号能被读者自然而然地接受，最好还是强调符号与对象之间的"自然联系"，利用人们看到符号产

图 7-1 符号形象的图案化

生联想等心理活动自然地引向对事物的理解。因而在设计图案化符号时，一般都应尽可能地保留甚至夸张事物的形象特征，包括外形、结构特点、颜色等。对非具象的事物要尽量选择与其有密切联系的形象作为基本素材。凡象征性好的符号都比较容易理解。

3. 清晰性

符号清晰是地图易读的基本条件之一。每个符号都应具有良好的视觉个性，影响符号清晰易读的因素主要在于简单性、对比度和紧凑性三个方面，如图7-2所示。首先，符号要尽

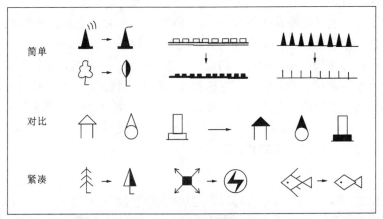

图 7-2 提高符号清晰性的方法

量简洁，复杂的符号需要较大的尺寸，会增加图面载负量，并且绘制和记忆比较困难。地图制图的原则是用尽量简单的图像表现尽量丰富的信息，即有较高的信息效率，符号设计也应遵循这一原则。其次，要有适当的对比度。细线条构成的符号对比弱，适合表现不需太突出的内容；具有较大对比度（包括内部对比和背景对比）的符号则适合表现需要突出的内容。符号之间的差别是正确辨别地图内容的条件，尽管不同层次的符号差别有大有小，但不应相互混淆、似是而非。另外，清晰性还与符号的紧凑性有关。紧凑性就是指构成符号的元素向其中心的聚集程度和外围的完整性，这实际上是同一符号内部成分的整体感。结构松散的符号效果较差，而紧凑的符号则具有较强的感知效果。

4. 系统性

系统性指符号群体内部的相互关系，主要是逻辑关系，这是符号能够相互配合使用的必要条件。在设计符号时要与其所指代对象的性质和地位相适应，从而在符号形式上表现出地图内容的分类、分级、主次、虚实等关系。也就是说，不能孤立地设计每一个符号，而要考虑它们与其他符号的关系。图 7-3 中列举了处理符号逻辑关系的一些例子。

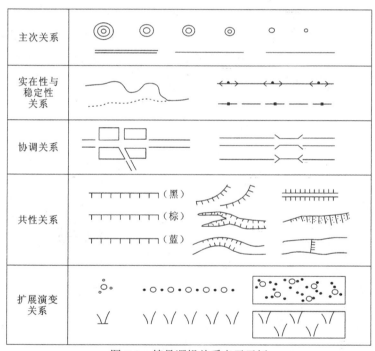

图 7-3   符号逻辑关系表示示例

（1）主次关系：主要通过符号的强弱来表现。重要的、等级高的要素，符号尺寸应大一些，颜色和对比度强一些；反之，符号尺寸应小一些，颜色和对比度弱一些。

（2）实在性与稳定性关系：例如，实地有形的地表物体用实线符号或粗线符号；实地无形的、位于地下的或不稳定事物则用虚线浅色线划。

（3）协调关系：很多制图对象在功能和规格上都有联系，在符号形式上也应反映出这种协调关系。例如，相应等级的街道、道路和桥梁的尺寸应一致。

（4）共性关系：如凡是在实地上有高程突变的地带（陡坎）都用齿线表示，但规定人工陡坎用黑色，天然陡坎用棕色，陡岸用蓝色。由此类推，许多有类似性质的现象，如路堤、路堑、土堆等都可以表现出它们的共同特性。

（5）扩展演变关系：有些符号要考虑由单个点状符号扩展为线状、面状符号的可能。

（6）分类、分级的层次关系：内容参考图6-21、图6-22。

5. 适应性

各种不同的地图类型和不同的读者对象对符号形式的要求有很大的不同。例如：旅游地图符号应尽可能地生动活泼、艺术性强；中小学教学用图符号也应生动形象；科学技术性用图符号则应庄重、严肃，更多地使用抽象的几何符号。因此，某种地图上一组视觉效果好的符号未必适用于所有其他地图。

6. 生产可行性

设计符号要顾及在一定的制图生产条件下能否绘制和复制，包括符号的尺寸和精细程度、符号用色是否可行及经费成本。

7.1.2　影响符号设计的因素

设计一个地图符号系统虽然允许发挥制图者的想象力和表现出不同的制图风格，但符号形式既受到地图用途、比例尺、生产条件等因素的制约，还受到制图内容和技术条件的影响，因此必须综合考虑各方面的因素，才能设计出好的符号系统，如图7-4所示。

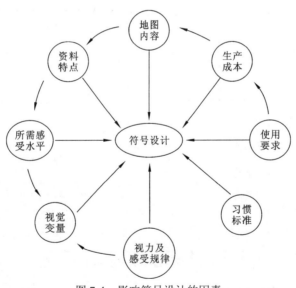

图7-4　影响符号设计的因素

（1）地图内容。地图包含哪些内容是符号设计的基本出发点。但是符号设计反过来也对地图内容及其组合有一定的制约作用，因为不顾及图解，可能盲目设想的内容组合往往无法在地图上表现出来。

（2）资料特点。地理资料关系每项内容适合采用什么形式的符号，这涉及表现对象4个方面的特征：①空间特征，即资料所表现对象的分布状况是点、线、面还是体，这就决定了符号的相应类型；②测试特征，指对象的尺度特征是定名、等级的还是数量的，不同测试水平要采用不同的符号表示法；③组织结构，即资料表现的关系特征，指内容的分类分级有没有层次性，是单一层次还是多层次，这是处理符号形式逻辑特征的依据；④其他特征，如资料的精确性和可靠程度及制图对象在形象、颜色、结构等方面特征的表现，这些对设计符号都有实际的意义。

（3）使用要求。地图的使用要求由一系列因素决定，如地图类型、主题、比例尺，地图的使用对象和使用条件等。这些因素影响地图内容的确定，又制约着符号设计。显然，是选择几何符号、一般简洁的象形符号还是更为艺术化的符号，在很大程度上是根据用图者的情况来确定的。

（4）所需感受水平。地图一般都需要几个特定的感受水平。各项地图内容在地图上的感受水平一方面由资料特点所确定，另一方面由内容主次及图面结构要求确定。主题内容需要较强的感受效果，其他则相反。

（5）视觉变量。不同的视觉变量有不同的感受效果，因而视觉变量的选择直接关系符号的形象特点。

（6）视力及感受规律。设计符号不能离开视觉的特性和视觉感受的心理物理规律。表 7-1 所列出的一般视力的分辨能力数据可作为确定符号线划粗细、疏密和注记大小的参考，但这只是在较好的观察条件下的最小尺寸，在实际使用时要根据预定读图距离、读者特点、使用环境、图面结构复杂程度等做必要的调整、修改和实验。

表 7.1　一般视力的线划分辨能力

距离/mm	可辨尺寸/mm				
	点的直径	单线粗度	实线间隔	虚线间隔	汉字大小
250	0.17	0.05	0.10	0.12	1.75
500	0.30	0.13	0.20	0.15	2.50
1000	0.70	0.20	0.40	0.50	3.50

视错觉对符号视觉感受有很大影响，特别是在背景复杂的条件下，会因环境对比产生不正确的感受，如色相偏移、明度改变、图形弯曲、尺寸判断误差等，这需要在设计符号时考虑它们的图面环境而加以纠正或利用。

（7）技术和成本因素。制图者的绘图技术和印刷技术水平都是确定符号线划尺寸和间距等不能忽视的因素。另外，地图要顾及成本和地图产品的价格能否适应市场情况，在一般情况下，符号设计方案应尽量利用现有条件而降低成本。

（8）传统习惯和标准。符号要能够被人们容易接受就不得不考虑地图符号的习惯用法。普通地图要素一般应尽量沿用标准符号或至少与之近似的符号；专题内容虽然大多尚无标准化规定，但也应尽可能采用习惯的形式，如水系用蓝色、植被用绿色等。符号的传统和标准是与符号的创造性相对立的，但也是统一的，这要求制图者善于处理传统和创新的关系。

7.2　个性化符号设计

地图符号的设计与图案、标志的设计，在抽象化、符号化过程与方法方面是完全相同的，只是在应用方面有所不同。符号设计属于图案设计中的单独纹样或适合纹样的范畴。因此，图案、标志的设计理论和技法对地图符号设计有着十分重要的参考价值，基于这些理论可以设计出理想的地图符号。

7.2.1 具象符号设计

具象符号设计包括影像符号和人工具象符号设计（凌善金，2007）。

1. 影像符号设计

自然形态符号着重物象客观描绘及符号物象色彩、形状、质地、空间存在的自然性。

摄影技术和计算机制图技术使地图中插入小图片变得更加容易。真实的图像成为人们喜爱的地图内容表现形式。它的最大特点，在于能真实反映自然形态的美，通过实体质感、色调、形状的真实再现，令人产生确切的实在感、亲切感和信任感。如今许多地图，特别是旅游地图，越来越普遍采用人物、花卉、风光、名胜古迹等彩色照片为素材进行设计。彩色照片制作速度快，能适应设计速度方面的要求，取代了部分用时长的、繁重的、徒手描绘的方法。虽然如此，彩色照片制作又代替不了一切，设计的符号毕竟有它自己的特色，有较大艺术加工的自由，能适应多方面设计内容的需要。

确切地说，影像符号制作通常不需要过多的加工，将图像稍加处理就可以获得，如图7-5所示。

图 7-5　影像符号示例

但影像符号在使用中要注意以下几方面问题。

（1）反映物体的特征。取材时要注意物体的角度、部位、构图，并使其具有较高的艺术性。

（2）加边框。图像加边框可以增加分量，又能加强与背景的对比。边框用正方形还是长方形，用圆形还是椭圆形，一般来说，用长方形比正方形好看，正方形比较呆板，用黄金矩形比较好，而且横放比竖放好看。矩形边框可用方角也可用圆角，圆角方框更具有和谐感和装饰意味，圆角的弯曲度不宜太大，要在不方不圆之间，显得既有力量又有弹性。若用椭圆，要注意长宽比，太短了不美观，椭圆横放比竖放更符合人的视觉生理特征。图形边线必须要有足够的粗细度，太细了没有力度，也不醒目，图片会显得没有分量。为更好地衬托图片色彩，边线的色彩以黑白灰较理想，在浅色背景上宜用黑或深灰色，在深色背景上宜用白或浅灰色。此外，用不同类型几何形的边框可用于区别不同的地物类型，以表现地图内容的条理性。所用图片除了加边框，还可以加阴影，以强化图面的空间感。

（3）注意使用场合。自然形态符号必须在体量较大的情况下才具备较好的清晰度，它的缺点是占用较大的图上空间。因此，它的适用范围比较小，只有在特殊需要或者是图上内容密度较小的情况下才可使用。

2. 人工具象符号设计

地图符号的艺术设计是运用已经存在的形象要素，经过艺术提炼、加工、变象，使之成为设计造型元素。例如人物、动物、植物、风景、静物（器皿）等，将这些形象通过艺术提炼的手段，变成造型装饰资料，经过变象、打散、重新组合，变成各种图案，再将这些资料应用到设计中。设计可能是几次的组合，这里面最重要的是"变象"与"组合"。这些客观存在的具象资料成为设计元素，是一次具有决定性的"升华"，具有较高的使用价值，在美学上赋予其新的生命。

自然界各种物象为具象符号设计提供了丰富的素材，例如人物、鸟兽、鱼虫、花果、草木、山水、云霞、雨雪、物体和天体等，均是具象符号取之不尽、用之不竭的艺术源泉。人工具象符号是根据自然界中物象的特征、规律和结构，通过写生、抽象、概况、变形、简化、符号化等艺术加工而成的符号。这些符号源于现实，高于现实，具有艺术美。

地图符号的设计要求把自然界中物象的特征、规律和结构进行艺术加工，通过去粗取精，使其在自然美的基础上变得更美。人工具象符号的设计技法主要包括以下方面。

1）写实

写实指将地理事物按透视画法如实描绘。按此法画成的符号形态、质地与实物相似，能给人一种形象逼真的感觉，非常直观，如图7-6所示。

图 7-6　写实符号示意图

用透视法绘制符号必须懂得绘画的透视规律，在绘制时要把握好视角，用平视还是仰视、俯视，为的是使所绘出的符号最能反映事物特征，最具美感。写实法可分为实地写生和根据照片描绘两种方法。

2）写意

写意是中国画的画法，借助简练流畅的笔墨线条，着重表现物象的神态意趣，自由抒发画家超逸的生活情调，全力创造生机勃勃的艺术境界，给读者以味之不尽的审美感受。其实，有些地图符号的设计类似于绘画中的写意，设计符号，首先要观察和写生，获得自然形态素材，从设计学来说，自然形态是一种最基本的形象元素，设计者要理解和掌握自然形态，就要细致观察自然现象。从自然形态到符号成型要进行变象。变象的手法较多，如夸张、省略、强化等，甚至要打散、"变异"，要超脱自然，不受自然的约束，向抽象转化。但不管怎么变，它有个原则，就是它最后仍然保持了自然形态主要特点、表现物象的神态意趣。变象、造型，在工艺美术中称为"意匠"。匠心独运才能达到较高的艺术境界，意匠的高低与设计者的美术修养、造诣有关。写意的手法有多种，往往一个符号中包含几种手法。

（1）变象。变象就是抓住物象的特征，根据构图要求，使构图要素概括为点、线、面等几何图案。变形有扩大、缩小、伸长、缩短、加粗、变细等各种加工技法。变象的方法较多，例如整形与细节，意到笔不到、重外简内、巧与拙、方圆曲直等手法，均可以达到理想的效果，如图 7-7 所示。

图 7-7　变象符号示意图

（2）夸张。夸张是在自然的基础上，用对比的方法和简练的形象夸大强调对象的主要特征。突出对象的形态、神态和动态，使被表现的对象更加典型化和艺术化。夸张要把握形象特征，即事物最本质的部分，个性最突出的部分，要在比较中找到特征，敢于大胆夸张，如图 7-8 所示。

图 7-8　夸张符号示意图

（3）省略。省略法为抓住物象最主要的特征，善于取舍，取其精华，略去次要的细节，通过提炼概况，使物象更加单纯和典型化，如图 7-9 所示。省略可以逐步进行，将表达的对象简化到不能再少的程度，或将线转化为块、面，做到以一当十。例如常见的孔雀，可简化到只有一片羽毛，但它却具备了孔雀的特点。

图 7-9　省略符号示意图

（4）强化。这是与省略相对的一种处理艺术。当然，它并不是简单地增加，而是强化局部，使之更加典型，如图 7-10 所示。

图 7-10　强化符号示意图

（5）拟人。把人类的特点加于外界事物上，使之人格化。拟人法风趣、幽默，具有魅力，符合儿童的心理，适合在儿童地图上使用，如图 7-11 所示。

图 7-11　拟人符号示意图

（6）寓意。借其他事物以寄托本意。即把理想和美好的愿望寓意于一定的形象之中，用来表示对某事物的赞颂与祝愿。天鹅寓意"高洁"，在西方国家玫瑰寓意爱情。有些寓意世界共通，如用翅膀或鸟寓意飞机，如图 7-12 所示。

图 7-12　寓意符号示意图

3）象征

用具体事物表示某种抽象概念或事物。象征法是将最具有某种代表性的图案加以组织，来象征一定的事物与观念。例如，火炬、红旗可用于象征革命；加拿大号称"枫叶之国"，枫叶是加拿大的象征，在加拿大的国家标志中经常出现枫叶的形象，如图 7-13 所示。

图 7-13　象征符号示意图

4）求全

求全法是求得符号图案完整与统一的技法。某些求全法往往不受客观自然的局限，常把不同内容、不同时空的事物组合在一起，形成一个完整的图案。这种理想化的技法能给人们以美满的感受，如图 7-14 所示。

图 7-14　求全符号示意图

具象符号直观、生动，便于理解和记忆，因此在地图中用途广泛。

7.2.2　抽象符号设计

真正的抽象是看不见、听不到、摸不着的（如哲学），是无形象的。艺术中的抽象是与具象相对而言的。造型艺术必须依赖于"形"，只是这个"形"不表达具体的形象，不能具体地告诉人们是什么东西，也不是客观形态的反映。它只是一种意象、感觉，是显示更深的思维活动的"意象"，是超脱自然形态的人为形态。这个"形"像音乐中的音符一样，可以传达抽象的"概念"。因此，艺术中抽象概念不同于哲学的抽象的定义。

抽象符号，通过点、线、面与圆形、方形、三角形相结合，构成几何符号的基本形态。此外还有非几何形态的抽象形态，它没有确切的形态，由自由线条构成。在设计学中，点、线、面是一种艺术语言，不能看成是几何学、数学的概念。这种几何形是从美学的观念形成的一种抽象的装饰语言。点、线、面是概念的、抽象的、假定的、相对的，是几何形的元素。因为最小的点与线，在放大镜下都可成为面，它本身不代表任何意义，只能从比较、对照、互衬中得出概念的形态。圆形、方形、三角形，既可成为"点"的概念，也可成为"面"的概念，从面来说，有边沿，从点与线来说，就没有边沿。点的移动成线，线的扩展成面，面向深度发展成体，这都是视幻效果，其实都是平面画面上的一种假定。没有这种假定就不能构成画面，与没有音符就不能谱曲一样。

1. 地理事物的分类及抽象符号设计

地图上抽象符号的设计可以分为两种情况，它们的设计方法也不尽相同。

一种是可见事物的符号，它们大多来源于具体的自然界与生活现象，通过形象思维、概括、提炼、变形、变调，使之抽象化，构成一种浪漫的、具有音乐般的境界。总的来说，它不是自然形态的复现，而是打破了客观的局限，是形态的"升华"。抽象艺术始于1910年现代西方国家流行的美术流派，这一流派弃绝客观世界的具体形象和生活内容，在画面上作几何形体的组合或抽象色彩和线条。

抽象符号简洁、鲜明、严谨，可以体现特定的内容，表达深远的意境，引起心理和逻辑上的联想。抽象符号（图7-15）具有图形规则、简洁，面积小，又便于定位、绘制和记忆等优点，被广泛应用于地图。

图 7-15　抽象符号示意图

但是，并非所有可见事物抽象符号都能做到包含原有的形态特征，有的只能用纯抽象符号。例如，中小比例尺上的居民点，某些面状分布地物的所用网纹，如图7-16所示。

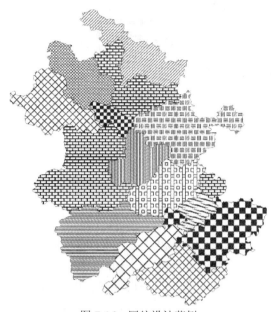

图 7-16　网纹设计范例

另一种是不可见事物的符号，只能使用抽象符号或者象征符号，例如行政界线、等高线、首都、政府机关、科技内容等。

2. 点、线、形的特性

两条线相交产生点。点的大小是相对的，点没有方向，也没有固定的形状。但是，在几何学上，点是相对小的圆形形状。经验证明，点的数量不同，其效应不尽相同，如图7-17所示。

线是点移动的轨迹。线有长度、宽度和方向三大要素。与点一样，线也是一个相对的概念，即由长短和宽窄的比例关系来确定。线的方向性极强，其中垂直方向具有挺拔、高洁之感，水平方向有平静、舒展之感，倾斜方向有生动、活泼之感。线在地图符号设计中一方面可以用于点和面状符号的设计，同时本身就是线状符号。

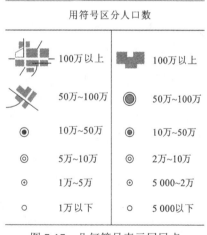

图 7-17　几何符号表示居民点

线可分直线系和曲线系两大类。直线系可以进一步分为几何直线和自由直线，曲线系可以进一步分为几何曲线和自由曲线。在几何曲线中，有圆弧曲线、椭圆曲线、抛物曲线和涡旋曲线等，在自由曲线中可概括地分"S"形曲线和"C"形曲线等。这些线在设计点状符号和面状符号时可以由设计者任意调配，当用作线状符号时则受制于地理事物的特征。地图上最多的是自由曲线，如河流、交通线、境界线、水岸线、等高线，几何线较少，如经纬线。地图上线的类型主要不是由制图者来决定，而是由内容性质来决定。线，除了曲直之分，还有其他一些性状可用于区分地图上的线状物，如虚线、实线、双线、单线、点划线等，如

图 7-18 所示。

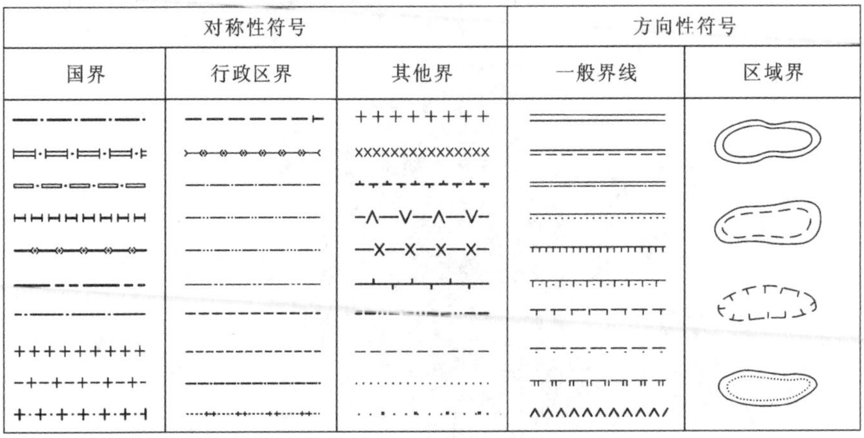

对称性符号			方向性符号	
国界	行政区界	其他界	一般界线	区域界

图 7-18　区分地图上的线状物

图 7-19　渐变色运动线

　　在由各种线组成的图形中，箭头具有运动感和方向感，除了用于构成点状符号，还可以用于设计地图中的线状符号，在气象图、作战图、经济图等地图中用于表示某些事物的移动轨迹和方向。为了增加运动线的动感，用渐变色比用均匀色效果好，如图 7-19 所示，用半透明箭头比用不透明箭头的效果好。

　　形是线移动的轨迹或线的合围。形，不仅具有点的位置、空间张力和群化效应，还具有线的长度、宽度和方向特征，具有幅度感和较强的感染力。

　　根据形在各个方面的幅度、比例和曲直的不同，可分为直线系形和曲线系形两大系列，各系列又分别具有各自的几何形和自由形。在直线系几何形中，有正方形、长方形、三角形、正多边形、菱形、平行四边形和梯形等。在曲线系几何形中，有圆形、椭圆形、半圆形和扇形等。两种线系的自由形无一定规则，正方形和长方形是由横、竖线条构成，因此可以表现这两种线条的性格特征。正方形和长方形的任何方向都呈现稳定、静止的感觉，象征着正直和庄严。以三角形为首的奇次正多边形，斜线是其主要特征，斜线丰富了角与形的变化，图案生动、活泼。以六边形为首的偶次正多边形、菱形、平行四边形、梯形，除斜线特征以外，还强调了对应边的平行关系，具有静中有动的性质。

　　圆形和椭圆形由首尾衔接的曲线构成，具有永恒的运动感，象征着完美与纯洁。半圆形和扇形是曲线和直线的合围，这两种形状既有圆形圆润、流畅的感觉，又有直线刚直、单纯的特点。

3. 立体的特性

　　立体是由面通过一定角度的移动或旋转产生的，具有长、宽、高并且实际占有空间的实体。在符号的设计中，立体是在平面上表现立体形态的技法。在平面上表现立体可以产生反转实体、排列、凸凹等视觉效果，如图 7-20 所示。

　　立体符号以表现物体空间立体形象为特点，形象生动，给人以很强的真实感。由于立体符号比一般象形符号在构图上复杂一些，尺寸也比较大，一般地图上不经常使用，主要用于

图 7-20　立体效果示意图

表示少数需要突出的对象，如旅游地图上表示旅游景点和重要建筑物等。

4. 几何符号的设计

几何图形是人们在长期劳动实践中对客观事物形态的抽象认识，它广泛包含在大自然的客观事物中，如物质分子的晶格、蜂巢和蝉翼的结构等。几何图形是一切形状抽象的终结，具有无与伦比的规则性。其规则性有利于符号规格化，视觉特征明确，使用和绘制都较方便，很适合地图符号设计的基本要求。

几何符号的优点是构图规则严谨，简洁干练，符号尺寸较小，便于准确定位，绘制和判别方便等。几何符号不仅可以反映对象的性质差别，而且由于其外形规则、量度性好，也可以表现定量关系，所以几何符号是地图上常用的一种符号形式。

几何图形既可单独构成符号，也可以用几个基本图形和线条组合构成符号。

单形：点、线、面构成的形态，如圆形、方形、三角形，用线或面表达的整形或减缺一部分所形成的各个单一的形态，是不依从另外形象的独立形态。

复形：有主体，有次体，有互衬，由两个或三个不同（或相同）的形态结合后，消除重叠部分的界线，便形成另一种形态。不受单形边线的约束，原有的两种形态已转化，可能产生比原有的形态更美的新的形态。图 7-21 所示为正方形、长方形、三角形、菱形、平行四边形、梯形、圆形、椭圆形等几何图形的组合符号。

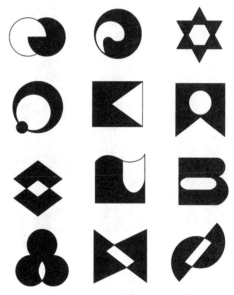

图 7-21　几何符号示意图

几何符号的基本图形是圆形、三角形、方形、菱形、五星形及六边形、梯形等。因而按其外形可分为圆形族、方形族、三角形族、菱形族、星形族等（图 7-22）。这些图形都具有鲜明的视觉个性，如：①圆形具有较强的动态，饱满柔和，易引人注目，整体感最强，复制性好；②正方形给人以端正、稳重的感觉，有很强的坚实感和静态感；③三角形棱角鲜明，刺激作用强，信息传递快，其中正三角形有良好的稳定感，倒置三角形则有强烈的动感；④菱形是一种不稳定形态，因而有较强的刺激作用和动感。有的菱形虽然只是正方形旋转 45° 变转而成的，但在视觉上有自己的个性。

几何图形的基本形虽然不多，但通过多种变化和组合，可以形成丰富的几何符号家族。几何符号的构图方法有以下几种，如图 7-23 所示。

（1）轮廓变化。几何图形的轮廓线可有粗细、虚实和结构变化。粗实线轮廓符号明显有力、整体感好，细线或虚线轮廓符号明显性低。轮廓线的单、双线变化或附加一些装饰也可形成不同的符号，但由于定性几何符号大多尺寸较小，轮廓变化有限，只限于粗细之分。

図7-22 几种主要的几何符号族

图7-23 几何符号的构图方法

（2）内部结构变化。与轮廓变化相比，几何符号的内部结构变化要丰富得多。在几何轮廓内附加简单的直线、曲线或者叠加其他简单几何图形，这是几何符号构图的主要手段之一。

（3）方向变化。基本几何图形的方向变化有限。如图形没有方向性，方形只能有 45° 的旋转变化等。但是当符号内部结构表现出方向性后，方向变量的活动范围也随之扩大了。

（4）变形。基本几何图形可以通过变化演化出很多其他形状。如由圆形变为椭圆形，方形变成菱形、矩形、平行四边形等。

（5）组合。几个基本形组合成新的几何形，或者用不同基本形的局部拼起来，可以得到一些新的形状，使几何符号族更加丰富。组合几何图形一般向象形化方向演变。

（6）大小。尺寸变量也是几何符号演变常用的形式。几何符号的尺寸、结构和明度配合，主要用来反映对象的主次或等级概念，图7-24 所示为小比例尺地图上居民点系列符号。

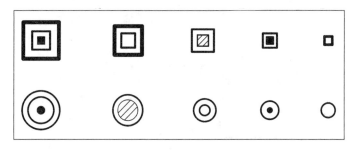

图 7-24　尺寸和内部结构变化构成的等级系列符号

（7）颜色。点状的几何符号主要是色相的变化，以最简单的几何图形配合各种色相是一种简洁的符号构成形式。

（8）反衬。反衬符号也称为阴像符号，指符号图形的外实内空，如黑色背景上的白色图形。内部空白的图形对比实线实形的图形，由于强调了块面明度对比，对比性更强，也更明显。

5. 文字符号的设计

地理事物的符号化，方法多样，但是有些事物难以用一个简单的形象符号来表示，而用几何符号又不能明确其含义，这时就可以用文字符号。文字是一种特殊的抽象符号，不仅简洁，而且比几何符号含义明确、深刻，只要读者懂该种语言就能了解其意义。由于文字的形态不规则，没有明确的几何中心，定位性差，设计点状符号时，通常借助几何图形来弥补其缺陷，同时还可避免与一般文字注记的混淆。面状符号的文字（图 7-25）不用于定位就可以直接进行文本排列。

图 7-25　文字符号

7.3　地图符号的系统设计

7.3.1　地图符号系统

地图作为地理环境的形象——符号模型，其重要因素是借用了地图符号系统来实现，如图 7-26（祝国瑞 等，2001）所示。

在地图符号系统中，如将初始符号记为 b，系统扩充时可能包括系统中的潜在符号 b_0，然后再分出子系统的层次，它们又各自对应实际模型的子集层。这些子集层代表不同级别集合的系统：第一级 $\{S^i\}$，第二级 $\{S^{ij}\}$，第三级 $\{S^{ijk}\}$……小圆中虚线表明子系统的数量是可以扩充的，而虚线大圆则表明子系统中地图符号的数量还可以根据实际需要增加。

地图符号系统明显地反映了所表达现象的层次关系，即顾及现象按类、亚类、种、属划分的可能性。很显然子系统数量和每一个子系统中地图符号的数量将取决于人们对地球的认识水平、洞察地理现象实质的程度、科学的发展和国民经济各部门的划分等。

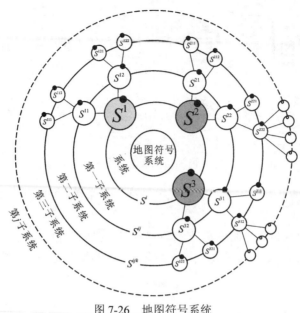

图 7-26 　地图符号系统

　　图 7-27 是建立森林分类模型及其他地图符号系统的示例。作为地理内容之一的森林，可以依次划分为几个层次：第一层次是森林的品种（如针叶、阔叶等）；第二层次细分为若干树种（如枞、松、杉等）；第三层次反映森林的年龄（如幼林、成林等）。它们所对应的地图符号为几何图形的变化、图形中的填色等，其实质是利用了符号的形状变化和亮度变化来区分物体。地图符号的这种分类系统，逻辑清晰，系统分明。

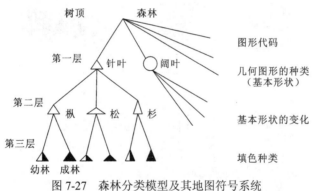

图 7-27 　森林分类模型及其地图符号系统

　　地图符号系统的逻辑性还可体现在单个地图符号及其构成的地图符号系列，如图 7-28 所示。

	小面积	带	大面积		备注
竹	✓	✓✓✓✓✓✓✓	✓ ✓ ✓ ✓ ✓ ✓ ✓ ✓ ✓ ✓ ✓ ✓		大面积竹林 和密灌林 图上也要 套印绿色 网点（线）
树	○	网点（线） ○○○○○○○○○○○	网点（线）		
灌木	◦	◦ ◦ ◦ ◦ ◦ ◦ ◦		密灌3	

图 7-28 　单个地图符号及其构成的地图符号系列

地图的内容应用色彩来表示，最易为读者所接受。例如，水系、地貌、森林等一般分别使用蓝色、棕色、绿色来显示，十分稳定而且具有传统性。地图符号运用色彩，不仅减少了用地图符号表现越来越纷繁的物体和现象的困难，而且有助于内容系统的划分。现行我国地形图（1:2.5万～1:10万）中"齿线符号"，以黑、棕、蓝三色区分为三大类，然后再分别与其他符号注记配合形成大量的符号，逻辑性与系统性均很明显，如图7-29所示。

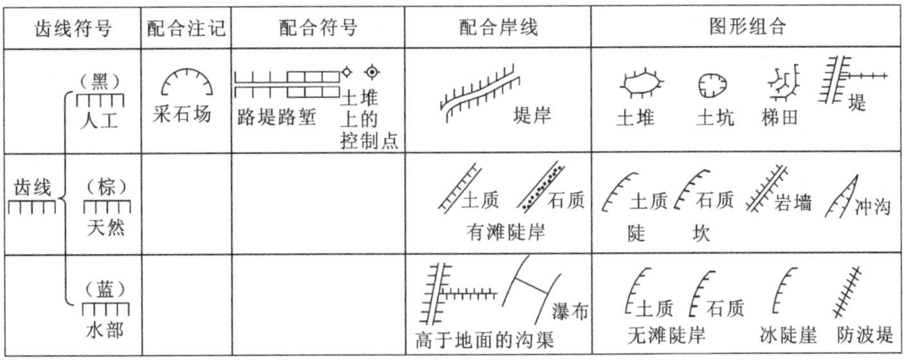

齿线符号		配合注记	配合符号	配合岸线	图形组合
齿线	（黑）人工	采石场	路堤路堑 土堆上的控制点	堤岸	土堆 土坑 梯田 堤
	（棕）天然			土质 石质 有滩陡岸	土质 石质 陡 坎 岩墙 冲沟
	（蓝）水部			瀑布 高于地面的沟渠	土质 石质 无滩陡岸 冰陡崖 防波堤

图 7-29 "齿线符号"系列

7.3.2 地图符号系统设计的步骤

对于内容不太复杂的单幅地图，符号设计不太困难，但对于内容复杂的地图或地图集，符号类型多、数量大，各有不同的要求，但又要表现出一定的统一性，从而构成系统，难度就大一些。

符号设计首先应从地图使用要求出发，对地图基本内容及其地图资料进行全面的分析研究，拟定分类分级原则；其次是确定各项内容在地图整体结构中的地位，并据此判定它们所应有的感受水平；然后选择适当的视觉变量及变量组合方案。进入具体设计阶段，要选择每个符号的形象素材，在这个素材的基础上，概括抽象形成具体的图案符号。初步设计往往不一定十分理想，因而常常需要经过局部的试验和分析评价，作为反馈信息重新对符号进行修改。在这个主要的设计过程中还要同时考虑上述各种有关的因素。图7-30是符号设计的步骤，

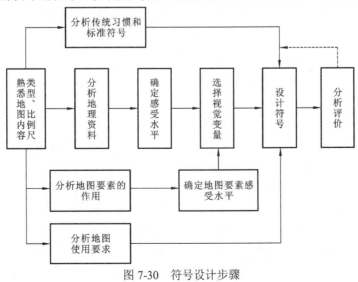

图 7-30 符号设计步骤

掌握了符号设计的要求和步骤，剩下的就是设计的艺术构思和绘制技巧。

地图符号系统的设计是研究符号设计如何符合地图实际的问题，是把艺术设计建立在科学性之上。地理事物的分布不外乎点状、线状、面状三种主要特征，但是地理事物还有其他一些特征，如可见的和不可见的，有形的和无形的，历史的、现在的和未来的。地图符号的设计既要科学表达地理事物的这些特征，又要使地图符号具有较强的美感。

地图中点状地物种类十分丰富，点状符号的种类也特别多，往往一张图上不仅有具象符号，还有抽象符号。地图符号是一个系统，它的设计不同于一般的符号设计，要求有系统性。

7.3.3 点状符号系统的设计

地图上表示实地呈点状地理事物所用的符号，称为点状符号。例如居民点、矿产、震中、旅游景点等。

1. 点状符号类型的选择

与线状符号、面状符号相比，点状符号丰富多彩。点状要素不仅适合用抽象符号也适合用具象符号来表示，往往是两者并用，取长补短。至于什么情况下用具象符号，什么情况下用抽象符号，主要应考虑以下两个因素（凌善金，2007）。

一要看读者对象。具象符号语义相对较为明确，比抽象符号直观，容易识别，适合不同文化程度的人群阅读，如用作旅游图、儿童地图符号。文化程度较高者或者专业人员，适应能力较强，给他们使用的地图最好采用抽象符号和半抽象符号，以提高地图的负载量和符号定位的精确性。

二要看图上内容密度。具象符号一般不宜在内容复杂的地图上使用，适用于大比例尺地图或者内容简单的地图。抽象符号较简洁，适用范围较广，尤其适用于内容复杂的地图，但它的直观性较差。但是，不能一概认为只有具象符号才有美感，抽象符号就没有美感。观察地图的美，不能只关注个体符号的美，更重要的是要重视整体的美，要有全局观念。就目前情况来看，地图设计中普遍存在的问题是过分拘泥于细节，只重视个体符号的美感，没有从全图出发去合理设计和组织地图的符号，整体效果差。有许多地图从个体符号上找不出毛病，就是整体上没有神采，原因就在于此。

2. 点状符号系统的设计

点状要素的差异主要表现为类别与层次两方面，即横向对比设计和纵向对比设计。只要抓住了这两方面问题，也就抓住了主要矛盾。

1）横向对比设计

点状符号的横向对比指的是不同类型的地图要素符号系统之间的形态差异。内容简单的地图，无论具象符号还是抽象符号的形态设计，均比较容易表现出要素的差异。但是，如果内容很多、类型很复杂，那么使用具象符号就不容易表现得很有条理性。例如，矿产图图例适合用几何符号，用曲线系列表示金属矿产，用直线系列表示非金属矿产，容易阅读和记忆。

几何图形的三种基本形态——方形、三角形、圆形，被称为三原形，是最典型的形状对比。它们具有各自的特点，方形的特点是平行和垂直，而三角形是斜线，圆形则表现为圆周循环。几何形的对比适合表现地图要素横向对比关系。根据三原形，可以设计出各种协调或对比的图形符号，如图 7-31 所示。

2）纵向对比设计

点状符号的纵向对比属于不同要素之间或同一要素内部的层次差异。因此，纵向对比与横向对比属于不同性质的对比，如果将这种关系通过符号设计体现出来，可以使符号系统变得很有条理。纵向对比适合用内部尺寸、结构、虚实、明度等对比要素来反映。

3. 点状符号设计范例

图 7-32（a）是三种居民点系列符号的样式，每一系列的符号同时运用了尺寸和亮度对比要素来反映级别的高

图 7-31　横向对比图形符号

低，具有明显的层次感。图 7-32（b）系列符号适用于多种要素的专题地图，每一种形状可代表不同类型的要素，而符号尺寸的变化可以表示每一种要素数量或级别的差异。

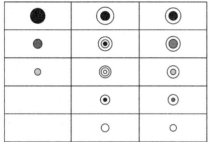
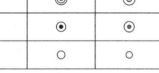

（a）三种居民点系列符号　　　　　　　（b）多种要素专题地图的点状符号

图 7-32　点状符号设计范例

点状符号是以符号个体表示对象的整体，形状变量是点状符号表现性质差别最主要的因素（图 7-32），可以看出，几何符号是地图符号，尤其是点状符号中最简单的一种，也是最常用的符号形式之一。因此有必要了解几何符号的特点及其构图方式。

7.3.4　线状符号系统的设计

地图上表示实地呈线状、带状分布的地理事物所用的符号，称为线状符号。用线状符号表示的对象主要有道路（铁路、公路等）、河流、海岸线、管道（自来水管、输油管等）、输电线、航线（航空线、航海线）、境界（政区界、其他区划界）和其他地理事物（栅栏、城垣、防风林带等）。

1. 线状符号类型的选择

由于宽度有限，一方面线状地物难以用具象符号表示，另一方面即使用抽象符号，其形态与结构的变化也比较有限或者用具象符号效果不理想，线状地物的符号比点状符号设计难度大，而且适宜采用抽象符号。

2. 线状符号的对比设计

线状要素差异和点状要素一样，主要表现为类别（横向对比设计）与层次（纵向对比设计）两方面。

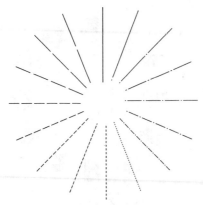

图 7-33　单线的线型变化

1）横向对比设计

线状符号的横向对比指的是不同类型的地图要素符号系统之间的形态差异。图 7-33 所示为单线的线型变化，相邻两种线条的对比度较小，相距较远者对比度较大。内容简单的地图仅靠这些线条的变化就能满足需要，但是，如果内容很多，类型很复杂，这套线条可能就不够用，就要增加其他线型的线条。

2）纵向对比设计

线状符号的纵向对比属于不同要素之间或同一要素内部层次对比，与点状符号相似，适合用同一线型的宽度、明度、虚实等对比要素来反映，如果同一线型难以区分，再考虑采用其他对比要素。例如，重要的、等级高的线状物体用实线（或粗线）表示，次要的、等级低的线状物体或无形的现象用虚线（或细线）表示。

3. 线状符号设计范例

1）道路符号

道路分为铁路、公路、大路、小路等多种。表示各种道路主要以一条或两条平行线为基础。在此基础上，根据道路的等级、特点进行一些变化。

铁路有单轨、多轨、已建成和未建（含规划）的铁路之分。目前，地图上所有的铁路符号主要包括单线条（多用于中、小比例尺地图）和双线条纹样（即黑白或虚实相间的）。未建成的或规划中的铁路常用虚线表示。这两种形式的铁路符号，因形成的时间早、沿用的时间长，所以逐渐成为惯用符号。图 7-34 是几种铁路、公路符号示例。

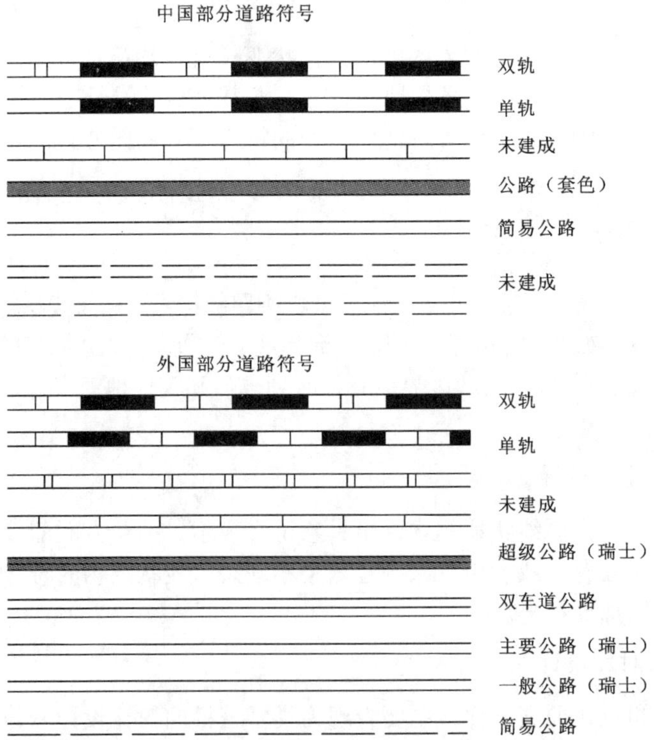

中国部分道路符号

双轨

单轨

未建成

公路（套色）

简易公路

未建成

外国部分道路符号

双轨

单轨

未建成

超级公路（瑞士）

双车道公路

主要公路（瑞士）

一般公路（瑞士）

简易公路

图 7-34　铁路、公路符号示例

各国公路的分类标准不尽相同，有主要公路、一般公路、高速公路等。各种公路符号的基础多数仍为一条单线或两条平行线，同时设计其他符号或颜色配合组成，如车站、路面材料、车行道数、收费或免费符号等。公路及以下的其他道路符号，一般以单实线或虚线表示。

目前许多道路符号已成为制图界的惯用符号，在设计中能沿用则不必变动。由于符号的线条较窄，在区分道路等级时，线条的结构变化应以简明为宜。地图比例尺越小，道路符号越要简单。对道路符号的线条、纹样和颜色的设计，既要有对比性，又要有协调性。

道路符号大多属于半依比例符号（除较大比例尺地图外），线条符号宽度无一定限制，应从地图的用途及图面整体效果来考虑。

2）河流符号

除较大比例尺地图上的河流依比例尺缩小表示外，中小比例尺地图上的河流符号，具有长度依比例表示、宽度则有依比例和不依比例表示两种情况。

有的河流的部分河段的宽度能依比例缩小表示，有的河段宽度则不能依比例来表示。为使这样的河流表示得自然、生动，符合实际情形，除形状综合外，不能依比例缩小表示其宽度的河段，分别用单线与双线结合表示。这样，同一条河流便有不依比例和依比例表示的部分。河流由河源至河口，线条粗细变换应与河流的长短、主支流相对应，使其符合实际、合乎逻辑，这也是河流线条区别于一般线状地物线条的特点。

对于河流符号的颜色，单线河流、双线河流的边线主要用蓝色或深蓝色，而双线河流中间的（水面）颜色则用白色（直接利用图纸的白色）、浅青色、浅蓝色和浅灰色等。白色、浅灰色用在分层设色之类的地图上效果较好。人工沟渠、运河多为直线型，自然弯曲少，宽窄较均匀，在中小比例尺地图上，用单线表示即可。

3）空中、水上通道符号

空中、水上交通线属无形现象，它有长度而无宽度，其位置也是相对的，所以用虚线表示其一定的位置和方向。但是，对不同的地图可以采取不同的表示法，如有的地图为了增加直观性，在航空线的两点之间的适当位置增加飞机符号，水上航线一般在线的一侧加注终点名称和里程。有的地图（如旅游图）可加船形符号，以增强其直观性。但必须注意，飞机或轮船具象符号仅是空中或水上航线的辅助符号，设计时力求简洁。

4）境界、管道类符号

境界、管道类符号表示的对象包括行政区划界线、其他区划界线、输电线、水管、城垣、栅栏和防风林、竹林、灌木林带等线状、带状物体。符号有时可以用少量的具象符号，由一两个单元纹样组成"二方连续"图案，如图 7-35 所示。此类符号的特点是简单规整，能随物体的形状连续延伸。但是，除了行政区界和其他区划界线，其他界线即使在大比例尺地形图上也属"次要"内容，在中小比例尺地图上，除个别内容（如古城墙）外，一般不表示。

设计此类符号的单元纹样，应尽量不带方向性。方向性强的纹样有一定局限性。图 7-35 中的"∧"纹样，只适宜沿水平方向排列，大于

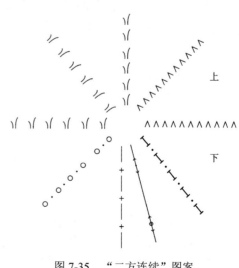

图 7-35　"二方连续"图案

或小于 90°时，排列成的符号图形效果不理想，没有方向性或方向性较小的单元纹样，适应性比较大，可以向任意方向连续排列。

由于纹样较小，图形简洁，结构要规整、排列均匀，每个纹样之间的距离不能过大，以保持其连续性，适应对象的转折变化，在其他线划符号影响之下也能获得清晰的效果。

5）运动线符号

研究事物或现象的运动状态，并用特定的"线"（或"带"）及颜色表示其类型、数量、行经路线、方向和起讫点的方法称为运动线（或动线）法。这是地图编制中常用的表示方法。运动线符号（图 7-36）是运动线法唯一的表现形式，主要表示某物体与其他物体之间相对位置的移动。运动线符号表示的对象，常见的有：物流（矿产、工农业产品、资金等的输出或输入）、人流、流体的流动（寒流、暖流、台风的运动）。

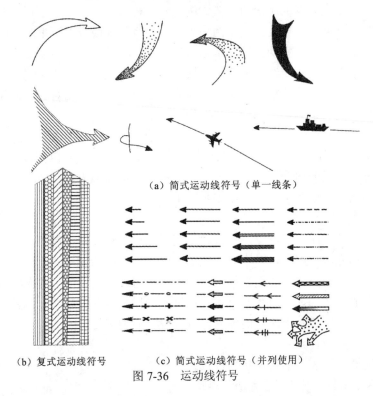

（a）简式运动线符号（单一线条）

（b）复式运动线符号 　　　（c）简式运动线符号（并列使用）

图 7-36　运动线符号

运动线符号的最大特征是带"箭头"的线，在同一形状的运动线上能反映一种事物的多种因素，是一种"以少胜多"的表示法。根据运动线的结构，运动线符号可以分为简式和复式两种。

（1）简式运动线符号。所谓简式运动线，即符号图形为单一的线条（长短视需要）加箭头[图 7-36（a）和（c）]。此种线条也可由纹样构成，一般只表示一种现象，其形状的曲、直、转折主要随现象的运动路线而定。简式运动线可以单用，也可以将许多同形的短运动线符号并列使用。单用时，线的粗细或宽窄须与现象数量大小相适应；并列使用时，虽然是由许多短线符号组成，但仍只表示一种现象（如洋流）的运动状态，线的粗度与现象数量无关。

（2）复式运动线符号。它是由几种运动线组成的"宽线"形式[图 7-36（b）]。在同一路线上并列表示的运动现象较多，运动线的纹样或颜色设计也随之增多。此种并列表示的现象可以是同方向的，也可以是异方向的。对此，必须注意"箭头"的方向、位置，线的排列和纹样之间的差别。因其结构复杂、在图上所占面积较大，容易影响其他要素，设计时要控制"线"的宽度、各单项内容的线宽以达到能区分清楚为条件，即将总的宽度控制在一定范围之内。计算机制图可采用透明色来替代网纹，以防止运动线遮盖太多的底图内容。

7.3.5 面状符号系统的设计

地图上面状符号的概念指的是构成面的内部纹理，包括构成面的单形符号、线条及其他纹理。

1. 面状符号类型的选择

由于构成面的基本形可选择的余地比较多，可以用抽象符号，也可以用具象符号，面状符号相比线状符号的设计难度要小。但是，用具象符号作为基本形，图面会显得复杂，不符合简洁化的要求。一般情况下应采用抽象符号，只有在特殊情况下才使用具象符号：一是读图对象特殊，如文化程度较低或者文化程度差异较大的人群；二是图上内容密度很低。抽象符号较简洁，适用范围较广。

2. 面状符号的对比设计

面状要素差异和点状、线状要素一样，主要表现为类别（横向对比设计）与层次（纵向对比设计）两方面。

1）横向对比设计

面状符号的横向对比应以纹样对比为主。利用几何网纹可以设计出相对多的纹样，但是对地图而言，只要能表达出地图内容，原则上网纹越简单越好。因为地图是实用产品，复杂的网纹会影响地图内容的阅读，增加图面的复杂性，好在一般情况下面状符号的分类不太复杂，复杂的地图就用色彩与网纹配合来达到分类的目的。一般来说，地图上网纹的种类不宜太多，内容简单的地图，无论用具象符号还是用抽象符号，均比较容易表现出要素的差异。当内容很多、类型很复杂时，使用具象符号就不容易表现得很有条理性。

2）纵向对比设计

纵向对比属于不同要素之间或同一要素内部的层次对比，要强调网纹密度、明度的对比。

3. 面状符号的效果

为体现面状符号具有面的效果，同时不对点、线符号造成干扰，面状符号设计要注意两点：一是构成面的基本形的线条宜细不宜粗，最好比边界细；二是明度一般不宜太低，因为面往往被当作背景，不放在第一层面。

4. 网纹密度的设计

在单色地图上，网纹密度经常用于表示区域间某种数值的对比。因为网线的干扰，不容易把握其密度，影响视觉效果。在网纹密度设计中，一定要注意观察网纹的明度对比，不能只关注纹样的变化。

5. 面状符号的应用设计

面状符号又称为面积符号，按其表现形式，主要有条纹样符号、点纹样符号、质别底色符号等。

以一个条纹样或点纹样为基本单元向四方循环连续排列而成的面状符号,属"四方连续"图案符号。此种纹样,除地图外,广泛用于壁纸、花布和其他编织物品的装饰。

面状符号以一组同形的纹样表示同类现象(如森林、沼泽、植被区划、土地利用等)的分布范围,纹样图形随现象的类型变化。为使图面形式活泼多样,条纹样和点纹样符号常常交叉使用。

面状符号可以表示不同现象的相互渗透或过渡,具有制作方便、不受印制条件约束等优点;不足之处是对其他要素的表示有影响,不适合表示小面积图斑。

1)线纹样符号

线纹样符号以线条为主,根据所表示的对象性质,变换线条的方向等组合形式。按线条的方向,线纹样符号分为垂直、水平、倾斜条纹样。

线纹样符号的形式,按图形的结构分为单线平行、双线平行、单线格网、双线格网线纹样。

按线条的形式,线纹样符号分为实线、虚线、实虚结合等线纹样。

线纹样的图形结构简单,因此图形的繁简变换、组合形式尤为重要。每一组纹样的线条粗度、间隔、方向等,布局必须合理,在同一现象分布区域内的线纹样应该统一。如设计一组间隔较小的粗线条纹,一般不宜做过多的变换,以保证纹样清晰,降低图面黑度;若设计粗细或实虚相间的条纹样,主要变换其间隔大小;组成格网的纹样,要使网线具有明显的虚面感,一般只适宜用细线或中粗线条;纹样的线条密集、间隔较小者,线条应实在。总之,纹样线条的粗细、间隔大小要适中,要使网线具有明显的虚面感,一般是:区域范围大者,条纹粗而稀;范围小者,条纹细而密;范围特小者,可用"黑块"表示。

2)点纹样符号

将各单元纹样视为点,并组合排列构成虚面,表示一种面状现象分布的符号,称为点纹样符号。

(1)点纹样的设计要求:点纹样的面积较小,构图力求简单,但可多变,纹样应规则、整齐、匀称,纹样间的间隔视现象面积大小而定。一组面状符号可由一两个单元纹样组成,超过三个单元纹样不仅组合排列困难,图形也不清晰。纹样以等粗的线划构成,尽量少用(或不用)一头粗一头细(或尖)的线条。因此,设计单元纹样时,首选应考虑其形,不同区域的现象应用不同形态的纹样,其次是考虑如何便于组合成大面积的面状符号。

(2)面状符号的排列:全图的单元纹样设计完成后,根据图上要素面积大小拟定好排列方案,用辅助网格(其形状可以是正方形、三角形、平行四边形等,大小视实际需要而定),然后按格网排列纹样。点纹样的大小和间隔,主要根据图上现象的面积大小确定。教学用挂图纹样的大小及其线条宽度等均应做相应的放大,使之与挂图的大小相称。

由点纹样组成的面状符号,分规则和不规则排列。规则的面状符号,须严格按照几何网格排列纹样。不规则的面状符号,其排列方法一般不受网格限制,在现象分布范围内灵活排列点纹样。虽然如此,一般仍要做出一定的网格,先排列几个控制性的主要纹样,再在其间插入其他纹样,使整个图形匀称。

综上所述,由线纹样、点纹样组合成的面状符号,在普通地图和专题地图中都有使用,但以专题地图用得最多,如各种区划图和类型图等。此类专题地图内容分类的多少,由地图用途来决定。类型图内容的分类,一般较复杂,以点纹样为主组成面状符号,符号的图形可多变,如用圆形、方形、菱形等组成,图形大小和线划应协调,并用透明色来配合,以增加对比,扩大区域间的对比度。

7.4 地图符号设计的基本思路与步骤

地图符号的设计原则表明，符号的概括性与逻辑性体现了事物的特征与联系。因此，符号的设计应从分析事物的特征与联系入手。先分析制图对象的特点及分类分级关系，从而明确在使用视觉变量时应体现事物的哪种感受效果，进而选择能最好体现这种感受效果的视觉变量，再利用视觉变量依据合理的构图方法设计出符号图形（武芳 等，2019），可简单概括为四步：通过分析制图对象明确其感受效果；选择体现这种感受效果的最佳视觉变量；用视觉变量依据合理的构图方法设计出图形；构图过程应综合考虑设计原则中的各项要求，反复试验和斟酌，直到确定最佳方案。

【例 7.1】发电站包含水力、火力、核动力三种类型，每种各分大、中、小三级，请设计相应的地图符号。

题意分析：发电站为点状地物，通常在图上表现为点状符号，因此，此题为点状符号的设计问题。

问题分析：发电站的种类显然是事物的类别差异，要利用视觉变量的质量感。体现质量感比较好的视觉变量有形状、方向、色彩。其中，形状和色彩用于点状符号体现的质量感最好。发电站的大、中、小反映的是事物的等级特征，体现等级感比较好的视觉变量有尺寸、明度、密度和色彩，其中，尺寸用于点状符号的等级感最好。

同时，注意两种视觉变量的合理结合是问题的关键，设计方案如图 7-37（a）所示。

【例 7.2】在一幅表示水库分布状况的地图上，水库分为大型、中型和小型，请设计相应的地图符号。

题意分析：水库为面状地物，通常在图上表现为依比例的面状符号。此时，大、中、小规模都为同一符号图形，显然无须设计。由此可见，题意要求设计的是不依比例的点状符号。

问题分析：水库的大、中、小类型反映的是事物的等级特征，也就是要利用视觉变量的等级感。体现等级感比较好的视觉变量有尺寸、明度、密度、色彩。其中，尺寸用于点状符号体现的等级感最好。

由于都是水库，形状等其他变量必须保持一致，设计方案如图 7-37（b）所示。

图 7-37 发电站和水库地图符号设计方案

7.5 实例与练习——基于 ArcGIS 的地图符号的设计与制作

7.5.1 实验目的

使用 ArcGIS 软件，实现地图符号库的设计。

7.5.2 实验要求

基于 ArcGIS 软件，掌握简单符号的绘制方法，掌握创建符号库的方法。

7.5.3 实验方法

使用 ArcGIS 软件自带的工具，在符号库中进行点状符号、线状符号和面状符号的设计。

7.5.4 实验步骤

1. 符号库创建

在 ArcGIS 软件中，符号都存储在样式库中，因此，在制作符号之前，首先创建符号库，其步骤如下。

（1）启动 ArcMap，选择 Customize→Style Manager 菜单项（图 7-38）。

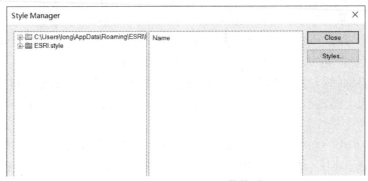

图 7-38　Style Manager 菜单项

（2）在弹出的 Style Manager 对话框中点击 Styles 按钮，选择 Create New Style 菜单项（图 7-39）。

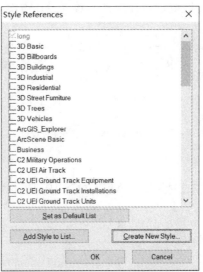

图 7-39　Create New Style 菜单项

在弹出的对话框中选择符号库要保存的路径，键入符号库文件名即可。

创建成功后，在 Style Manager 对话框左边的树状列表中即可显示符号库路径及名称（图 7-40）。

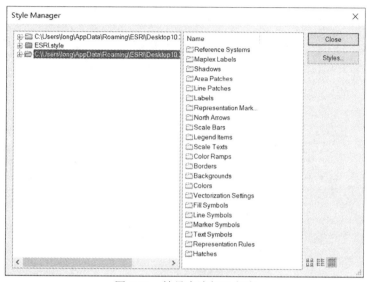

图 7-40　符号库路径及名称

2. 点状符号的设计与制作

点状符号常用来表示在当前的比例尺和表示方式下，呈点状分布的地理实体和现象，不论符号大小，实际上以点的概念定位，而符号的面积不具有实地的面积意义。这时，符号的大小与地图比例尺无关且具有定位特征。它在图中的位置由一个点来确定，即符号的定位点，通常为符号的几何中心点或符号底部的中心点。

在 ArcMap 中，所有的点符号均存放在符号库下的 Marker Symbols 文件夹中。在 ArcMap 的符号样式管理中，提供了 4 种类型点状符号的制作方法，它们分别是 Arrow Marker Symbol、Character Marker Symbol、Picture Marker Symbol 和 Simple Marker Symbol。本小节只就常用的 Character Marker Symbol 展开介绍。

（1）启动 ArcMap，如果未创建符号库，需要创建符号库；如果已经创建符号库，需要添加符号库。

（2）选择符号库名，打开 Marker Symbols 符号文件夹，在右侧窗口的空白处点击鼠标右键，选择 New→Marker Symbol（图 7-41），弹出 Symbol Property Editor 对话框（图 7-42）。

（3）在对话框的 Properties 栏的 Type 项中选择 Character Marker Symbol，接下来根据所要制作的符号的具体参数来对各属性项进行修改。

Units：选择符号的衡量标准。主要包括 4 个选项：Points（像素）、Inches（英寸）、Centimeters（厘米）和 Millimeters（毫米）。

Font：符号样式所在的 truetype 字体库。ArcMap 提供了多种多样的图式字体库，如果系统中的字体库不符合要求，可以通过"控制面板"功能安装新的字体。

Subset：点状符号的样式，如三角形、圆形、菱形等。

Size：符号的尺寸大小。可以手动输入，也可以点击右侧的上下箭头对数值进行更改。

Angle：符号相对于水平位置的旋转量，即符号的偏转角度。

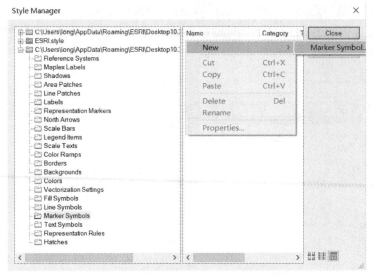

图 7-41　创建 Marker Symbols 文件夹

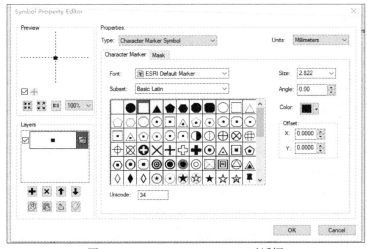

图 7-42　Symbol Property Editor 对话框

Color：点状符号的颜色。

Offset：符号相对于原始位置的 X 方向和 Y 方向偏移量，可以是正数，也可以是负数。

Unicode：符号在字体库中的序号，由系统自动产生。

Mask 标签：如果想给符号加上背景效果，如阴影、边框等，可以在该处进行相关设置，包括添加样式的大小、样式的选择等。

Preview：提供符号参数修改过程中的预览效果，用户可根据具体情况放大或缩小。"+"是一个定位参照标志，可将点状符号的定位点大致定位在其交叉处。

Layers：当符号由几部分构成时，可在此处进行添加、删除、上移、下移、复制及粘贴操作，以此叠加出符合要求的样式。

（4）各属性项设置完毕按 OK 键，输入符号名称（Name）及分类（Category），如图 7-43 所示。

以上 4 步操作完成后，即可制作出符合要求的点符号，但是在实际的应用中使用的地图符号往往比较复杂，并不是简单的几何图形的叠加，因此有时要用到 Picture Marker Symbol

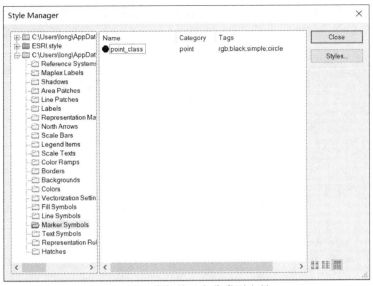

图 7-43　点状符号名称类别注释

这个类型选项来制作符号。此类符号需要使用任何支持输出 bmp 和 emf 格式的绘图软件来创建图片，在 Symbol Property Editor 对话框的 Properties 栏的 Type 项中选择 Picture Marker Symbol，接着按照上面提到的相关步骤对各属性项进行设置。

3. 线状符号的设计与制作

线状符号是表示呈线状或带状分布的物体，为半依比例线状符号，如单线河流、渠道、道路、航线等符号。制作线状符号时要注意数字化采集的方向，如陡坎符号。

在 ArcMap 中所有做好的线符号均存放在符号库下属的 Line Symbols 符号文件夹中。ArcMap 的符号样式管理中提供了 5 种类型线状符号的制作方法，它们分别是 Cartographic Line Symbol、Hash Line Symbol、Marker Line Symbol、Picture Line Symbol 和 Simple Line Symbol。下面以常用 Cartographic Line Symbol 为例，阐述线状符号的制作过程。

（1）启动 ArcMap，如果未创建符号库，需要创建符号库；如果已经创建符号库，需要添加符号库。

（2）选择符号库名，点击选择 Line Symbols 文件夹，在右边空白处单击鼠标右键，在弹出菜单中选择 New→Line Symbol，弹出 Symbol Property Editor 对话框（图 7-44）。

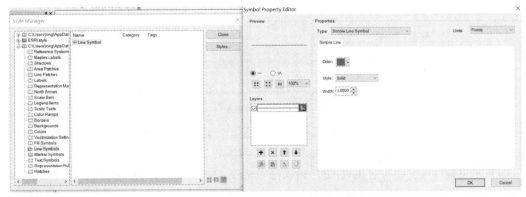

图 7-44　创建 Line Symbols 符号文件夹

（3）在对话框的 Properties 栏的 Type 项选择 Cartographic Line Symbol（图 7-45）设置各属性项。

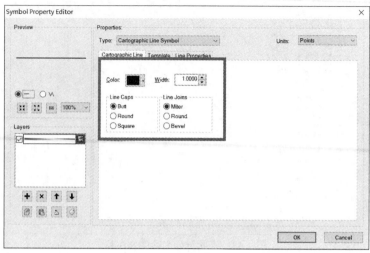

图 7-45　线状符号样式

Width：线状符号的宽度。

Line Caps：线段两段的样式，包括 Butt、Round、Square 三种类型。

Line Joins：两条线段连接处的样式，包括 Miter、Round、Bevel 三种样式。

Template 标签：创建符号的模板，其中的 Interval 表示对话框中每个小方块所代表的标准尺寸，标尺中的黑色小格代表有图形，白色小格代表间隔，灰色小格代表至此为符号的一个长度周期图形（图 7-46）。

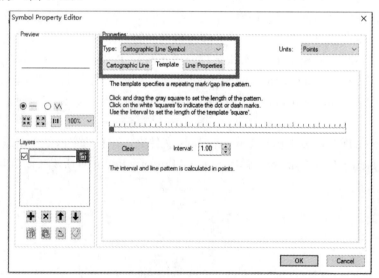

图 7-46　Template 标签

Line Properties 标签：线属性，其中 Offset 是给定线段相对于原始位置的偏移量，Line Decorations 是线段两端的样式选择，如箭头等（图 7-47）。

（4）各属性项设置完毕按 OK 键，输入符号名称（Name）及分类（Category），如图 7-48 所示。

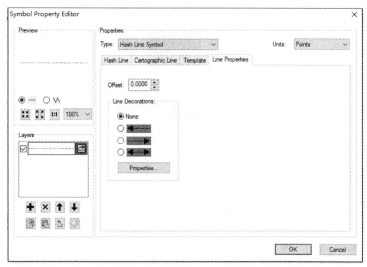

图 7-47 Line Properties 标签

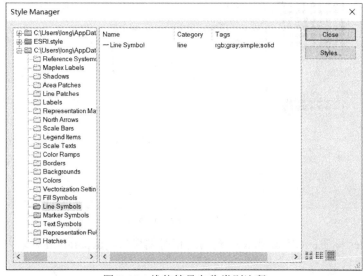

图 7-48 线状符号名称类别注释

4. 面状符号的设计与制作

面状符号具有实际的二维特征，其形状与其所代表对象的实际形状一致。在 ArcMap 中，所有的面状符号均存放在样式库下属的 Fill Symbols 符号文件夹中。ArcMap 的符号样式管理中提供了 5 种类型面状符号的制作方法，它们分别是 Gradient Fill Symbol、Line Fill Symbol、Marker Fill Symbol、Picture Fill Symbol 和 Simple Fill Symbol。下面以 Marker Fill Symbol 为例，阐述面状符号的制作过程。

（1）启动 ArcMap，如果未创建符号库，需要创建符号库；如果已经创建符号库，需要添加符号库。

（2）选择符号库名，点击选择 Fill Symbols 文件夹，然后在右边空白处单击鼠标右键，在弹出菜单中选择 New/Fill Symbol，弹出 Symbol Property Editor 对话框（图 7-49）。

（3）在对话框的 Properties 栏的 Type 项中选择 Marker Fill Symbol，设置属性项。

Marker Fill 标签：Marker 是选择填充物类型，Outline 为面状要素的外边线样式，Grid 和

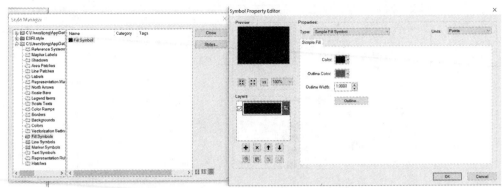

图 7-49　创建 Fill Symbols 符号文件夹

Random 两项是指 Marker 填充物是按一定的顺序排列还是随机排列，若是散列式的面状符号就要选择 Random 项（图 7-50）。

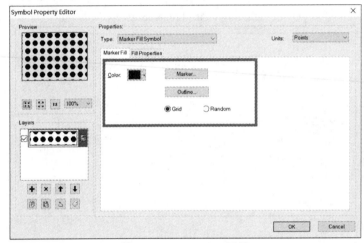

图 7-50　Marker Fill 标签

Fill Properties 标签：Offset 代表填充物的相对偏移量，Separation 代表两个 Marker 符号间的距离（图 7-51）。

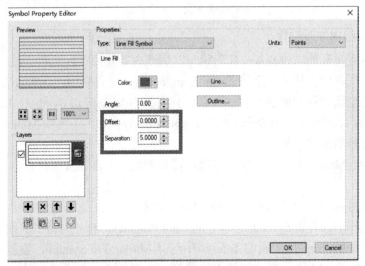

图 7-51　Fill Properties 标签

（4）各属性项设置完毕按 OK 键，输入符号名称（Name）及分类（Category），如图 7-52 所示。

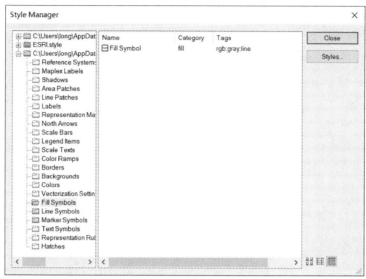

图 7-52　面状符号名称类别注释

5. 其他符号的设计与制作

ArcMap 拥有完整的符号管理系统，除了以上提到的三种符号，还有图例符号（Legend Items）、标注类型（Labels）、背景主色（Backgrounds）、比例尺（Scale Bars）、文本样式（Text Symbols）等，制作者可根据需要选择相应的要素类型，然后按照以上提及的步骤操作，就能够制作出成千上万不同的地图符号。

6. 符号的使用和修改

1）符号的使用

（1）启动 ArcMap，在 Data View 左侧的内容表界面（Table Of Contents）选中 Layers 右键选择"Add Data"按钮如图 7-53 所示，就可以看到该图层。

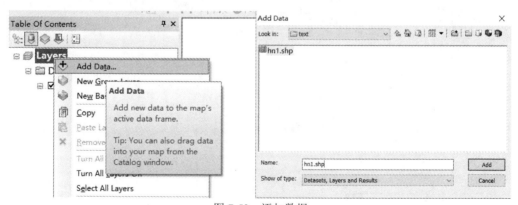

图 7-53　添加数据

（2）双击左侧内容表界面中的样式，出现 Symbol Selector 对话框（图 7-54）。

（3）选择 More Symbols/Add 添加用户自己制作好的符号库，在 Category 中选择分类。

（4）按住滚动条，找到符合要求的符号，点击 OK，用新的符号更新系统默认的符号。

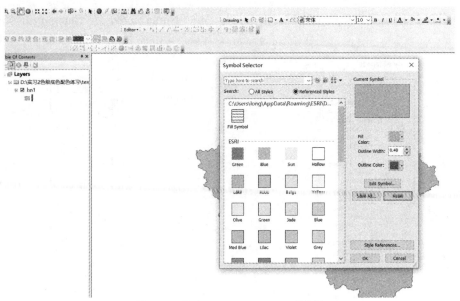

图 7-54　调出 Symbol Selector 对话框

2）符号的修改

将要素添加到图层时，会随机对要素进行符号化，可以对已有的符号进行修改，右击图层的名字，选择 Properties，弹出 Layer Properties 对话框。点选 Symbology 标签项，然后对符号样式进行更改，如图 7-55 所示。

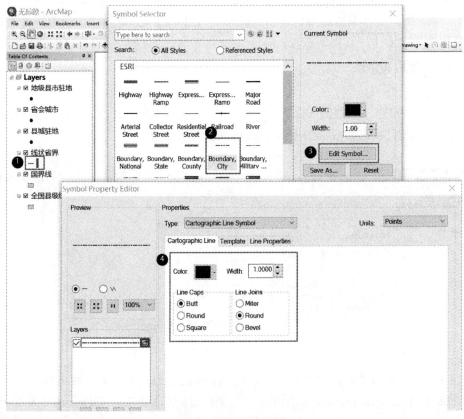

图 7-55　符号属性编辑

设置完成后，点击符号选择 Symbol Selector → Style References → Create New Style…，存入新建的样式库即可，如图 7-56 所示。

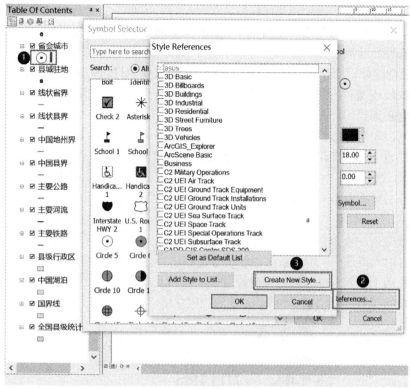

图 7-56　将符号添加至样式库

7.6　实例与练习——基于 CorelDRAW 的地图符号的设计与制作

7.6.1　实验目的

使用 CorelDRAW 软件，进行地图符号的设计与制作。

7.6.2　实验要求

基于 CorelDRAW 软件，掌握绘制简单点状符号的方法。

7.6.3　实验方法

使用 CorelDRAW 软件中自带的工具，绘制点状符号，并以符号库形式存储。

7.6.4 实验步骤

（1）点状符号按其形状分为几何符号、字母符号、象形符号和美术符号等，为使地图符号设计美观，符号设计时要遵循方圆、挺直、齐整、对称、均匀等原则。

（2）点状符号建成入库，必须符合两个基本条件：一是新绘制的符号内部必须呈单一的图形对象，否则建库时会提示"对象太多不能导出"，这可以通过把所有的线段合并或焊接来完成，有的线段还需转成曲线才能合并；二是符号的各个组成部分都必须独自封闭，即使是再细的线条也必须封闭，否则建库时会提示"对象未关闭"。直线封闭的方法有两种：一是用矩形工具绘制，即两条边线要重叠；二是用绘线工具往返重复绘一次，也就是说，绘线到终点后再回到起点上单击即可成为封闭线。例如，英文字母"A"外面要套个圆框，则要先将"A"转换为曲线，再将"A"和圆框合并成一个对象，即可入库，因"A"本身为一个轮廓线封闭的符号，圆框也是一个封闭符号，"A"转为曲线后即可与圆框合并为一个对象，就可入库。

点状符号的入库较为方便，只要单击工具菜单里的"创建"符号下拉式菜单，并在"符号类别"栏内输入类名，确定后新绘制的符号便自动存入符号库，如图7-57所示。如果是在原有的符号基础上重新描绘，最好另外设置图层，而且描绘好后必须删去原图图层，否则不给入库。建好的符号库自动置于 Windows 的"FOTNS"文件夹里。

图 7-57 创建符号

（3）点状符号库的使用方法：点状符号库建好后，只要打开符号库就可以将库中的任何一个符号拖放到页面上任一位置，如图7-58所示。

图 7-58 使用符号库的符号

符号大小的确定：在"符号"卷帘窗的右下方滚动箭头下有个确定符号大小的数值框（单

位为毫米），用户只要输入数字就可以确定符号大小，也可以把符号拖放到页面上后用拖拉角柄的方法进行缩放。

符号颜色的确定：CorelDRAW 符号库中的每个符号都是由线和面经过合并或焊接而成的单一对象，因此线划色和面积填充色就确定了符号的颜色，这可在轮廓线颜色和填充色对话框里选择。如果符号中有几种色或有几种特殊效果，就需要将符号拆分成几部分，分别进行填充。根据需要也可以去掉符号的轮廓线或者只留下轮廓线去掉填充色。

如果要对图上同一种符号的颜色和大小及轮廓线进行修改，只要选取其中一个符号，然后在"查找和替换"功能里查找到相同的所有符号，改变符号某一属性，图面上的所有符号就跟着改变。

对于图上需标注许多相同的符号，如学校、医院、宾馆等，也可以将一个符号作为母体，通过"克隆""仿制"，再用"再制"的方法，只要改变母体的大小或颜色，其他相同的符号也跟着改变，从而达到符号统改的效果。

第8章　地图图面要素的组织

地图的内容不仅由各个符号表现，也由符号之间的关系表现。地图的整体形式结构不是自然而然就形成的，无论从反映内容结构的关系，还是从制图技术规律来看都要求制图者有意识地组织图面所有要素，所以在讨论了各种符号之后，有必要研究如何组织图面要素的问题。

8.1　地图的图型设计

地图制图的最终目的是得到一幅实用美观的地图，这幅地图应该是一个有机的信息综合体，因而图型设计是地图设计过程中要加以确定的基本问题，符号、色彩、文字等都要在这一前提下统一起来，服从整体的需要。

8.1.1　确定图型设计的因素

"图型"是指一定的地图形式，即地图图像的类型。根据地图的性质、内容和资料特点，合理选择表示方法和制图手段，把它们组合起来，确定图面结构和层次，设想地图的整体形式称为"图型设计"（俞连笙 等，1995）。确定一幅地图的图型主要取决于以下因素。

（1）图型的确定与地图设计的其他方面是紧密联系的。地图的内容组合、图幅大小、比例尺和投影选择等都与图型相互制约、相互影响。例如：确定地图内容组合和指标项目时，必须同时考虑它们使用什么表示方法，是否可以配合。确定总的图型时也要考虑各个方面，才能有的放矢、切实可行。

（2）一定的图型要通过表示方法的选择运用和组合来搭配实现，因而必须熟悉各种表示方法的性质特点及其相互配合的可能性。

（3）图型设计要分析制图对象及其资料的特点。制图对象的性质、分类、数量和分布特点不同，需要不同的表示方法。资料类型和详细程度也限制表示方法的选择。例如某种现象的分布，有详细分布的图形资料或只有概略说明的资料，其表示方法显然不同。如果有适于表现主题的遥感影像，那就可以用来设计影像地图。

（4）图型要适应地图的用途和使用对象。不同文化背景、不同职业、不同年龄的读者对地图的接受能力不一样，不同用途也需要不同的地图类型。

另外，设计地图类型还要顾及技术条件和成本标准。包括图像处理的技术能力、制图和制印工艺水平。图像结构复杂，技术要求高，费用也高；图像简洁、用色较少，则可节省成本。

8.1.2　几种常见的图型

地图的类型可按不同的标准来划分。

1. 按图像的视觉形态分类

按图像的视觉形态,地图可分为线划图型、影像图型和立体图型。

(1) 线划图型。线划图型是最常见的图型,由点、线、面符号和色彩构成,最典型的是地形图。

(2) 影像图型。由于遥感技术的发展,遥感影像应用于地图制作已十分方便,以这些图像纠正镶嵌为基础,加绘必要的线划和注记,制成的影像地图真实、生动,信息丰富。但这类地图信息直观性稍差,适合熟悉影像解译的专业人员使用。

(3) 立体图型。制图对象有很多是呈立体空间分布的,因而需要创造一个三维形象表现它们。还有一些对象本身是平面的,但为了把它们表现得形象、生动一些,有时也绘制成立体的图像。建立立体形象有两种方式:一是制作立体模型地图或塑料压膜地图,主要用于表现地势等真实的立体对象;二是利用可造成空间感的视觉经验(单眼线索),诸如写景、线性透视、晕渲等,在平面的地图上形成一定程度的立体感。这种图型既可表现地势等立体对象,也可表现非立体对象。鸟瞰图、地貌晕渲图、块状统计图、统计立体图等均属此类。

2. 按图像结构的复杂程度分类

按图像结构的复杂性,可以把地图分为简单图型和复合图型两种。

(1) 简单图型。地图内容单一,除少量地理基础要素外仅表示单一内容或单项指标,因而表示方法和图面结构都很简单。有两类专题地图属于简单图型:一是解析地图,直接以观测资料或单项统计资料作图,如等值线图、点值图、范围图、分级统计图等;二是合成地图,在制图过程中对多因素指标进行分析综合,构成更高一级抽象概念的分区成分类,尽管分类分区包含着复杂因素,但表现在图面上却十分简单,如区划图、类型图等。

(2) 复合图型。为了给同一主题提供多指标的说明或提供相关因素以便于综合分析,常常需要在同一地图上表示多项内容和指标。它们在内容上是相联系的,但又是独立完整的,因而要用不同的表示方法。这类地图的图像结构比较复杂,设计也比简单图型要难一些。

3. 按图面的分割构成分类

除上述分类外,还可以按图面分割构成,把地图分为主单元图型和多单元图型。

(1) 主单元图型。一幅地图上只安排一个主题区域,并占据图上大部分面积,其周围可安排少量区位图、扩大图等插图或独立统计图表,这类图图型大方、庄重,主图比例尺较大,主题明确。常见的政区图、普通地理图、地势图等大多采用这种图型。

(2) 多单元图型。同一幅面上安排两个或两个以上的地图单元,它们或表现同一主题不同侧面的相关指标,或表现主题虽不同却有紧密联系的相关指标。这种图型图面安排灵活生动,图面利用率高,容纳信息量大,有利于地图主题的深化,而且比较经济。一般资料性、知识性参考专题图或某些专题地图集常采用这种图型。

8.2 地图图面要素组织的意义及视觉层次

地图信息并不仅仅存在于每一个具体的符号之中，地图符号的种种组织关系也载负着不同的信息，而且是更深刻、更实质的信息——间接信息。一幅成功的地图不仅取决于每一个符号的设计质量，还取决于如何组织好这些符号。

8.2.1 地图图面要素组织的意义

地图作为一种信息载体，整体形象的信息价值和形式要求是不容忽视的，人的视觉具有排斥单调和不明确信息的倾向，人们在观察任何图像时都会力图找出其中的意义，自动地试图组织视场中看到的一切，以形成视觉上的意义。人们不可避免地要从结构上去观察各要素之间的主次关系、逻辑关系、空间关系等。所以，如果地图图像既反映了制图对象的结构关系，又符合视知觉的结构要求，就一定能建立起有效的信息传输基础。

（1）表现制图对象的结构关系。地图所表现的客观世界是复杂多样的，其复杂性不仅指对象的多样和变化，还表现在它们之间的联系。所以制图者要进行分析、综合、分类和分级，即总结出它们的结构和层次，然后构筑起与之相应的图像形式。例如，在政区地图上要表现国界、省界、县界的不同视觉等级，在气候类型地图上要以不同的视觉差异反映出基本的气候类型区和第二级、第三级类型区。从根本上说，这种地图的表层图像结构是受地图对象结构（深层结构）制约的。一幅理想的，真正称得上是客观世界符号化模型的地图，其表层结构与深层结构应达到完全的对应，即符合同构关系。

（2）表现地图内容的主次关系。地图表现的对象不仅有它们本来就具有的结构关系，而且地图的用途、对象和主题的不同必然也会影响图上各项内容、各个要素之间的主次关系。这种主次关系可能与对象的各项结构秩序一致，但也可能不一致。例如在城市建筑图上，地面建筑、街区是主要内容，地下线路则相对次要。然而在专门的地铁交通图上，地铁线路及附属建筑就成了主要内容，地面街区反而成了较次要的底图要素。不论哪种情况，制图者都应设法把主次关系表现出来。

（3）安排图面感受秩序。地图图像的空间特征使地图信息的传输不像语言、文字那样有一个固定的顺序，人们经短暂注视就可以从整体结构上把握制图区域的特点。然而较深入地认识具体对象还是需要一个一个地进行，这就要把图上要素有秩序地组织起来，使用图者能自然地逐个提取认识对象。当然，这样的感受秩序要符合地图内容、主题的要求。

对图面要素的组织体现在两个方面。其一是视觉层次的安排。即以不同的表示方法、视觉形态和图解手段，使处于同一视场内的地图要素形成几个感受水平不同的层次。重要的处于上层，相对次要的处于下层，相容相约，互不干扰，这是现代地图的一个重要特点。其二是图面分割与配置。现代地图上在地图外附加插图和其他非制图要素的情况很多，尤其人文地图常采用多单元图型，并常有较多的图表或文字说明。因而要从整体上安排图面单元的位置、顺序、大小、聚集等，以引导读者按合理的次序认识地图内容。

8.2.2　地图的视觉层次

对于内容丰富的复合型地图，多层的视觉层面是安排图面要素的必要方式。"视觉层次"是指采用各种图解手段，使图面各要素分别处于不同的感受水平上，使得原本是平面的地图产生一种假象：似乎成为具有一定厚度的空间，有的图像突现于上层，有的则隐退到下层，从而方便阅读使用。

1. 地图视觉层次的表现

地图视觉层次的多少和表现方式取决于地图的类型、用途和内容组合。普通地图用户对象广泛，是一种通用性地图产品，六大要素基本保持平衡，无明显的主次之分。尽管如此，也需要具有一定的层次感，如居民地、道路之类的社会要素大多用黑色而处于最明显的层次，而蓝色的水系和棕色的土质地貌则相对处于较低的视觉层次。在读取社会要素时能够轻易地忽略蓝、棕要素的存在，而在读取地貌时也可排除其他要素而把所有等高线作为一个整体来感受。专题地图由于其内容的多样性和专门性，往往要求更明确地表现地图内容的结构关系和主次关系，因而也更需要多层次的图面结构。专题地图上要素的层次主要体现在以下三方面。

（1）专题要素和底图要素的层次差别。专题要素作为地图的主题必须以较突出的整饰效果置于上层平面，而底图要素为主题内容提供所处环境，是定位、定向的地理基础，一般应处于不太明显的层次。专题要素和底图要素的分层是专题地图最基本的层次。

（2）不同专题要素的层次差别。一幅地图上的专题要素常常包括多项指标，它们所要求的视觉层次也是不同的。例如由于专题要素的重要程度或逻辑次序不同，有的要在上层平面，有的则应在下层平面。在有些地图上，尽管几项要素并无明确的主次之分，但为了提高图面清晰性和可读性，需要拉开它们的感受层次。另外，各专题要素因为不同的分布特点而采用不同视觉形态的表示方法也会造成层次差别。例如，定位符号和面积底色重叠时就很容易产生不同的层次感。

（3）同类要素中不同等级符号的层次差别。同类要素中较高等级的符号应位于上层平面，较低等级的符号应位于较低层平面。

2. 影响视觉层次的因素

地图上是否需要分层，以及分层的多少主要由以下因素决定。

（1）图型因素。简单图型内容单纯，因而大多只分专题要素和底图要素两个层次，如区划图、类型图、等值线图等；复合图型因表示方法和符号种类较多，大多需要多层结构。

（2）制图对象结构层次和分类多少。制图对象结构层次多，分类、分级多，往往需要较多的视觉层次来表现，反之则只要简单地分层即可。

（3）地图性质、用途因素。例如教学用挂图、通俗性旅游图等一般层次不宜多，内容简明，一目了然，而各种专业性图件和科学参考地图则往往制作成结构严谨、整饰精细的多层次地图。

总的来说，地图视觉层次要从图面内容的需要和图解可能性两个方向确定。地图上各种符号的形状、大小、粗细、颜色等都会有差别，也就会形成许多感受层次。但是制图者并非要把每一个对象都安排一个层次，而要有意识地把众多符号组织到几个有限的层面中，这样才能避免混乱，形成比较明确的、相对稳定的层次结构。为此，某些大体应处于相同感受水平的符号要压缩其视觉差别，以确保几个基本视觉层面的明显间距。

8.2.3 视觉层次的形成

地图平面上的层次结构是由视觉刺激的不同特点造成的，完全是一种视知觉的心理反应。不同类型的图像、不同图像的刺激强度差别，在视网膜上形成刺激模式的强度和先后次序导致了这种层次感。不同的视觉层次可以说就是不同的醒目程度。

视觉层次与视觉对象的立体感不完全相同。平面上的立体造型主要通过图形的透视规律或光影特征体现。不过立体造型手法可以用作建立视觉层次的手段。

眼睛接受图像刺激的程度受图像特点和读者心理规律的影响，这些影响综合表现为视觉对客体注视的选择性，视觉总是首先选择冲击力强、有吸引力的对象。

（1）强度选择性。如图 8-1 所示，不同大小的圆吸引视线的先后一定是不同的。最大的圆必然首先被注意，然后视线逐次被引向较小的圆。从实用的角度来说，符号的大小和对比度都可以被看作强度因素。

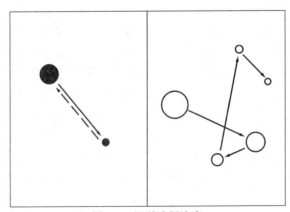

图 8-1　视觉选择次序

（2）理解选择性。人们能很快注意到熟悉的、容易被理解的形象，而对无意义的、不熟悉的形象则往往不大注意。如图 8-2（a）所示，在一组无意义图形中，一个生动的汽车形象

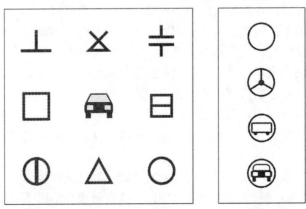

（a）熟悉的形象符号　　　　　（b）不同形象的符号

图 8-2　被视觉首先注意的形象生动的符号

符号肯定首先引起视觉的兴趣。若是在短暂的瞬间看一眼这组图形，也许只有汽车符号能在人脑中留下印象，而其他图形却毫无印象。图8-2（b）中同样可代表汽车的符号，由于其形象可理解程度不同，也会表现出对视觉引力的差别。显然，最下面的符号具有最好的视觉引力。

（3）新奇选择性。人的天性不喜欢单调，在大量单调的形象中，视线总是首先指向其中特殊的部分，即形状、结构、颜色、明暗、方向等与周围大多数不同的形象，如图8-3所示。

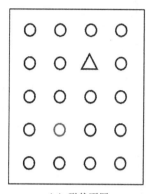 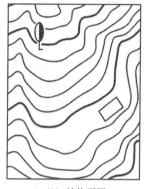

（a）形状不同　　　　　　　　　（b）结构不同

图8-3　被视觉首先注意的与众不同的符号

（4）美观选择性。对美的趋向是人的普遍天性，视野中较美观的图像总是较容易吸引视线。例如，图像色彩鲜艳、配色和谐，图形对称、均衡、比例协调、多样统一等，都对视觉选择有一定影响。

根据上述选择原理，可以采用以下方法组织地图的视觉层次。

（1）符号尺寸大小。在其他因素相同的条件下，图形尺寸直接决定感受水平的高低。尺寸大、线划粗，其视觉选择性高，就处于上层平面。反之则沉于下层平面。图8-4和图8-5分别显示了使用尺寸变量形成点状符号和线状符号的视觉层次。

（2）色彩的变化。用色彩变化造成层次差别主要是利用色彩的以下性质。

色彩的强度变化：颜色越饱和，其视觉刺激性越高，越突出。颜色的明度也有同样的效

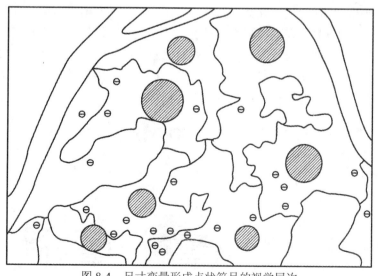

图8-4　尺寸变量形成点状符号的视觉层次

图 8-5 尺寸变量形成线状符号的视觉层次

果。在一般白色纸面或明亮环境中,颜色越暗越醒目,越有分量。所以上层平面的符号用色要鲜艳或暗些,下层平面的符号用色则应浅淡或偏灰。

色彩的前进与后退:在符号形式和尺寸相同的情况下,暖色符号比较突出,饱和度高的鲜艳符号也比较突出。相反冷色和饱和度低的符号往往退于下层平面。不过色彩的进退感并不是绝对的,它受明度等因素的影响很大,例如在浅淡背景上深暗的冷色也可以跃居上层平面。

色彩透视:透视效果主要与饱和度有关,需要突出于上层平面的符号适宜使用新鲜明朗的颜色,需要隐退的符号宜用偏冷的不饱和色,使之看上去远。所以专题地图上底图线划常常使用青灰、钢灰、绿灰之类的中明度复色,使之处于下层平面。

(3)对比度的使用。对比即差别,对比度是产生视觉冲击力的重要因素。对比可以由任何图形变量的差别造成,其中最重要的是明度对比。

符号与背景的对比:要使某些符号突出于周围环境,一定要使它们与背景形成较强的对比。上述符号大小利用色彩变化也是形成对比的一些方法,此外还有很多对比手法,例如在某种颜色背景上用与之成对比或互补色的符号、在彩色背景上用黑白符号、在色彩较单一的背景上使用多色结构符号、在细疏图纹符号的背景上安排结构粗密的符号等。

符号内部强对比:图形符号的内部对比度对比除了以其强弱两方分别构成上层平面和下层平面,当其出现在同一图形符号中时,也会加强这一符号的视觉冲击力,使其感受水平大为提高。所以采用内部强对比结构的符号是提高视觉层次的重要方法,如图 8-6 所示。

图 8-6 符号内部强对比

（4）利用不同的视觉形态。线划符号和面积色彩属于不同的视觉形态。尽管面积色彩也有轮廓线，但经验证明当采用面状设色表现范围时，其轮廓线在视觉上就会作为面积色的一部分而降低其明显性，从而大大减少对其他线划的干扰。所以在地图上一部分轮廓范围内设以颜色，使之与其他线划分离，有利于形成层次差别。

（5）立体装饰。透视法则等立体装饰方法能造成图面凸出于平面背景的感觉，因而可用于构成视觉层次。最方便的立体装饰是加阴影[图 8-7（a）]。在符号一侧加阴影不仅体现其体积感，而且加强了符号自身的明暗对比，使符号很容易突出于上层平面。采用透视图形[图 8-7（b）]与其他平面图形相比更容易从背景中突显出来。遮挡（覆叠）[图 8-7（c）]也是形成一定空间层次感的方法之一。立体装饰的方法能在二维平面上形成三维立体的视觉效果。

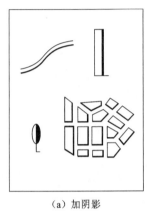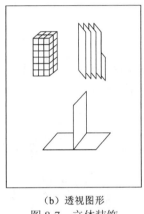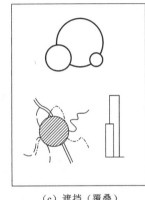

| （a）加阴影 | （b）透视图形 | （c）遮挡（覆叠） |

图 8-7　立体装饰

（6）符号形象生动性。符号形象越生动美观，越容易被视觉注意。因而，需要放在第一层面的内容常采用艺术符号表示。在许多城市地图上，重要建筑物常用透视符号表示就是这个道理。

上面列举的方法都是形成层次差别的有效手段，但由于地图对象和图面条件复杂，有时单一的方法效果有限，在实践中常常把几种方法配合使用，以加强分层效果。

8.3　地图图面元素的配置及其构图规则

8.3.1　图面配置形式的演化

主图是图幅的主体，是图面配置的核心。由于主图数量不同而形成的主单元图型和多单元图型在配置上表现为不同的形式。

1. 主单元地图

主图在图廓内一般占据中心位置，并尽可能居中。当需要安排较大或较多附图、图表或其他附属单元时才可把主图适当偏移。

对较大的制图区域作分幅图或对其中局部"开窗"截幅，一般都采用矩形制图范围。最典型的是系列比例尺地形图，普通地理图大多也采用这种形式。随着现代地图类型多样化，图面配置形式也日趋灵活。例如采用不留图边的满版印刷方式，或无邻区的"岛状"地图形式。满版形式可以最大限度地利用幅面，图名、图例等附属元素可以"开窗"或"悬浮"式配置。"岛状"图则略去一切邻区内容，因而图面简洁，主题突出，可以简化编图工艺和节省工作量，而且空白区域便于安排较多的附属元素。在许多专题地图设计制作中，这是值得推广的方式。图8-8（a）列举了主单元地图配置方式的变化。

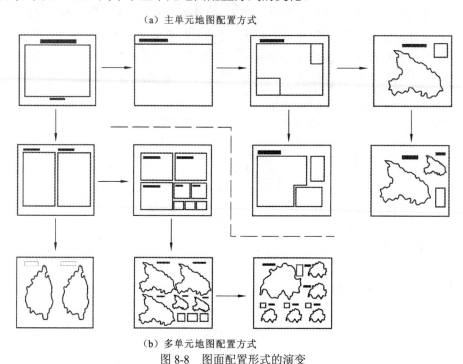

（a）主单元地图配置方式

（b）多单元地图配置方式

图8-8　图面配置形式的演变

2. 多单元地图

两个或两个以上主图的图面配置方式更为灵活多样，设计安排也复杂一些，矩形制图范围的图面分割一般应在矩形基础上进行，如果区域形状特别，可采用非矩形分割方式。岛状地图特别适合多单元配置，可以根据区域形状特点灵活安排，这在参考性地图集中使用得很普遍。图8-8（b）列举了多单元地图配置方式。

制图区域形状是影响图面设计的重要因素，无论图幅形式或图面分割都要首先考虑区域形状的需要。如东西延伸的区域适合横式图幅主单元或四分单元配置，也可用立式图幅上下二分单元配置等；南北延伸的区域则适合立式图幅主单元或四分单元配置，也可用横式左右二分单元配置等；当区域呈倾斜或弯曲延伸或各单元用不同比例尺时，图面分割灵活性更大。总的来说，要因图制宜，不能简单套用固定的程式。

8.3.2　图面配置的要求

（1）保持整体图面清晰易读。保持图面清晰易读性，这是设计图面配置的基本要求之一。一方面，地图各组成部分在图面的配置要合理；另一方面，所设计的地图符号必须精细而且便于阅读，选择色彩的色相和明度易于辨别，可以方便地找到和区分出所要阅读的各种目标。

（2）保持整体图面的层次结构。为了使设计的主题内容能快速、准确、高效地传递给用图者，必须处理好图形与背景的关系，使主题和重点内容突出，不受背景图形的干扰，整体图面具有明显的层次感。为此，在地图设计时，主题和重点内容的符号尺寸应该比其他次要要素符号大而明显，颜色浓而亮，使其处于整个图面的第一层次，其他要素则处于第二或第三层次。

（3）保持整体图面的视觉对比度。视觉对比度是表达图形信息传递质量的重要指标。地图设计时，可以通过调节图形符号的形状、尺寸和颜色来增加对比度。对比度太小或太大都会造成人眼阅读的疲劳，降低视觉感受效果，影响地图信息的传递。

（4）保持图面的视觉平衡和整体协调。保持图面的视觉平衡和整体协调是地图图面设计中最重要的基本要求。地图是以整体的形式出现的，然而一幅地图又是由多种要素与形式组合而成的。这就涉及若干有对应关系要素的配置，如主图与附图，陆地与水域，主图与图名、图例、比例尺、文字及其他图表（照片、影像、统计图、统计表），彩色与非彩色图形等。图面设计中的视觉平衡原则，就是按一定方法处理和确定各种要素的地位，使各要素配置得更合理。这往往没有固定的标准，必须通过图廓范围内的试验，取得满意的组合。把这些试验做法归纳起来，就是要使图面中的各要素不要过亮或过暗，太长或太短，偏大或偏小，位置安排不当，与图廓靠得过远或过近。图形变量中色彩、亮度、尺寸、形状、密度、位置的调整，也都可能影响视觉平衡。

8.3.3 图面附属元素的配置

图名、图例、比例尺、文字说明及附图等都是读图的必要工具和补充，是地图上不可缺少的附属元素。主图虽然是图面配置的关键，但附属元素的安排也关系地图使用的方便性和美观性，因此必须统一进行规划设计。

1. 图名

图名是一幅地图内容实质的概括反映，应名副其实，让人一目了然，故力求简明、明确。单幅图的图名一般应完整，但又不宜烦琐，图名中的地名能用简称时就用简称。地图集中图名一般可简略，连"图"字也可省去，只要点出主题即可。图名大多用横排，一般置于北图廓外居中位置，小型地图或地图集中的图名也常常放在左上方。当图廓外空白不多而图内有较大空白（如邻区或水域）时，可将图名置于图内，此时一般应沿北图廓置于左上方或右上方。竖排图名不论在图廓内外都应放在右上角或左上角，只有某些小型地图、书刊插（地）图等才能把图名放在图幅下部。多单元地图上，总图名和分图名的大小、字体和位置都应体现其主次和从属关系。满版印刷的地图，其图名可选择图面上方较空的位置，可用框线框出，也可用醒目的字体"悬浮"地放置在要素较少的图区，如图 8-9 所示。

2. 图例

图例是读图的直接工具，可安排在主区四周的空白位置，一般应安排在主区下方或左右侧偏下的地方。空白较大时，图例应集中排放；空白较小而分散时，图例可分为几组，但不宜分得太细碎。现在系列比例尺地形图和土地利用图等均统一规定把图例放在右侧图廓外，使用很方便；大幅面地图和挂图一般都应把图例放在南图廓附近；地图集中图例和比例尺安排可灵活一些，但要注意图幅之间尽量一致。图例是否加框要根据图面情况决定，在矩形截幅或满版图上图例一般加框，使之不显混乱；在无邻区的岛状图上，图例应放在主区近侧，可不加框。

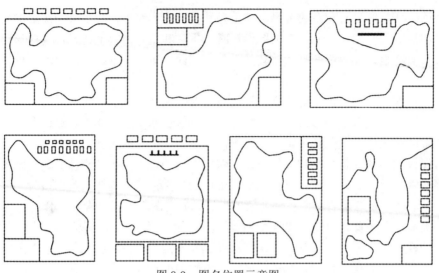

图 8-9 图名位置示意图

3. 比例尺

比例尺在图上一般不占显著位置。在大多数情况下，比例尺附于图名之下或与图例排在一起比较好；在有图廓而图名置于图外时，比例尺要单独放在南图廓外或图例框内；当图名在图廓内时，往往将比例尺放在图名下方；较大的挂图则大多把比例尺与图例放在一起。地图上最好把数字式比例尺和图解式比例尺同时标出。相对而言，图解式比例尺更为直观，使用方便，且不受缩放的影响。

4. 图廓

图廓分内图廓和外图廓。内图廓通常是一条细线并常附以分度带。外图廓的种类则比较多，地形图上只设计一条粗线，挂图则多饰以花边。内外图廓间有一定距离，当图面绘有经纬网时，经纬度注记一般注于这个位置，若图面上没有坐标网，这个间隔可以小些。

5. 附图

局部放大图、区位图、嵌入图、补充图等附属图件和统计图表的安排没有一定位置要求，主要以主区空当而定，可以压盖大片的邻区或水域面积，但要注意保持图面的视觉平衡，避免影响阅读图面主区。当这类图、表较多时，可适当缩小主区比例尺或偏置一边，但一般应避免附图放在主图正上方。扩大图还应注意与被扩大的区域尽可能接近一些。

6. 图表和文字说明

为了帮助读图，往往配置一些补充性的统计图表，以使地图的主题更加突出。附图和图表、文字说明的数量不宜过多，以免充塞图面。文字不多时主要考虑与被说明对象的关系插空安排；编制和出版说明一般应放在南部图边附近；某些资料性地图（集）文字说明较多，图文并茂，此时就应作为图面的一部分统筹安排。

总的来说，附属元素的配置以主图为主导。多单元图上附元素与主图关系要清楚，有逻辑秩序，形成整体，布局上要有均衡感。

8.3.4 图面符号的配置

图面符号的位置一般都是由它们的地理坐标确定的，尤其是在普通地图上，符号的定位及其关系的处理都有统一的规定，而专题地图上很多符号的定位配置要灵活得多。这是因为：一方面，很多制图对象的空间关系在缩小的地图上无法如实表现出来；另一方面，很多对象的关系并非简单地由坐标就可确定，还要受地图比例尺、内容多少、符号类型等多种因素影响，需要根据不同的图面情况认真处理，使之关系合理，清晰美观。例如，小比例尺地图上某些定点符号的配置常常比较困难，特别是定位于同一点的符号较多时更要合理安排，给读图者正确的定位信息。

又如定位于区域的符号（分区图表），只要每个符号都在其所属区域内就可以说是正确的，但符号放置在区域的什么地方才能让人感觉最清晰？这也需要慎重安排。一般来说可以提出几个原则：①符号的定位点（圆形的圆心、柱形的底边中点等）必须落在本区域内；②符号尽可能处于区域的中心；③符号最好离该区域的行政中心居民点较近。如图 8-10 中（a）图中区分图表的位置较差，改进后的（b）图上的关系就非常清楚。

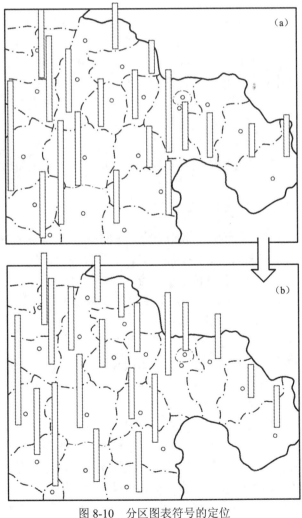

图 8-10　分区图表符号的定位

当区域面积很小或图表密集时，很难保证全部符号的定位都合理，可以将某些符号移位并添加说明其归属，或者索性把少数符号移到图外空白处，同时标注其归属注记。

在多个符号相互组合时，还要注意既保持它们的相互关系，又使之分布紧凑，感觉均衡优美。有些符号过于密集而又不便移位、出现相互压盖时，要考虑其主次关系，在通常情况下应优先保持较小符号的完整。

8.3.5　图面配置的构图规则

地图图面配置方式应该是灵活多样的，如果全都按照地形图或普通地理图的传统式样来处理，就会形成千篇一律、呆板陈旧的地图形象。制图者应该权衡各种因素，因图制宜地构思和设计出适于具体图幅的构图方案。构图是一个思考和组织的过程，又表现为图面单元的布局。地图的构图虽没有固定的模式，但也不是没有规律可循，如绘画构图的基本法则大多可以借鉴。当然，地图构图有它自己的特殊性和要求，与绘画相比，地图构图没有那样大的自由度。首先，构图要保证地图主题的表现和信息传输的合理程序；其次，构图应符合设计的形式美法则，更着重于对称、均衡、和谐、统一。

1. 主从明确

地图构图要以各部分之间的联系为出发点，单纯着眼于形式不一定能取得好的效果。如同一幅绘画或摄影作品必须有一个突出的趣味中心（焦点）一样，地图也应有它的主题中心，这个中心在构图上要表现出它的优势，没有优势目标的图面主题将不会突出。某些资料性多单元图上可能包含好几个相关联的主题，那就要求在各自的图面区域中去突出各主题。

从构图上突出主题可以采用的方法：①表现主题的图一般应较大，要避免附图和图表大于主图的现象；②主图在空间上占据优势位置，大多安排在幅面中间。当附属图件较多时，主图应尽量放在左上方；③主图在符号、结构或色彩上可表现出较强的力度，感受性较高，首先吸引读者的视线；④多单元图面要注意各单元之间的主次或逻辑秩序，使读者能自然地从上到下、自左至右深入读图。

2. 图面均衡

视觉上的均衡是人眼对所看到的一切物体的一种心理上的需要，不均衡的构图看上去不舒服。它类似于物理的平衡关系，却又不能计量，是一种心理直觉。

（1）对称均衡。主图居中、图名位于正上方，图例等分列于图下，这是最常见的构图形式。在多单元图上，几个相同比例尺单元左右或上下对称排列，也属于这种类型。这种形式既方便又容易保持均衡，但这种构图形式使用太多会令人感到呆板。所以在主图对称排列的地图上，其附属元素的安排可以有些变化，以增加图面生气。

（2）不对称均衡。在很多情况下图面不能采用对称结构，这就要注意调整好图的大小、位置、疏密并以附属单元的大小、增减等方法谋求不对称条件下的均衡，使图面左右、上下具有大致一样的视觉分量，重心在图幅中间附近，如图 8-11 所示。

（3）以附属元素取得均衡。附属元素安排的灵活性很大，可以对图面均衡起很大作用。例如当制图区域形状很不规则时，除采取斜置等措施外，用图例、比例尺、图表等加以补救是很有效的途径。如图 8-12 所示，主图形状歪斜，附属元素安排得当时，构图效果就可改善。

（4）图像密度和色彩的均衡。均衡感不仅取决于图形大小和位置，还取决于地图内部的图形密度。如果图形的一边线划符号密集，另一边简单空旷，就会感到不均衡。同样，图面

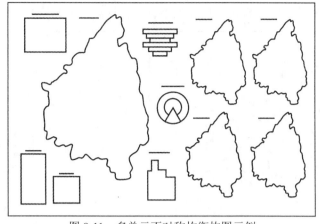

图 8-11　多单元不对称均衡构图示例

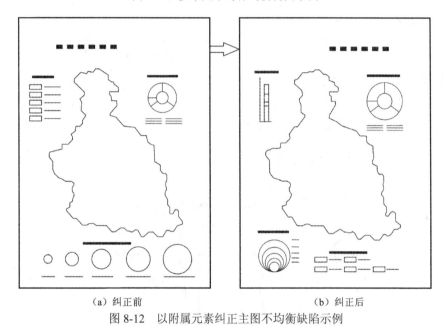

（a）纠正前　　　　　　　　　　　（b）纠正后

图 8-12　以附属元素纠正主图不均衡缺陷示例

色彩处理也不应一边浓重而另一边过分浅淡，或一边对比过强而另一边对比太弱。

3. 疏密匀称

绘画作品强调变化，常采用疏密变化很大的构图，而地图的构图则更需强调匀称。

（1）均匀。主图和其他附属元素在图面的分布大体均匀。当然地图图面的均匀是与绘画比较而言的，不可机械地理解。过分拘谨和拥塞的构图会让人感到死板，缺乏活力。有些好的地图作品在均衡匀称的前提下安排适当的图面空白，给人以宽松、有变化的活跃感。

（2）比例。地图在图幅内所占的面积太大则显得拥挤，太小则显得空荡。四周的空白和各单元之间的间距要适当，多单元图面分割的尺寸比例关系也要尽量协调。

（3）节奏。节奏即有规律地重复，图像分布上过多的相似使人感到单调，过多的差异又显得杂乱。图像、图表、线条和色块的安排应表现出有规律的变化。例如分区统计图表的配置，除要符合其定位规则外，还应尽可能使其分布形成有变化的周期性运动形式。这些图表形状相似，高低有变，聚散有度，引导读者视线进行有规律的运动，从而产生有节奏的美感，如图 8-13 所示。这种节奏感还与图表尺寸大小有关,过分接近则缺少变化。

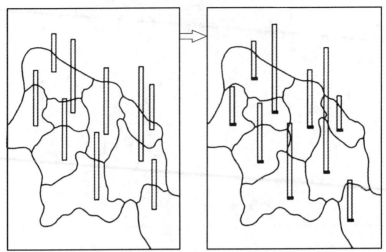

图 8-13　分区图表的适当分布产生的节奏感示例

4. 和谐统一

形态和色彩多样的图像组合可使图面生动活泼,但如果不能使之和谐统一就会显得松散零乱。因此在提倡构图形式和表现方法多样化的同时,也要注意它们之间的和谐统一,如图 8-14 所示。

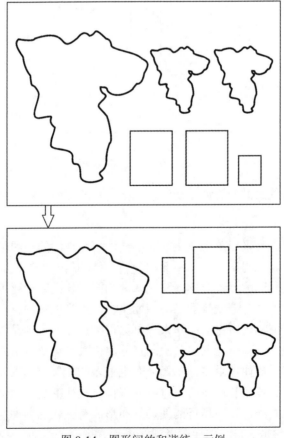

图 8-14　图形间的和谐统一示例

（1）构图紧凑。在图面有效范围内，各制图单元和非制图单元都要排列紧凑避免松散。

（2）关系协调。各单元配置时要注意相互避让和补充，不应在某些地方产生冲突。图表和文字说明也要注意与主图形状所留空当相适应。另外，符号和图表多样化要适当，不顾内容和图面的统一，盲目追求新奇多样未必能有好的效果，如图 8-15 所示。

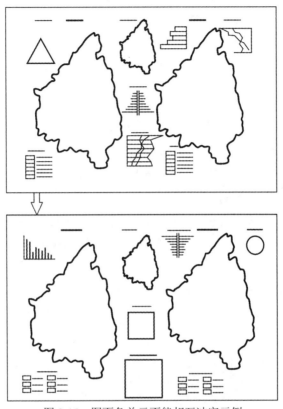

图 8-15　图面各单元不能相互冲突示例

（3）整齐一致。图面各单元组成的整体外围要整齐；多单元图上各主图与其相应附属元素应尽可能整体协调；地图集中各图幅构图格式虽可多样，但其外围元素如图名、图边、版心大小、页码等都必须统一等。

8.4　实例与练习——专题地图图面的设计

8.4.1　实验目的

练习配置多种专题地图图面，深刻认识地图图面要素组织规则。

8.4.2　实验要求

基于 CorelDRAW 软件，根据地理数据的特点，设计出多种合理的地图图面，包括主单元图型和多单元图型。

8.4.3 实验数据

虚拟数据曲岩省行政区划边界数据文件。

8.4.4 实验步骤

1. 文档创建

新建图面配置文档，保存文件命名为"图面配置"。

2. 主图轮廓数据导入

首先可以根据主图形状选择图面为横向或者竖向，本小节以横向为例。其次，确定地图类型是主单元图型或多单元图型，将主图放置于合适位置，并缩放至合适的比例尺大小。可根据需求，先绘制好图框，也可以绘制几条参考线，以便将主图放置在中心位置。本小节以配置主单元图型为例（图 8-16）。

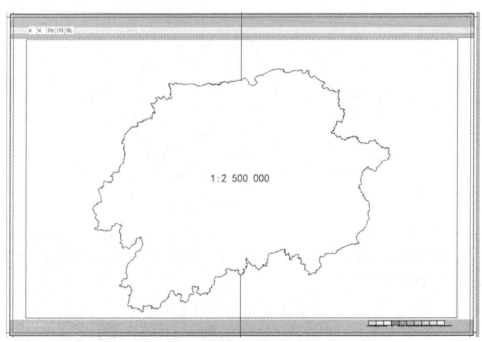

图 8-16　导入主图轮廓数据和制作图框

3. 基本图形绘制

使用矩形工具、椭圆形工具、手绘工具等绘制出所需图形，用以表示图例、图表、图片、文字等图面要素，如图 8-17 所示。

4. 图面要素组织

根据主图的形状，按照地图图面要素的配置理论，将图面要素均匀地放置在主图周围，如图 8-18 所示。

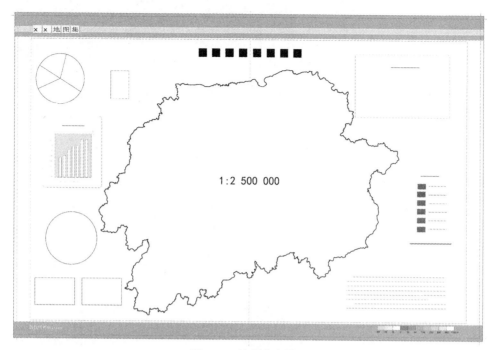

图 8-17 绘制基本图形

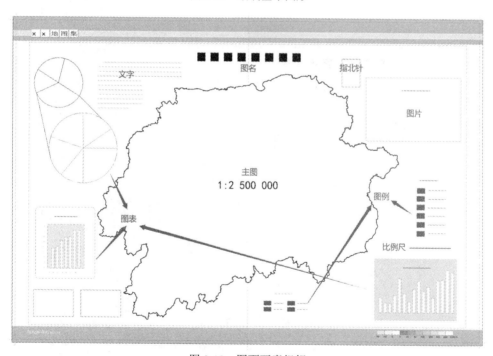

图 8-18 图面要素组织

　　根据设计样式不同，图形版式也有所差别，此处分别给出 4 个设计实例的示意图，如图 8-19～图 8-22 所示。

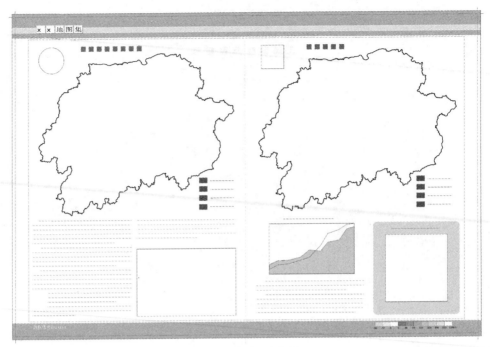

图 8-19　图面配置实例一

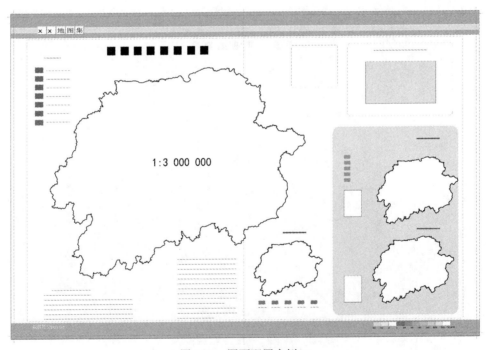

图 8-20　图面配置实例二

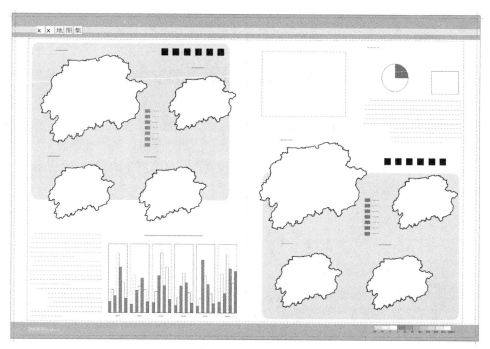

图 8-21　图面配置实例三

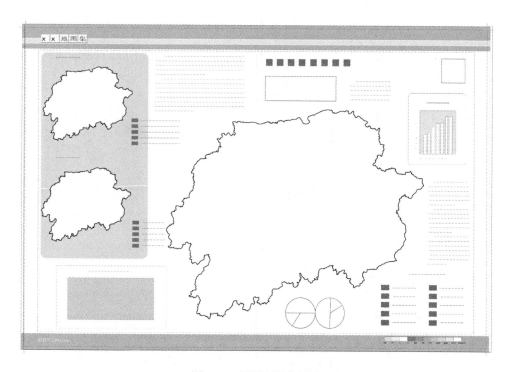

图 8-22　图面配置实例四

第9章　普通地图的设计与制作

普通地图是地图家族中最重要的图种之一，是描述制图区域基础地理环境一般特征的地图。作为国家地理信息基础框架的地形图，具有严密的数学基础、规范化的表示方法。小比例尺地理图多用于区域地理的宏观趋势研究，内容概略，没有固定的比例尺，也没有统一的图式和规范，因而编辑设计有其独特之处。

9.1　普通地图概述

普通地图是以相对平衡的详细程度表示地面各种自然要素和社会人文要素的地图。普通地图的内容包括数学要素、地理要素（自然要素与社会人文要素）和图廓外要素三大类（图9-1）。

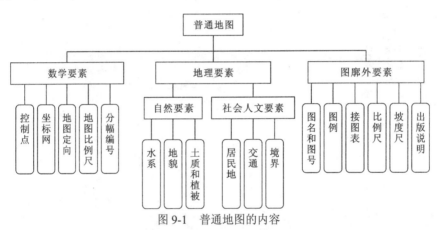

图9-1　普通地图的内容

9.1.1　普通地图的基本特征

普通地图除具有地图的基本特征（严格的数学基础、地图语言表示事物、科学的制图综合）外，还具有独特的基本特征。

（1）以相对平衡的详细程度表示制图区域的一般特征。普通地图以相对平衡的详细程度表示制图区域中自然地理要素和社会人文要素的一般特征，如水系、地貌、土质植被、居民地、交通、境界等要素，不突出表示其中的某一种要素。因而，普通地图广泛用于部队作战指挥、国民经济建设和科学文化教育等许多方面，也是编绘小比例尺地图和专题地图的基本资料。

（2）高精度的可量测性。普通地图具有严密的数学基础，强调的是物体的定位特征；同时，可以从地图上获取地面物体的大小、长短、方向、坡度、面积、距离及其他数据信息。

（3）以描绘人类活动的可见环境为主。普通地图符号的图形具有象形和会意的特点，符号的尺寸多与地图比例尺成比例，在地图上的位置通常代表着实地物体的真实位置，从而使普通地图具有精确的可量测性。

（4）印刷用色的习惯性。普通地图的印刷用色具有习惯性。在我国地形图上，通常用黑（灰）表示人工物体，如居民地、道路和境界等；用蓝色表示水系要素，如江、河、湖、井、泉等；用棕色表示地貌与土质，如等高线、各种地貌符号等；用绿色表示大面积植被，如森林、果园等；用红色表示高速公路、深水航道、领海线及助航设备等；用紫色表示地磁要素、航空要素、管线等。

9.1.2 普通地图的类型

普通地图按其比例尺和表示内容的详细程度，可分为地理图和地形图。

1. 地理图

1）地理图的特点

地理图，也称一览图，是以反映自然地理要素和社会人文要素的分布规律为主，通常是指比例尺小于 1 : 100 万的普通地图。与地形图相比，地理图具有以下特点。

（1）地图内容的高度概括性。地理图的主要任务是向读图者提供制图区域自然与社会要素分布、类型、结构、密度对比关系的一般特征。它让读图者更多关注的是地图内容的宏观特征及要素之间的统一协调。因此，地理图表现在图上的各种要素在质量特征上具有高度概括性。

（2）地图设计的灵活多样性。地理图不同于地形图，它没有统一指定编图规范与实施细则，可以针对地图的具体用途、目的和服务对象，确定地图表现的内容和形式。制图者在地图投影、地图比例尺的选择，地图内容的选取，图例符号的设计，色彩的运用，乃至图面配置设计风格等方面，有很大的创作空间。

（3）制图资料种类的多样性与精度的不均一性。地理图制图区域比较大，制图资料的种类、精度和现势性都存在很大差别。因此，必须对制图资料在分析、评价的基础上，确定其使用程度和使用方法，尽量做到成图后各部分内容的统一和协调。

2）地理图的类型

（1）区域性全图。区域性全图是一种反映区域总体形势、供浏览区域全局的普通地图。通常以单一图幅完整地表达区域全貌。制图区域的范围多以政治行政区划来决定，如大洲全图、国家全图、省（直辖市、自治区）全图、县（市）全图等。但也有按自然地理单元确定的，如青藏高原图、长江流域图等。也有按特定任务和政治事件而专门限定的区域，如陕甘宁青地图、中国北部边境地图等。区域大小有别，比例尺也就多种多样。

由于区域性全图旨在提供制图区域的全貌，所以水系、地形、土质、植被、居民地、交通网、境界线仍为最基本的表示内容。但可以根据用途和使用方式的不同，在内容的详细程度和表示方法上有一定差别和不同侧重。例如：桌面用图形式的行政管理和科研参考的地理图，内容较详细，以便在有限的图面容纳更多的地理信息；以挂图形式出现的地理图，内容应当重点突出，且符号和颜色的设计要保证在一定的距离内图面内容能够清晰易读。

（2）区域性分幅图。区域性分幅图是一种按一定的经差和纬差分幅的普通地图，制图区域可以是一国、一洲甚至全球。国际百万分之一的地图就是这类地图的一种。区域性分幅图在多数情况下，从比例尺、分幅方式到内容的表示和图面整饰等，都以具体任务要求而设计。

（3）普通地图集。普通地图集是由大量反映区域基本面貌的普通地图图幅构成，按区域面积的大小用多级比例尺的地图组合配置，以反映区域的自然地理和社会人文方面的一般特征。普通地图集通常也包括由专题地图组成的序图组和由普通地图组成的基本图组，以及文字说明和设计图表等。目前出版的普通地图集，通常包括序图组、基本图组和城市图组。

2. 地形图

地形图是指比例尺等于或大于1：100万，按照统一的数学基础、统一的测量和编图规范要求，经过实地测绘或根据遥感数据和相关数据，以统一的图式图例编绘而成的一种普通地图。地形图上地理要素的几何精度高，内容详细。在地形图上不仅可以提供详细的地形信息，它还具备精确定位、定性的特征，在图上可进行量算分析和图解分析。

按照组织测绘的部门及服务对象的不同，地形图可以分为两大类：一类是由国家测绘管理部门统一组织测绘，可作为国民经济建设、国防建设和科学研究基础资料的国家基本地形图；另一类是由部门或单位针对某一工程建设的规范和具体施工的特殊需要，在小范围内通过地面实际测量而成的大比例尺地形图。

1）国家基本地形图的特点

（1）具有统一的数学基础。我国国家基本地形图，统一采用"1980年国家大地坐标系"和"1985国家高程基准"。自2008年7月1日起，启用2000国家大地坐标系。我国现行的大于或等于1：50万比例尺地形图，采用高斯-克吕格投影；1：100万地形图采用等角圆锥投影。

（2）具有统一的规范和图式符号。国家基本地形图是按照国家统一的测量、编绘规范和相应比例尺的地图图式绘制的，只有这样，才能确保各部门分别完成的地形图在质量、规格方面的完全统一。

（3）具有完整的比例尺系列和分幅编号系统。国家基本地形图，每幅图按照统一规定的经差和纬差进行分幅，并在国际百万分之一地图分幅编号的基础上，建立各级比例尺地形图的图幅编号系统。我国目前确定的国家基本比例尺地图包括1：500、1：1 000、1：2 000、1：5 000、1：1万、1：2.5万、1：5万、1：10万、1：25万、1：50万和1：100万共11种。

（4）具有几何精度高和全面而详细的内容。地形图是国家经济建设和国防建设的基础资料，因此，在图面能负载的前提下，应尽量详细和精确地表示水系、地貌、居民地、交通网、土质植被和境界线的分布。在图上可以提取比较详细的信息，获得高精度的数据。

2）国家基本地形图的功能

国家基本地形图既是国民经济建设、国防建设和科学研究不可缺少的重要工具，也是编制各种小比例尺普通地图、专题地图和地图集的基础资料。国家基本地形图由于采用了横轴等角椭圆柱分带投影，不仅没有角度变形，同时长度变形和面积变形都非常小，在一般地图量算中可以忽略不计。地形图的比例尺都比较大，地图上所表示的地理要素都有精确的地理坐标位置与地面之间相应的比例尺关系。地形图还能详细表现各种要素的数量与质量特征，在地图上不仅可以实现详细的定性分析，例如：提取自然地理要素和社会人文要素中的属性信息；又可以实现精确的定位量测，提取自然地理要素和社会人文要素的定量信息，如位置、方向、长度、面积等。由于不同比例尺的几何精度和内容详细程度有很大区别，各种比例尺地形图的具体用途和服务对象也有所不同。

9.2 普通地图内容的表示

地图内容中，地理要素是地图的主体。自然要素包括水系、地貌、土质和植被等内容。社会人文要素包括居民地、交通、境界等内容。

9.2.1 自然地理要素的表示方法

普通地图上通常表示海洋、陆地水系、地貌、土质和植被等自然地理要素的地理分布、质量特征和数量特征。

1. 水系的表示

水系是地理环境中最基本的要素之一，它对自然环境及社会经济活动有很大影响。水系对反映区域地理特征具有标志性作用，对地貌的发育、土壤的形成、植被分布和气候的变化都有不同程度的影响，对居民地、交通网的分布和农业生产的布局等有显著的影响。

1）海洋要素的表示

普通地图上表示的海洋要素，主要包括海岸和海底地貌。

海岸是海水和陆地相互作用的具有一定宽度的海边狭长地带，由沿岸地带、潮浸地带和沿海地带三部分组成。沿岸地带也称后滨，是指高潮线以上狭窄的陆上地带，是高潮波浪作用过的陆地区域，通过等高线或地貌符号表示。潮浸地带也称海滩，是高潮线与低潮线之间的地带，高潮时淹没在水下，低潮时露出水面，地形图上将露出水面的部分称为干出滩，用黑色符号加上注记进行表示。沿海地带也称前滨，是低潮线以下直至海浪作用下限的一个狭长的海底地带，地形图上主要表示沿岸岛屿和海滨沙嘴、潟湖等。沿岸地带和潮浸地带的分界线即为海岸线，它是多年大潮的高潮位所形成的海陆分界线，一般用蓝色实线表示。地图上应详细、准确地表示海岸线的位置和形状。

海底地形的基本轮廓可以分为三大基本单元，即大陆架（大陆棚）、大陆坡（大陆斜坡）、大洋底。它们通常通过水深注记、等深线、分层设色和晕渲等方法来表示。

2）陆地水系的表示

陆地水系是指一定流域范围内，由地表大大小小的水体（如河流的干流，若干级支流及流域内的湖泊、水库、池塘、井泉等）构成的脉络相通的系统。水系是地理环境中重要的组成要素：水系对反映区域地理特征具有标志性作用；水系对居民点、交通网的分布和工农业生产的布局等有显著的影响。同时，水系是空中和地面判定方位的重要目标。从地图制图角度考虑，水系是地图内容的控制骨架。因此水系是地图上重要的表示内容。

（1）河流、运河及沟渠的表示。在普通地图上表示河流，必须搞清区域的自然地理特征及河流的类型，才能使水系的图形概括更科学、合理。在表现方法上，以蓝色线状符号的轴线表示河流的位置及长度，以线状符号的粗细表示河流的上游与下游、主流与支流的关系。与河流相联系的还有运河和干渠，在地图上一般只以蓝色的单实线表示。

地图上通常要求显示河流的形状、大小（宽度和长度）和水流状况。当河流较宽或比例尺较大时，只要正确描绘河流的两条岸线就能大体上满足要求。河流岸线是指常水位所形成的岸线（也称水涯线），如果雨季的高水位与常水位相差很大，则大比例尺图上还要求同时用棕色虚线表示高水位岸线。

由于地图比例尺的关系，地图上大多数河流只能用单线表示，用单线表示河流时，通常用 0.1～0.4 mm 的线粗表示。符号由细到粗自然过渡，可以反映出河流的流向和形状，区分出主支流，同时配以注记还可表明河流的宽度、深度和底质。根据绘图的可能，一般规定图上单线河粗于 0.4 mm 时，就可用双线表示。单双线河对应实地河宽参见表 9-1。

表 9-1　单双线河对应的实地河宽

图上线型	1:2.5 万	1:5 万	1:10 万	1:25 万	1:50 万	1:100 万
0.1～0.4 mm 单线	10 m 以下	20 m 以下	40 m 以下	100 m 以下	200 m 以下	400 m 以下
双线	10 m 以上	20 m 以上	40 m 以上	100 m 以上	200 m 以上	400 m 以上

为了与单线河衔接及美观的需要，往往用 0.4 mm 的不依比例尺双线符号过渡到依比例尺的双线符号表示。小比例尺地图上，河流有两种表示方法：一是与地形图相同的方法，采用不依比例尺单线符号配合不依比例尺双线和依比例尺双线符号来表示；二是采用不依比例尺单线配合真形单线符号来表示。

根据流水情况，河流有常年河、季节性有水河、地下河段和消失河段等，地图上用相应的符号加以区别。

运河和沟渠是人工开凿的水道，供灌溉和排水用。运河及沟渠在地图上都是用双平行线（双线内套浅蓝色）或等粗的实线表示，并根据地图比例尺和实地宽度的分级情况用不同粗细的线状符号表示。

（2）湖泊的表示。湖泊是水系中的重要组成部分，它不仅能反映环境的水源及湿润状况，还能反映区域的景观特征及环境演变的进程和发展方向。在地图上，湖泊是以蓝色实线或虚线轮廓表示的，再配以蓝、紫不同面色区分湖泊的水质。通常用实线表示常年积水的湖泊，用虚线表示季节性出现的时令湖。湖泊水质，可用不同颜色加以区分。

（3）水库的表示。水库是为饮水、灌溉、防洪、发电、航运等需要而建造的人工湖泊。由于它是在山谷、河谷的适当位置，按一定高程筑坝截流而成的，在地图上表示时，一定要与地形的等高线形状相适应。在地图上能用真形表示的水库，则用蓝色水涯线表示，并标明坝址。对不能依比例尺表示的水库，则用符号表示。

（4）井、泉的表示。井泉虽小，但它却有不可忽视的存在价值。在干旱区域、特殊区域（如风景旅游区）地图上，用点状符号加以表示。

2. 水系注记

地图上需要注明名称的水系物体有海洋、海峡、海湾、岛屿、湖泊、江河、水库等，一般以蓝色左斜字体宋来表示。

3. 地貌要素的表示

地貌是普通地图上最主要的要素之一，它与水系一起，构成了地图上其他要素的自然地理基础，并在很大程度上影响它们的地理分布。地貌在军事上具有十分重要的意义，它是部队实施各种军事行动的依据之一。部队运动、阵地设置、工事构筑、隐蔽伪装等都必须研究和利用地貌。在国民经济方面，交通、水利、农业、林业部门要根据地貌来勘察、设计和施工，地质部门要根据地貌来填绘地质结构和岩层性质等。通常地图上表示地貌要反映地貌的形态特征，表示地貌不同类型、分布特点，具有可量测性，显示出地面起伏的效果。

对具有三维空间的地方，如何将它科学地表示在地图这个二维空间的平面上，使之既富有立体感，又有一定的数学概念，以便进行量测，人类经历了漫长的历程并进行了多种尝试，创立了写景法、等高线法、晕渲法和分层设色法等多种表示地貌的方法。到目前为止，常用的表示方法为等高线法、分层设色法和晕渲法。

1）等高线法

等高线法是在满足高程精度的前提下，能够反映地貌特征的近似等高程点的连线，它既可供判断地貌的平面位置，又可供测量地面高程。用等高线来表现地面起伏形态的方法，称为等高线法。

等高线法的实质是用一组有一定间隔的等高线的组合来反映地面起伏形态和切割程度。等高线之间的间隔在地图制图中称为等高距。等高距就是相邻两条等高线高程截面之间的垂直距离，即相邻两条等高线之间的高程差，可以是固定等高距（等距），也可以是不固定等高距（变距）。由于小比例尺地图制图区域范围大，如果采用固定等高距，难以反映出各种地貌起伏变化情况，所以小比例尺地图上的等高线通常不固定等高距，随着高程的增加等高距逐渐增大；而大比例尺地图上的等高线通常采用固定等高距。

地图上的等高线分为首曲线、计曲线、间曲线和助曲线4种。首曲线又称基本等高线，是按基本等高距由零点起算而测绘的，通常用细实线描绘。计曲线又称加粗等高线，是为了计算高程方便而加粗描绘的等高线，通常是每隔4条基本等高线描绘一条计曲线，它在地形图上以加粗的实线表示。间曲线又称半距等高线，是相邻两条基本等高线之间补充测绘的等高线，用于表示基本等高线不能表示而又重要的局部地貌形状，地形图上常以长虚线表示。助曲线又称辅助等高线，是在任意的高度上测绘的等高线，用于表示那些任何等高线都不能表示的重要微小地貌形态。因为它是任意高度的，所以也称任意等高线，但实际上助曲线多绘在基本等高距1/4的位置上。地形图上助曲线是用短虚线描绘的。

等高线的实质是对起伏连续的地表进行"分级"表示，这就使人产生阶梯感，而影响着连续地表在图上的显示效果。因此，等高线法表示地貌有两个明显的不足：其一，缺乏视觉上的立体效果，即立体感差；其二，两等高线间的微地貌无法表示，需要用地貌符号和地貌注记予以补充。为了增强等高线法的立体效果，经过长期的研究试验，提出了许多行之有效的方法，如明暗等高线法就是对每一条等高线因受光位置不同而绘以黑色或白色，以加强立体感；粗细等高线法是将背光面的等高线加粗，向光面绘成细线，以增强立体效果。普通地图上有一些特殊地貌现象，如冰川、沙地、火山、石灰岩等，必须借助地貌符号和注记来表示。

2）分层设色法

地貌分层设色法是以等高线为基础，在等高线所限定的高程梯级内，设以有规律的颜色，表示陆地高低和海洋深浅的方法。它能明显地区分地貌高程带，利用色彩的立体特性，产生一定的立体感；减少"变距离度表"视错觉的影响。从某种意义上而言，此法是对由等高线所限定的高程带的一种增强视觉立体感的方法。在比例尺地图上用于表示地貌更为有效一些。这种方法加强了高程分布的直观印象，更容易判读地势状况，特别是有了色彩的正确配合，使地图增强了立体感。不难看出，构成分层设色的基本因素有两个：一是合理地选择限定高程带的等高线；二是正确利用色彩的立体特性，即设计出一个好的色层表。

分层设色法在设色时要考虑地貌表示的直观性、连续性和自然感等原则，如以目前普遍采用的绿褐色系列为例：平原用绿色，丘陵用黄色，山地用褐色；在平原中又以深绿、绿、浅绿三种浓淡不同的绿色调显示平原上的高度变化；高山（海拔 5 000 m 以上）为白色或紫色；海洋部分采用浅蓝到深蓝，海水愈深，色调愈浓。这种设色系列把色相与色调结合起来，层次丰富，能引起对自然界色彩的联想，效果较好。常用的色层表有：适应自然环境色表、相似光谱色表和不同色值递变表。

（1）适应自然环境色表。选用与自然环境相适应的色彩构成色表，这种设想是很自然的。很早以前人们就模仿自然景色来显示地图上的地貌立体感。这种色表曾在过去相当长的时间内，为许多国家的分层设色图所采用。但是，纯自然模仿型的色层表，颜色结构单调，缺乏立体感，而且随高度增加色调偏暗，图面也缺少生气，所以现在很少采用。发展到后来，人们改进了传统的绿褐色表，在高层级上用饱和度增大的暖色系，如橙色、红色代表暗棕色，使高山部分偏棕红色，以增强立体感；绿色层级的过渡常采用黄色系；海洋以蓝色为基色。这就形成了当前普遍采用的分层设色色层表，如我国和世界各国的许多现代地图上，大多都采用这样的色层高度表。

（2）相似光谱色表。为了找到更合乎逻辑的颜色序列，人们提出了"光谱色表"。该色表完全按照光谱色序建成，用红、橙、黄、绿顺序分层表示陆高，用青、蓝表示海深，形成光谱色序的结构形式。由于该色表中没有暗色，且各色的饱和度都差不多，所以由它表示的高程带的分布和对比清楚明显，也能显示出一定的立体感。但是，这种色表的设色却未能广泛应用，这是因为光谱颜色的亮度的排列不是等价的，黄色最亮并居于光谱色表的中间，显得不是太协调。此外，在地貌色层的顶部用大红的颜色，也与高山冰雪特征不相符，而且给人以刺眼的烦躁感。但以光谱原则为基础所做的改进色表，仍然有应用的价值。如低平地区用绿或灰绿色，然后依次用米黄、橙、红橙、橙红色表示，或者是另一些色表形式。这是一种近似光谱色序的色表，现今在分层设色图上采用得比较多，其显示的效果也比较好。

（3）不同色值递变色表。在颜色科学中，颜色的明度又称为色值，它与饱和度、色相三者构成颜色的知觉属性。分层设色色层表中，除采用不同的色相构成外，颜色的其他属性也可以塑造立体感，由此，提出了利用颜色的这两种属性，即依不同色值（明度）排列色次序的建表原则。通常见到的是"愈高愈暗"和"愈高愈亮"原则。

根据愈高愈暗设色原则所建立的色层表，有简单色层表和多色相色层表两种。简单色层表通常由 3～4 种颜色组成，其中绿-褐色表示陆地部分，蓝色表示水部，适用于地面高度变化不大的地区或用以显示局部地貌。多色相色层表用在高度表划分较多的地图上，但用色也不宜过多，关键在于要选择好表示高程变化的几根主要等高线，并使色层过渡自然而不脱节。

愈高愈亮原则，是设想由空间俯瞰地面，以对各种颜色产生不同生理视觉为基础的。低地视远觉其灰暗，设以暗色调；高地视近觉其明亮，设以亮色调。色表随高程的增加颜色愈明亮，这便是愈高愈亮的构色原理。由于色彩亮度的变化与高度变化相适应，又产生远近的视觉差别，以该色表制作的分层设色图也就有了立体感。

由于分层设色法使地图图面上普染了底色，底色上某些要素的色彩会发生变化或不够清晰，深色层面上的名称注记不易阅读。

3）晕渲法

晕渲法是在平面上显示地貌立体的主要方法之一。它是根据假定光源对地面照射所产生的明暗程度，用浓淡不一的墨色或彩色沿斜坡渲绘其阴影，造成明暗对比，显示地貌的分布、起伏和形态特征。这种方法称为地貌晕渲法，也称阴影法或光影法。

用晕渲法表示的地貌在图上虽然不能直接量测其坡度，也不能明显表示地面高程的分布，但它能生动直观地表示地貌形态，使人们建立形象的地貌立体感。晕渲法的表现形式有很多，主要可以按下列标志进行分类。

（1）按光照原则分类。地貌晕渲可分为三种基本表现形式，即直照晕渲、斜照晕渲和综合光照晕渲。它们分别适用于不同高差对比的山体。

（2）按晕渲表现地貌的详细程度分类。地貌晕渲可分为全晕渲和半晕渲的表现形式。全晕渲是根据斜照光源的几何光学原理，除了地貌的阴、阳坡，所有的平地都要普染一层浅色调，有时为了加强阳坡面的明度，还特意把平地的淡影加深。全晕渲的立体感是比较好的，它的不足是图面稍暗，当地图上其他要素的密度较大时容易互相干扰，既减弱整体效果，又影响了图面清晰。半晕渲就是针对这种现象提出的改进办法。半晕渲是相对全晕渲而言的，它既可以看成去掉平地的淡影，只渲绘地貌的阴、阳坡面，也可以理解为根据图面需要有重点地渲绘主要地貌，或者是需要强调其立体效果的部位。半晕渲有不加重地图的负载量，以免影响地图上其他要素的易读性的效果。

（3）按晕渲色彩分类。地貌晕渲可分为单色晕渲、双色晕渲和多色晕渲（即彩色晕渲）。单色晕渲是用一种色相（消色或某种色彩）的浓淡，或者是某色相的不同亮度来反映山体的光影分布。由于晕渲的实质是用光影来显示立体感的，单色晕渲时的色相选择应当以连续色调丰富的复色为主，即含有黑灰成分的棕灰、青灰、绿灰、蓝紫、棕褐色等色。如果选用高明度的黄、鲜绿、橙、红等色，就难以产生立体效果。

双色晕渲是把制图区域的地貌按一定的原则拆成两个单色版面，两个色套合印刷。拆成两块版的目的是加强地貌的立体感，更好地区分主要的地貌类型，或者在晕渲与较复杂的底色套合时，改善晕渲与底色套合后的色彩效果。

彩色晕渲是用色彩的浓淡、明暗和冷暖对比来建立地貌立体感的，它比单色晕渲有更强的表达能力。

晕渲法由于具有较好的立体效果，应用范围很广。在一些需要突出显示地形要素的中小比例尺地图上，如政区图、交通图、航空图等常采用晕渲法表示地形。近年来有些国家还将晕渲法用于中比例尺地形图上，或供科研用的地理基础底图上（如1∶150万自然地理基础底图）。晕渲法也常与等高线法、分层设色法联合使用。

4. 土质和植被的表示

普通地图上表示土质、植被的目的，主要是为了向用图者提供区域地表覆盖的宏观情况，因此表示得比较概略，而且与专题地图上表示的土壤、植被有着不同的含义。普通地图上表示的土质并不是地学中所谓的土壤，而是指地表覆盖的性质，如山区的裸岩、冰川、平原上的沙地、沼泽地和盐碱地等。通常习惯将裸岩、冰川、沙地划归地貌的表示内容，因此要表示的内容就更为简单。植被是指植物被覆的总称，分天然植被与人工植被两大类。天然植被中最主要是森林，其次是草地；人工植被主要是农田、果园、人工林等。大比例尺地形图上植被的分类比较详细。

土质和植被是一种呈面状分布的地理要素。地形图上常用地类界、说明符号、色相和说明注记相配合表示，说明其质量和数量特征。

9.2.2 社会经济要素的表示方法

1. 居民地的表示

居民地是人类由于社会生产和生活的需要而形成的居住和活动的场所。因此，一切社会人文现象无一不与居民地发生联系。居民地的内容非常丰富，但在普通地图上能表示的内容却非常有限。特别在地理图上，主要表示居民地的位置、类型、人口数量和行政等级。

（1）居民地位置的表示。地形图特别是大比例尺地形图上，居民地的位置是以详细的平面图形表示的，此时，居民地的位置通常以平面图形几何中心的位置来表示。而在小比例尺地形图或地理图上，除县市以上居民地在地图比例尺允许的情况下，有可能用简单的平面轮廓图形表示外，其余绝大多数居民地均概括地用圈形符号表示，此时圈形符号的中心即代表居民地的位置。

（2）居民地形状的表示。居民地形状包括内部结构和外部轮廓。在普通地图上，尽可能按比例尺描绘出居民地的真实形状。居民地的内部结构，主要依靠街道网图形、街区形状、水域、种植地、绿化地、空旷地等配合表示。其中街道网图形是显示居民地内部结构的主要内容。居民地的外部轮廓，也取决于街道网、街区和各种建筑物的分布范围。随着地图比例尺的缩小，有些较大的居民地（特别是城市居民地）往往还可用概括的外围轮廓来表示其形状，而许多中小居民地就只能用圈形符号来表示，此时已无形状的概念了。

（3）居民地类型的表示。在我国地图上居民地只分为城镇居民地和农村式居民地两大类。城镇居民地包括城市、集镇、工矿小区、经济开发区等，农村式居民地包括村庄、农场、林场、牧区定居点等。不同的居民地类型在地理图上主要通过字体来区别。农村式居民地注记一律采用细等线体表示，城镇居民地注记基本都用中、粗等线体表示。但县、镇（乡）一级的居民地注记也有用宋体表示的。

（4）居民地人口数量的表示。居民地人口数量能够反映居民地的规模大小及经济发展状况，通常是通过注记字体、字号或圈形符号的变化来表示的。在小比例尺地图上，绝大多数居民地用圈形符号表示，人口数分级多以圈形符号图形和大小变化表示，同时配合字号加以区分。为了清晰易读，圈形符号的等级不能设置过多。

（5）居民地行政等级的表示。我国居民地的行政等级是国家法定标志，表示居民地驻有某一级行政机构。居民地的行政等级分为 6 级：首都所在地；省、自治区、直辖市人民政府驻地；市、自治州、盟人民政府驻地；县、自治县、旗人民政府驻地；镇、乡人民政府驻地；村民委员会驻地。居民地的行政等级一般用居民地注记的字体、字号加以区分。

2. 交通网的表示

交通网是各种交通运输线路的总称，它包括陆地交通、水路交通、空中交通和管线运输等几类。交通网是连接居民地之间的纽带，是居民地彼此间进行各种政治、经济、文化、军事活动的重要通道，在普通地图上应正确表示交通网的类型和等级、位置和形状、通行程度和运输能力及与其他要素的关系等。

1）陆地交通

在地图上应表示铁路、公路和其他道路三类。

（1）铁路。在地形图上，要区分单轨铁路和复轨铁路、标准轨铁路和窄轨铁路，普通铁路和高速铁路，现有铁路和建设中铁路等。我国大、中比例尺地形图上，铁路皆用传统的黑白相间的"花线"符号来表示。其他的一些技术指标，如单轨铁路和双轨铁路用加辅助线来区分，标准轨铁路和窄轨铁路以符号的尺寸（主要是宽窄）来区分，高速铁路和普通铁路通过颜色来区分，已建成铁路和未建成铁路用不同符号来区分等。另外，车站及道路的附属建筑也需表示。

（2）公路。在地形图上，以前分为主要公路、普通公路和简易公路，现在主要包括高速公路、国道、省道、县道、乡道及专用公路，通过符号宽窄、颜色和说明注记等反映其他各项技术指标。路堤、路堑、隧道等道路的附属建筑物也要加以表示。

（3）其他道路。其他道路是指公路以下的低等级道路，包括大车路、乡村路、小路、时令路等，在地形图上常用细实线、虚线、点线并配合线的粗细区分表示。

2）水路交通

水路交通主要区分内河航线和海洋航线两种。地图上常用短线（有的带箭头）表示河流通航的起讫点。在小比例尺地图上，有时还标明定期和不定期通航河段，以区分河流航线的性质。

3）空中交通

在普通地图上，空中交通是由图上表示的航空站体现出来的，一般不表示航空线。我国规定地图上不表示国内航空站和任何航空标志，国外一般较详细地表示。

4）管线运输

管线运输主要包括管道、高压输电线和陆地通信线三种。它是交通运输的另一种形式。管道运输有地面和地下两种，目前只表示地面上的运输管道，一般用线状符号加说明注记来表示。高压输电线作为专门的电力运输标志，用线状符号加电压等说明注记来表示。陆地通信线主要包括供通信的陆地电缆、光缆线路，如电话线、广播线、电视线等，一般在大比例尺地形图上用线状符号表示。在小比例尺地图上，一般都不表示这些内容。

3. 境界的表示

普通地图上表示的境界包括政治区划界和行政区划界。政治区划界包括国与国之间的已定国界、未定国界及特殊的政治与军事分界（如印巴军事停火线、朝鲜半岛的南北军事分界等）。行政区划界，即一国之内的行政区划界，如我国的省、自治区、直辖市界，市、州、盟界，县、自治县、旗界，乡、镇界等。

政治区划界和行政区划界，必须严格按照有关规定标定，清楚正确地表明其所属关系。尤其国界的标绘必须报请国家有关主管部门审批。陆地国界在图上必须连续绘出。当以山脊、分水岭或其他地形线分界时，国界符号位置必须与地形地势协调。当国界以河流中心线或主航道为界时，应该通过国界符号或文字注记明确归属关系。例如，当河流能依比例尺用双线表示时，国界线符号应该表示在河流中心线或主航道上，可以间断绘出；假如河流不能依比例尺用双线或单实线表示，或双线河符号内无法容纳国界符号时，可在河流两侧间断绘（跳绘）出。如果河流为两国共同所有，即河中无明确分界，也可以在河流两侧间断绘出国界符号。

行政区划界的表示原则同国界。境界线符号用不同规格、不同结构、不同颜色的点、线段在地图上表示，如图 7-18 所示。

9.3 普通地图的总体设计与制作

普通地图强调对地理环境内容表示的全面性、平衡性和准确性，以满足提供基本的地理空间基础底图的要求，普通地图表示内容、表示方法、图形符号、印刷色彩等都有一套较为规范的标准。

9.3.1 普通地图的总体设计

普通地图的总体设计就是在明确地图的任务、要求，以及收集和分析地图资料的基础上，提出新地图的设计方案。普通地图的总体设计主要包括选择地图投影、确定地图比例尺、确定图幅范围、进行分幅和内分幅、图面配置设计等（王光霞 等，2017）。它是从形式与规格上体现用图者要求的重要环节，是地图设计能否成功的基本保障。

1. 地图数学基础的设计

1）地图投影的确定

确定地图投影的基本宗旨：保持制图区域内的变形为最小，或者投影变形误差的分布符合设计要求，以最大可能保证必要的地图精度和图上量测精度。

（1）根据地图的用途确定投影。不同的地图用途决定了对地图投影的不同要求，如航海图要求等角性质的投影。正轴等角圆柱投影（即墨卡托投影）不仅具有等角的性质，而且该投影中等角航线为直线，便于海上航行和许多实际应用。所以制作航海图通常选择墨卡托投影。各种统计地图常采用等面积性质的投影，这不仅能客观地反映各种统计要素按面积的分布情况，还能保证各区域面积对比正确，避免面积变形给统计数据带来的读图干扰。因此，地图的用途在决定地图投影性质的过程中起着较大的作用。

（2）根据制图区域的范围大小确定投影。制图区域的范围大小对地图投影的影响主要表现在随制图区域的增大，投影选择更为复杂化，需要考虑的内容和因素较多，必须更多地考虑其他方面的要求。例如，世界地图投影的选择就是一个十分复杂的问题。不论使用什么样的投影，其变形数值都会很大。所以在世界地图投影选择过程中，投影变形分布情况、地图用途、经纬线网的要求，地图的配置及本国对世界地图投影使用习惯都应予以考虑，这样才能满足要求。当制图区域范围较小时，投影选择的问题就容易得多，有许多因素可以不予考虑。

（3）根据制图区域的形状确定投影。制图区域的轮廓形状往往决定应采用哪一类型的投影。由于每一类地图投影都有自己独特的变形分布规律和等变形线形状，常常选择等变形线形状或变形分布规律与该区域轮廓形状接近或相似的那一类地图投影。例如：方位投影的等变形线为圆形，轮廓形状为圆形或接近圆形的制图区域常选方位投影；半球图、洲图等中纬度地区沿纬线方向延伸的制图区域宜选用圆锥投影；赤道附近沿纬线方向延伸的制图区域适宜选择圆柱投影；沿经线方向延伸的制图区域适宜选用高斯-克吕格投影或普通多圆锥投影。

（4）根据制图区域的地理位置确定投影。制图区域的地理位置常常决定地图投影的轴位，这样可以使所采用的地图投影更适合制图区域的具体情况。例如，中纬度地区的圆形区域采用斜轴方位投影，赤道附近的圆形区域采用横轴方位投影，两极地图的圆形区域采用正轴方位投影。

（5）根据地图比例尺确定投影。地图比例尺对地图投影的影响主要表现在制作大比例尺地图时，应与现有地形图的数学基础取得一致或统一起来，而中、小比例尺地图投影的选择比较灵活，可根据具体要求选择较为适宜的地图投影，不受这一因素的影响和制约。

2）坐标网的确定

地图上的坐标网有地理坐标网（经纬线网）和直角坐标网（方里网）。国家基本比例尺地图的坐标网通常是规定好的。其坐标网的定位、密度和形式等，在编图规范中都有相应的规定。小比例尺地图上则通常只采用地理坐标网，即要求绘制经纬线网。

（1）经纬线网的定位。经纬线网定位，是指把经纬线网与地图幅面的相对位置固定下来，也就是地图的定向问题。经纬线网的定位主要依靠选定图幅的中央经线和某些投影的标准纬线确定。地图定向的方式有北方定向和斜方位定向。我国的地形图都是以北方定向，即将图幅的中央经线同南北图廓垂直。地形图上的三个"北"方向（偏角图）就是地图定向的依据。小比例尺地图上不绘直角坐标网，用制图区域的中央经线与南北图廓的关系作为定向的依据，二者一致时，即为北方定向；二者不一致时，即为斜方位定向。一般尽可能采用北方定向。

（2）经纬线网的间隔。地图上经纬线网的间隔大小要适中，过密会干扰图面，过稀会影响目标定位和量测精度。地图上确定经纬线网间隔的要求：经纬线网要能起到控制作用，便于目标定位和图上量测；经纬线网间隔要取整度数；在一个网格内尽量使其视感为直线，便于绘制连线。小比例尺普通地图必须根据具体图幅确定经纬线网的间隔。对于挂图，经纬线网的密度可以稀一些，其网眼大小以 10～15 cm 为宜；对于桌面用图，其网眼大小以 5～10 cm 为宜，通常根据需要取经纬差 1°、2°、4°、5°、10° 的间隔。

（3）经纬线网的形式。各种地图上的经纬线网都是用细线绘出的，但它们在具体形式上有所差别。桌面用图一般采用 0.1～0.2 mm 的细线，挂图根据幅面大小采用 0.2～0.4 mm 的细线。经纬线网的表现形式比较灵活，一般在地图上用实线表示，在有底色的地图上，可用剔出空白的线条表示，也有的在印刷过程中，在经纬线网的版上加网目屏的方法，把线条变为点线来表示，以减少它的视觉载负量。经纬线网在设色方面，多选用黑色、深灰色、墨绿色、蓝色、棕色和白色等。

3）地图比例尺的确定

地图比例尺的确定受地图用途、制图区域范围（大小和形状）和地图幅面（或纸张规格）的影响，三者互相制约。确定地图比例尺应注意以下几点。

（1）在各种因素制约下，确定的比例尺应尽量大，以求表达更多的地图内容，使设计的图面更宽些。

（2）计算的比例尺数值，应向小里凑整并尽可能取整数。这样做的目的是便于图上快速量测和标绘，方便使用资料，也有利于与系列比例尺图配合使用。但是，要注意地图比例尺调整的同时，地图图面大小也随之改变。

确定单幅地图比例尺的方法主要包括以下几种。

（1）利用图上线段长估算比例尺。选择一幅与设计地图区域相同、地图投影相近的出版地图作为设计用的工作底图，由设计地图与工作底图的图廓尺寸、工作底图的比例尺计算出设计地图的比例尺（高俊，1977）。估算地图比例尺的公式为

$$M = \frac{a}{A}m \tag{9-1}$$

式中：M 为设计地图的比例尺分母；m 为工作底图的比例尺分母；A 为设计地图的内图廓尺寸；a 为工作底图的内图廓尺寸。

（2）利用制图主区的经纬差概算。已知制图主区的经纬差范围和图幅幅面大小（或纸张开幅大小），概算出设计地图的比例尺（高俊，1977）。其中，纬差 1° 的经线平均长度约为 110 km，经差 1° 在赤道上的纬线长度约为 111 km，经差 1° 的纬线弧长为 111cosB。概算地图比例尺的公式为

$$M_{横} = \frac{\alpha}{\Delta L \times \Delta S_n \times \cos B} \tag{9-2}$$

$$M_{纵} = \frac{b}{\Delta B \times \Delta S_m} \tag{9-3}$$

式中：α 为幅面横长的有效尺寸；b 为幅面竖宽的有效尺寸；ΔL 为制图主区的经差；ΔB 为制图主区的纬差；ΔS_n 为经差 1° 的纬线长，在赤道上约为 111 km；ΔS_m 为纬差 1° 的经线长，平均值约为 110 km。

（3）根据制订的图上精度近似计算。当保证地图上两点的距离误差不超过某一数值时，可以根据下面公式近似计算比例尺：

$$M = 710 \frac{M_d}{\Delta} \tag{9-4}$$

式中：M_d 为实地两点间容许的中误差；Δ 为地图上的点位图解误差和量测误差（根据误差传播规律可计算出 Δ =0.29 mm）；710 为转换系数。

2. 制图区域范围的确定

确定一幅图中内图廓所包含的区域范围，称为截幅。主要受地图比例尺、制图区域地理特点、地图投影、主区与邻区的关系等因素的影响。

1）制图主区有明显界线时区域范围的确定

（1）截幅的基本要求是主区应完整，并置于图幅中央。

（2）截幅时要考虑主区与周边地区的关系，要能全面反映主区与周边自然、人文、政治、经济、军事和国际关系。

（3）没有特殊要求，截幅时不宜把主题区域以外的地区包含过大。

2）制图主区无明显界线时图幅范围的确定

当制图主区无明显界线时，截幅主要以某个特定区域来确定，尽量保持特定范围的政区或地理区域的完整。这种图的图名，通常泛指这一地区的名称。

3）图组范围的确定

在确定图组图幅范围时不但要保持每个行政单位、地理区域的完整，图幅之间还应有一定的重叠，特别是重要地点、名山、湖泊、大城市等尽可能在相邻两幅图些并存，因为它们是使用邻图时最突出的连接点。

图组中的每一幅图都可以单独使用，每幅图的比例尺也可以不同。例如一个国家的一组省图，一个区域的一组交通图等。

截幅时，还要考虑横放、竖放的问题。对于挂图，横放图幅便于阅读，是主要样式。但

有些地区的地理特点决定其不宜横放，例如山西省的地理形状为竖长形，所以山西省的挂图一般要竖放。

4）地图分幅的确定

地图的分幅设计是由于印图纸张和印刷机设备的幅面限制，以及方便用图的要求，需要把制图区域分成若干图幅。地图分幅可按经纬线分幅，也可按矩形分幅。矩形分幅有拼接的矩形分幅与不拼接的矩形分幅两种。拼接的矩形分幅叫内分幅，多为区域挂图，使用时，沿图廓拼接起来，形成一个完整的区域。不拼接的矩形分幅为单幅成图，矩形图廓，如单幅挂图、地图集中的单幅图等。

（1）经纬线分幅。大区域作图，特别是小比例尺分幅地图，要采用分带投影，因此分幅只能以经纬线为准，规定每幅图的经纬差。这是当前世界各国地形图和大区域的小比例尺分幅地图所采用的分幅形式。

设计大区域经纬线分幅，要考虑两点：一是地图的幅面大小，有效地利用纸张和印刷机的版面；二是顾及与几种世界性的分幅地图在分幅上的关系。如我国大于 1 : 100 万的系列比例尺地形图也是以 1 : 100 万地形图为基础划分的。

经纬线分幅的主要优点：每一幅图都有明确的地理位置概念；每幅图都可以作为单独的图幅存在；便于使用和检索等。其缺点：当经纬线被描述为曲线时，图幅拼接会产生裂隙；高纬度地区，幅面较小，可以两幅合并出版。例如，为了保证重要地物的完整性，避免经纬线分幅带来的不足，分幅设计时，可以采用纬差固定、经差不固定分幅方法。这种方法有利于机动图幅范围和调整幅面宽度，但编号只能采用与地形图无关的独立编号或以顺序号为图号的方法。

对于零星岛屿、突出强调部分等不需要单独出版的一幅图，可用移图的方式处理，将这些地点绘在就近的图幅空余处。

（2）矩形分幅。制图区域较小的大比例尺图常采用矩形分幅。它的条件是制图区域较小，可居于一个投影带内，变形值不超过限差。通常区域经纬差不超过 5° 的区域或经差（纬差）不超过 5° 的狭长地带都可以应用。

矩形分幅的优点是建立制图网较方便；图幅大小一致，便于拼接使用；可以使分幅线避开重要地物，以保持其图形在图面上的完整。缺点是失去了经纬线对图廓的地理定位，当分幅具有局部性时，为各幅图的共同使用带来了困难。

矩形分幅的设计，限于制图区域独立、不必再向四周扩充的地图。如我国大于 1 : 5 000 比例尺的地形图采用矩形分幅，某些国家（如瑞士）的地形图也曾这样分幅。一些小区域（如县、乡等）的独立制图任务，如大比例尺的规划图、施工图、土地利用图等，也可以采用这种分幅形式。

矩形分幅的地形图，分幅线常常就是坐标网，而把经纬线在图边和图内用短线和十字线表示。

此外还有一种灵活配置矩形图序的分幅形式，它是在制图区域根据区域形状特点、纸张规格和用图需要等具体条件，确定每幅图的矩形图幅范图，并相对固定其位置。

5）拼接

分幅地图以完整的图面使用时，都要拼接。拼接有图廓拼接和重叠拼接两种形式。图廓拼接是沿图廓线进行拼接，这是地图拼接常用的一种方式。重叠拼接是根据设计的重叠部分相吻合，达到拼接的目的。

6）主区与邻区表示方法的处理

单幅地图截幅以后，图廓内包括的邻区如何处理，也是总体设计时应考虑的问题。可以采用与主题区域完全相同的表示法，也可以把区域界线的符号设计得明显些，或者采用邻区空白、主区与邻区底色不同、邻区内容概略表示等方法。邻区空白即邻区不表示任何内容。这种方法多用于小区域图和专题地图，重点在于突出区域内容，不表示与周围地图连通的要素。有时也因为资料的限制而采用此种方法。从图面处理的角度来看，这种方法较灵活、生动，空白处便于放置附图或文字说明。

3. 地图的图例设计

1）图例设计的基本要求

（1）图例要素的完备性。图例中必须包括地图上所有图形和文字标记的类型，并对每个符号和综合性图表逐一做出图例及定义或必要解释。

（2）图例符号的一致性。图例中符号的形状、色彩、尺寸等视觉变量和注记的字体、字号及字向等设计要素，必须严格与图面上相应内容一致。

（3）图例说明的准确性。图例中符号含义（或名称）要明确，不同的符号不能有相同的解释。

（4）图例编排的逻辑性。整个图例应保持分类分级的合理性、内部结构的连续性及图案序列的逻辑性，并达到图面表示的层次性和协调性的效果。

（5）图例的框边设计讲求艺术形式，但又不能过于复杂，若框边范围有余地，也可以将数字比例尺、图解比例尺、地貌高度表、坡度尺等尽可能放在一起。

2）图例设计的内容

普通地图的图例内容相对简洁、规范。在图例设计中，一般需要做以下几方面的工作。

（1）按照既定类别为每一项内容设计相应的符号和色彩，设计各种文字和数字注记的规格和用色，并对其给予简要说明。

（2）为每项地图内容要素确定较为理想的表示方法及相应的符号，符号应做到信息量大、构图简洁、生动、表现力强、便于记忆。

（3）图例应便于绘制和印刷。

（4）图例设计要制作样图，经过反复试验和比较，最后确定符号的形状、大小、颜色和构图。

（5）在图例设计时，根据对地图内容的研究，决定图例的分类分级并加以详细的说明（图例上是简要说明）。

4. 地图附图的设计

附图是指除主图之外在图廓内另外加绘的一种插图或图表。它的作用主要有两方面，一是作为主图的补充，二是作为读图的工具。在单幅地图和地图集上常常采用。附图的内容和形式十分多样，归纳起来有以下几种。

1）读图用工具图

这类附图方便读者较快地掌握地图的内容，是作为读图的辅助工具而加绘的插图。如我国的1∶50万和1∶100万比例尺地形图上，读时不易立刻看出全图范围高程的高低变化和最高点、最低点的情况，"地势略图"能起到高程索引的作用。设计地势略图时，高度分层无须与图内等高线的高程带一致，通常用棕色和黑色构成3～4种网线色调即可。

其他读图用的工具图，如"行政区划略图"指明主区内的行政等级和数量，"资料保障略图"说明主图的基本资料分布情况，"分幅接图表"标明周围图幅的接幅情况 （常见于地形图）等。

2）主区的嵌入图

由于制图区域的形状、位置及地图投影和图纸规格等方面的制约，需要把制图区域的一部分用移图的办法配置（嵌入）在图廓内较空的位置，以达到节省版面的目的。如《世界地图全图》，由于投影的关系不便表示南北极地区，所以嵌入"南北极图"；又如《中华人民共和国全图》，由于比例尺和幅面的关系不易表示南海诸岛时，要嵌入"南海诸岛"。

设计区嵌入图时，其投影和比例尺可以与主区相同，也可以改变投影和比例尺，但地图要素的符号和色彩应当与主图完全一致。

3）主区的位置图

主区位置图可用来指明主区在更大范围内的位置。如《中华人民共和国全图》附有"亚洲图"。这种位置图的比例尺都小于主图，表示方法也比主图简单些，不必表示地貌，仅表示出行政区域轮廓间关系即可。为了起到说明主区位置的作用，在位置图上通常把主图范围显示得突出些，可以用底色、晕线和整饰主区轮廓线的方法，以明显区别于周围地区。

4）重点区域扩大图

有时地图主区的某些重要区域，要求比其他区域表示得更详细些，于是就把这一局部区域的比例尺放大，作为附图放在同一幅地图的适当位置上。如选择重要城市和城市街区，重要海峡、海湾和岛屿，重要地区和小国家等，做成扩大比例尺的地图。

重点区域扩大图的比例尺应大于主图，究竟选择多大比例尺合适，要由附图可能占有的图上面积来决定，但比例尺的数值要完整。如果一幅地图上需要放置两个以上同一类扩大图，它们的比例尺应尽可能相同，以便于读图比较。

扩大图的表示方法最好与主图一致，一般不增添新的符号，这样读图会方便些。如果对扩大图有更多的要求，也可增加少数符号。

5）主图的内容补充图

由于主图表示方法的限制，需要从多层次、多侧面对主图内容进行补充，此时，一幅地图的主区内又不能表示全部的内容，必要时可以将一部分内容作为附图，作为对主图内容的补充。例如，行政区划图上附地势图，城市图上附市区交通图，普通地图上附民航通达路线图，分层设色地势图上附森林分布地势图，省区图上附工农业分布图，经济图上附说明经济发展的过程或阶段图等。这些补充专题要素的附图的选题，要根据地图的内容设计和地图的要求来决定。附图的表示方法和形式是多种多样的，无固定的格式，比例尺通常要小于主图。

以上介绍的几种附图，是在一般情况下使用的，在特殊情况下，还可以灵活处理，不受上述附图种类约束。当然，附图也不是非要不可的，附图的数量应尽可能少，充塞附图过多，反而使整个图面杂乱，以至降低基本图的主要地位，破坏图面的整体感。另外：附图的边框不宜宽大复杂，以免因过于突出而破坏全图视觉平衡；附图上表示的内容尽管比主图简单，但图形的综合和描绘不能草率，否则会影响全图的面貌；附图的四周若注有经纬度，注意不要与主图的经纬度注记相混淆。附图的大小应根据整个图幅的面积大小而定，幅面大的图幅，附图可设计得大一些；幅面小的图幅应该小一些，以便能与主图相互协调。这些都是在设计附图时需要考虑的问题。

9.3.2 普通地图的制作

普通地图设计工作完成以后，紧接着就是普通地图数据的制作。它的主要工作包括数据处理、数据更新、制图综合、数据符号化编辑、数据接边与整饰（何宗宜 等，2015）。

正确的技术流程是实现地图数据制作又好又快的技术保证。新编图的类型、用于编图的资料数据、地区的复杂程度、制图人员的水平等各方面的差异，都直接影响地图数据制作的技术流程选择。

一个完整的地图数据制作的技术流程应当包括：①编图使用的资料数据和地图数据的处理方法；②地图数据制作方法及各个环节的相互关系；③各工序的技术要求和标准。

在确定地图数据制作的技术流程时，尽可能发挥其技术能力，提高地图数据制作质量和降低地图数据制作成本。

制订地图数据制作的技术流程时可以使用框图加文字说明，把地图数据制作过程各环节的特点及相互关系等阐述得简单明确。

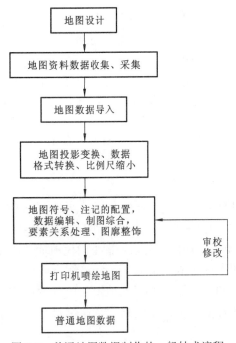

图 9-2 普通地图数据制作的一般技术流程

1. 普通地图数据制作的技术流程

根据编图的数据来源，普通地图数据制作的技术流程大同小异，图 9-2 是普通地图数据制作的一般技术流程。

2. 普通地图的数据处理

数字地图数据处理是普通地图数据制作的重要环节。数字地图数据处理是指从数据获取到数据存储前的基本处理，处理的内容依数据获取方式不同而不同，但有一些处理是必需的。处理的主要目的是进行地图要素选取，进行数据变换，保证提供使用的数据的正确性。

数据处理是指对数据进行加工、变换，以方便新编地图数据的制作、存储、管理和应用。处理的主要内容如下。

（1）坐标系变换。现行地形图数据采用 2000 国家大地坐标系。首先需要将其他坐标系地图数据转换为 2000 国家大地坐标系数据。主要的坐标系坐标转换包括：将地方任意坐标转换为 2000 国家大地坐标系坐标，将 1954 年北京坐标系坐标转换为 2000 国家大地坐标系坐标，将 1980 西安坐标系坐标转换为 2000 国家大地坐标系坐标。通过严密的转换模型和算法可将原来建立的旧的地方假定坐标系统、1954 年北京坐标系、1980 西安坐标系转换为现行 2000 国家大地坐标系。这样，使所有的地图资料数据坐标系统一。

（2）地图数据拼接。将地图资料数据按照成图比例尺的图幅范围进行数据拼接处理，对分幅数字地图在相邻公共边上进行相同的地图要素的拼接。矢量数据根据其几何性质划分，可以分为点、线、面三种形式。线要素和面要素实际上是由一系列的点组成，因此，无论是线拼接，还是面拼接，实际上都可以归纳为参与拼接的线和面要素的位于拼接边处的节点和端点的几何位置拼接。

（3）地图投影变换。在平面直角坐标和经纬度坐标相互转换时，地图投影变换发挥着重要的作用。另外，当地图资料数据的投影和要制作的新编图数据的地图投影不同时，也必须进行地图投影变换。例如，利用 1 : 1 万地形图数据制作 1 : 2.5 万地形图数据，基本资料数据为 3°分带，应将拼接后的数据进行投影变换为 6°分带。又如，利用 1 : 50 万地形图数据制作 1 : 100 万地形图数据，地图投影从高斯-克吕格投影变换为双标准纬线等角圆锥投影。小比例尺普通地图的投影是根据制图区域形状和地图用途进行设计的，地图资料数据投影变换是经常发生的。大型知名的 GIS 软件都有常用的地图投影变换功能。

（4）地图比例尺变换。当地图资料数据的比例尺和要制作的新编图数据的比例尺不同时，要进行比例尺变换。常常是将地图资料数据的比例尺缩小，数字地图的比例尺变换速度快、精度高。图形图像输出设备上的开窗、放大、缩小是一种几何上的比例变化，一般不视为数字地图比例尺变换，它只是一种临时的、过渡性变化。

（5）地图数据格式变换。地图数据在获取、存储、处理和输出的各个阶段，数据格式可能会有所不同，处理中的格式变换主要是按数字地图产品要求提供规范化的标准格式的数据。常见的地图数据格式变换有 ArcGIS 的 shape、E00、coverage 格式及 Geodatabase 格式，MapInfo 的 mif 格式，MapGIS 格式等之间的相互转换。小比例尺普通地图常常使用 CorelDRAW 等图形软件，需要将上述地图数据格式转换成 CorelDRAW 的 cdr 格式。在实际制作地图数据的过程中，选择在个人计算机上广为流行的工程制图的标准文件格式 dxf 作为中间数据格式，进行地图数据格式转换。

（6）数据光滑处理。数字地图的数据光滑处理是信息量的压缩，又称数据简化或数据综合，是从原始数据集中抽出一个子集，在一定的精度范围内，要求这个子集所含数据量尽可能少，并尽可能近似反映原始数据信息，目的是减少存储量，删除冗余数据，常用的方法有特征点筛选法、距离长度定值比较法、道格拉斯-普克法等。较大比例尺地图数据用于缩编新地图数据时，在保持几何形状不失真的情况下进行光滑处理，一是减少存储量，二是使图形线划光滑流畅。

3. 普通地图的数据制作

1）数据源中要素提取

地图分层作为数字地图制图采用的基本技术之一，可以将复杂的地图简单化，从而大大简化数据的处理过程；另外，以单一的图层作为处理单位，为以后的数据提取和数据修改提供方便。在提取矢量数据源时，要参考矢量数据的逻辑分层，从中选择所要提取的地图图层。

从地图数据库中或现有数据文件中抽取数据，要根据地图生产的要求利用一定的软件来进行提取。在这个过程中，矢量地图数据预处理的部分工作就必须进行，如地图数据格式变换、点位坐标的变换和纠正及对地图数据的抽取和利用等。如果成图比例尺和地图数据库的比例尺相同，成图的内容又与地图数据库中的内容相近，地图要素制图综合的问题要小些，否则提取什么样的内容、怎样提取，取舍指标怎样控制、其他内容怎样补充都需要研究，并进行充分的试验。一般都是从大于成图比例尺的地图数据源中提取新编图所需要的要素数据信息。

例如，以1∶1万地形图为数据源制作1∶5万地形图数据。通过筛选1∶1万地形图要素数据，按照建立好的要素对应关系和转换原则，去除多余要素。建立要素转换模型，进行要素代码转换、数据整合和结构重组。在此基础上，对1∶1万数据进行数据格式转换，数学基础转换和数据拼接，形成满足1∶5万地形要素数据制作的基本资料数据。

以1∶100万地形图数据为基本资料数据制作1∶250万矢量普通地图数据为例，来论述要素提取方法。1∶100万数字地图是根据地理要素的分类分层存储的，数据分为12类要素，每一类要素根据几何特征含有1个或2个数据层，共有15个数据层。各层包括1～4类属性表，共有29类属性表，其中6层注记。

矢量数据源的分层内容包括：政区、居民地、铁路、公路、机场、文化要素、水系、地貌要素、其他自然要素、海底地貌、其他海洋要素、地理格网12大类。由于新编1∶250万普通地图受比例尺、图幅范围和载负量等的限制，纸质地图能反映的信息量有限，考虑新编1∶250万普通地图的用途，数据源选取的要素有国界、未定国界、地区界、省界、停火线、省（自治区、直辖市）界、特别行政区界、地级市（区、自治州、盟）界、铁路、建筑中铁路、高速公路、建筑中高速公路、国道、省道、一般公路、其他道路、长城、山隘、岩溶地貌、火山、港口、雪被、冰川、浅滩、岸混、沙洲、沙漠、砾漠、风蚀残丘、珊瑚礁、航海线、河流（包括真形河流）、水库、瀑布、伏流河、运河、水渠、时令河（湖）、井、泉、温泉、沼泽、盐碱地、蓄洪区、海岸线、经纬线、北回归线及所选自然要素和人文要素的注记。

2）地图数据制作顺序

普通地图数据制作顺序与其本身的重要性及各要素之间的联系特点密切相关。一般来说，选取精度高的、轮廓固定性好的、比较重要的、起控制作用的要素数据先制作。例如，控制点、水系等要素要求精度高、对其他要素起骨架作用，这些要素数据要先制作。道路的选取从属于居民地，所以要在居民地数据以后制作道路数据。境界线一般以河流或山脊为界，境界线从属于河流、地貌等高线等，境界线数据制作要在它们之后。只有当国界、省界有固定坐标时，才会先制作国界、省界数据，使其他要素与之相适应。

普通地图数据制作顺序按有利用要素关系协调原则和重要要素在先、次要要素在后的顺序进行。一般顺序：内图廓线、控制点、高程点、独立地物、水系、铁路、主要居民地、公路及附属物、次要居民地、其他道路、管线、地貌、境界、土质与植被、注记、直角坐标网、图幅接边、图廓整饰。

普通地图数据制作顺序原则如下。

（1）点位优先顺序：①有坐标信息的点，如控制点、界桩等；②有固定位置的点，如独立地物等；③有相对位置的点，如附属设施等。

（2）线状地物优先原则：①有坐标信息的线，如国界、省界等；②有固定位置的线，如河流、岸线、道路等；③表达三维特征的线，如等高线。

地图资料数据、地图内容的复杂性也会对地图数据制作顺序有影响。当资料数据的可靠程度不一样时，要从最好的资料数据的部分开始制作地图数据，使精确的数据先定位，有利于其他地图内容的配置。从复杂的地图内容开始，可以比较容易地掌握地图总体的容量，使地图载负量不会过大。

3）地图数据制作的屏幕比例尺

普通地图数据如果在屏幕上按成图比例尺制作，理论上制图员可以准确地掌握地图容量、符号之间的间隔，恰当地处理各要素之间的相互关系；但是实际制作难度非常大，因为等比例尺显示，要素过小，难以辨别，因此一般放大到3~5倍，即屏幕显示用300%~500%。因为放大太大会增加数据制作工作量，太小制作的数据达不到质量要求。符号之间间隔的把握可依靠固定的尺度符号，例如，用一个尺度符号 0.2 mm 小方块放在符号旁，就可以判断符号之间的间隔是否达到 0.2 mm。

4）地图数据的编辑

根据地图数据补充、参考资料进行地图要素的修改和补充。采用理论数据计算生成内图廓及公里格网、北回归线等要素。

在地图数据编辑过程中，常会出现假节点、冗余节点、悬挂线、重复线等情况，这些数据错误往往量大，而且比较隐蔽，肉眼不容易识别出来，通过手工方法也不易去除，导致地图数据之间的拓扑关系不符合实际地物之间的拓扑关系。进行拓扑处理时，通过一定的拓扑容限设置，可以较好地消除这些冗余和错误的数据。主要内容包括：①去除冗余顶点、悬挂线、重复线；②碎多边形的检查、显示和清除；③节点类型识别，包括普通节点、假节点和悬挂节点；④弧段交叉和自交；⑤长悬线延伸；⑥假节点合并。

5）地图符号配置

地图符号配置是建立要素与地图符号之间的对应关系。在地图符号表达过程中，首先根据规范或者特定的制图需要制作地图符号，形成地图符号库；然后依据地理要素的属性信息和符号的描述信息建立地理要素与符号之间的对应关系；最后对相关地理要素进行符号化显示，形成初步的地图数据。地图符号配置包括点、线、面要素的符号配置和注记配置两个方面。符号配置是指各种几何形态的地图要素分别按照不同的符号化方法进行图形显示。注记配置是指按照一定的字体样式，将地理属性以注记的形式标注于图面的过程，分为自动配置和人工配置两种实现方法，两者通常结合使用。在注记配置过程中，首先通过自动配置实现大多数要素的注记配置，然后通过人工配置的方式调整部分配置不合理的注记。

6）地图数据的制图综合

按地形图要素的综合指标和设计书的要求进行要素的选取和图形的概括，要素综合时，为了更准确地把握尺度，可将原比例尺相同的数字栅格地图放在基本数据下面作为背景参考对照。

对地图各要素符号化的关系处理和图形概括如下。

（1）地形图数据的制图综合。

地图内容在符号化的过程中要将不同的要素存放在不同的图层中，这样就可以对不同图层的要素进行有选择性的操作，要编辑某一层要素就单独打开那一层，以免相互之间干扰。显示所有的要素就要打开全部的层。在符号化的过程中，符号的大小、色彩、粗细及相互之间的关系最好反映最后印刷出版所要求的成图情况，应按所要求的尺寸来显示和记录，这样制图人员才能准确地处理好地图上各要素之间的关系，解决诸如压盖、注记配置、移位、要素共边等问题，保证所制作出来的地图数据的质量。

对于地物符号化后出现的压盖、符号间应保留的空隙或小面积重要地物夸大表示等情况引起的地物要素的位移，位移值一般不超过 0.5 mm。

要素选取指标的确定必须符合规范规定，与地理信息数据的要素表示尺度、地图要素的密度分布和图面负载能力相统一。根据实际情况确定适合本图幅的指标要素，制图综合中在依据要素选取指标的同时，应灵活把握要素选取原则。选取更有方位意义，对道路要素构网更有意义、更能表现制图区域地貌特征和地形特点的要素，使经过综合后的要素疏密适度、分布合理。

要素制图综合尺度的确定必须按照规范要求，制图区域必须确定符合实地情况的制图综合尺度。在要素制图综合中必须在把握地形要素表示尺度的同时，注意制图区域所在地区的地形地貌特征，使经过综合后的要素表示合理、地域特征鲜明。

要素图形简化尺度的确定必须符合规范中对要素简化、最小弯曲、要素细部特征等的要求。首先确定各类要素是否允许进行图形简化，并严格把握图形简化尺度，使经过图形简化的要素图形细部表示合理，避免要素过于破碎和表示过于粗略。

正确处理好水系、道路、居民地、地貌等要素之间的关系，保持其各要素间的相离、相切、相割关系。地物要素避让关系的处理原则：自然地理要素与人工建筑要素矛盾时，移动人工建筑要素；主要要素与次要要素矛盾时，移动次要要素；独立地物与其他要素矛盾时，移动其他要素；双线表示的线状地物符号相距很近时，可采用共线表示。

地图地物密度过大时，可根据地物重要性进行适当的再取舍或将符号略为缩小；连续排列和分布的同类点状要素（如窑洞）符号化后若相互压盖，优先选取两端或外围的地物以反映其分布特征，中间依其疏密情况适当取舍；而不同类点状要素（如电视塔与水塔）符号化后若相互压盖，应优先选取高大、有定位等重要意义的地物。

地物要素图形概括后的形状应与其相邻的地物要素相协调。如概括后的道路形状应与地貌、水系相协调，水系岸线应与等高线图形相协调等。

要素关系协调处理是为了保证要素的逻辑一致性和拓扑关系正确性，保证要素关系的合理就必须做好三个层次的要素关系协调处理：①必须做好多个数据层相关要素之间逻辑一致性的协调处理，如公路、河流、桥梁之间位置关系的协调处理，有名称的要素和地名层要素之间的属性关系协调处理等；②必须做好多个数据层相关要素之间拓扑关系正确性的协调处理，如不同数据层毗邻面状要素之间公共边线的协调处理；③必须做好同一要素表示连续性的协调处理，如河流的单、双线表示变化的协调处理。

（2）小比例尺普通地图数据的制图综合。

第一，道路要素数据综合与关系的处理。在地图上，应当把道路作为连接居民地的网线看待。

道路连接、相交时的关系处理。不同等级的道路相连接的地方，在实地上有时没有明显的分界线，但在地图上则用了两种符号配置其属性。为了使它们之间的关系表示得合理、清楚，表示时相接的两条道路中心线一致。

道路相交时的关系处理，主要指道路间的压盖问题，即道路图层顺序的设计。一般情况下。道路压盖顺序（从高等级到低等级通路排列）为高速公路→建筑中高速公路→铁路→建筑中铁路→国道→省道→一般公路→其他道路。但也存在特殊情况，如铁路在高架桥上经过，而高速公路在桥下，在地图上就应做相应的调整修改。

道路要素间冲突时的关系处理。随着地图比例尺的缩小，地图上的符号会发生占位性矛盾（如道路的重叠问题）。比例尺越小，这种矛盾就越突出，通常采用舍弃、移位等方式来处理。

当道路要素发生冲突时，特别是当同等级道路在一起时，一般会采用舍弃的方式。即便是不同等级的道路，若构成的道路网格密度过大，也应选择舍弃。一般情况下优先选取该区域内等级相对较高的道路，舍弃低等级道路，以达到符合要求的道路网密度。但对于作为区域分界线的道路，通向国界线的道路，沙漠区通向水源的通路，穿越沙漠、沼泽的道路，通向机场、车站、隘口、港口等重要目标的道路，这些具有特殊意义的道路需优先考虑。

当不同类别的符号发生冲突时，如果不采用舍弃其中一种的方法，就采用移位的方式。具体做法：当二者重要性不同时，应采用单方移位，使符号间保留正确的拓扑关系。如保持高等级道路的现状，对低等级道路进行相应的移位；当二者同等重要时，采用相对移位的方式，使二者保持必要的间隔。

进行移位后，关系处理后应达到：各要素容易区分，要素的移动不能产生新的冲突，局部空间关系和点群的图案特征必须保持，为了保证空间完整性与方位相对正确性，移动的距离应当最小。经过数据格式转换、比例尺的缩小，地图中各级道路难免会重叠在一起，这就需要对道路进行移位。对道路格网密度过大的区域，采取舍弃的方法。

第二，水系与其他要素关系的处理。陆地水系主要包括河流、湖泊、水库、渠道、运河和井泉等。河流起到了骨架的作用，如果移动河流则可能引起与地貌的冲突。因此要保持河流的精确位置。鉴于上述原因，地图上河流与交通网、境界线等人文要素之间，在符号化、配置其属性后发生冲突时，解决此问题的原则是保证高层次线状要素的图形完整、低层次线状要素与高级别线状要素的重合部分应隐去。

河流与道路要素之间的关系处理。地图上如铁路、公路、河流等都有固定位置，它们以符号的中心线在地图上定位。当其符号发生矛盾时，根据其稳定性程度确定移位次序，例如：道路与河流并行时，需要首先保证河流的位置正确，移动道路的位置。有些区域的道路的走向是沿着河流的流向。当它们之间发生冲突时，移位后道路的走向应与河流流向一致。在小比例尺普通地图上，道路通过河流等水系要素时原则上不断开，即不绘制桥梁符号。但对于长江、黄河流域著名的桥梁（如武汉长江大桥）可以象征性地表示出来。

河流与境界要素之间的关系处理。在很多情况下，境界是以河流作为分界线，或以河流中心线（双线河流），或沿河流的一例为界，这就得要对境界进行跳绘。在小比例尺普通地图上，主要遵循两条原则。第一，以河流中心线为界时，应沿河流两侧分段交替绘出。但要注意，由于国界、省界和地级界是点线相间构成的，进行跳绘时，应保持点与线的连续性。第二，沿河流一侧分界时，境界符号沿一侧不间断绘出。

第三，居民地与其他要素关系的处理。在小比例尺普通地图上，各级居民地一般是以不同大小的图形符号表示。居民地与其他要素的关系表现：居民地与线状要素具有相接、相切、相离三种关系；居民地与面状要素具有重叠、相切、相离三种关系，居民地与离散的点状符号只有相切、相离的关系。其中居民地与线状要素的关系最具代表性。

第四，境界与其他要素的关系处理。境界是区域的范围线，它象征性地表示了该区域的管辖范围。就国界而言，国界的正确表示非常重要，它代表着国家的主权范围。国界两侧的地物符号及其注记都不要跨越境界线，应保持在各自的一方，以区分它们的权属关系。

另外，在地图数据制作中还会涉及生僻字的处理、地图数据的接边及地图图廓整饰等内容，可参考地图的设计与编绘、地图制图综合类相关内容解决相应的问题。

7）地图数据的接边

相邻图幅的地形图要素应进行接边处理，包括跨投影带相邻图幅的接边。小比例尺普通地图分幅挂图数据也需要接边。接边内容包括要素的几何图形、属性和名称注记等，原则上本图幅负责西、北廓边与相邻图廓边的接边工作，但当相邻的东、南图幅已完成验收，后期生产的图幅应负责与前期图幅的接边。

相邻图幅之间的接边要素不应重复、遗漏，在图上相差 0.3 mm 以内的，可只移动一边要素直接接边；相差 0.6 mm 以内的，根据图幅两边要素平均移位进行接边；超过 0.6 mm 的要素应检查和分析原因，由技术负责人根据实际情况决定是否进行接边，并需记录在元数据及图历簿中。

接边处因综合取舍而产生的差异应进行协调处理。经过接边处理后的要素应保持图形过渡自然、形状特征和相对位置正确、属性一致、线划光滑流畅、关系协调合理。

8）地图图廓整饰

按规定对地形图进行图廓整饰，并正确标出图廓间的名称注记。

（1）图廓间的道路通达注记。铁路、公路及人烟稀少的主要道路出图廓处应标注通达地及里程。铁路应标注前方到达站名；公路或其他道路应标注通达邻图的乡、镇级以上居民地，如邻图内无乡、镇级以上居民地，可选择较大居民地进行标注。道路很多时可只标注干线或主要道路的通达注记。铁路或公路通过内外图廓间复又进入本图幅时，应在图廓间将道路图形连续表示，不注通达注记。

（2）界端注记。境界出图廓时应加界端注记。但当境界穿过内外图廓间复又进入本图幅时，可在图廓间连续表示出境界符号，不标注界端注记。

（3）图廓间的名称注记。居民地、湖泊、水库的平面图形跨两幅图时，面积较大的应将名称标注在本图幅内，面积较小的应将名称标注在该图幅的图廓间。县级以上居民地名称用比原字大小二级的细等线体标注，县级以下居民地名称用相应等级字大的细等线体标注。

9）元数据制作及图历簿的填写

元数据及图历簿包含了分幅数据的基本信息、更新变化情况、更新使用主要资料情况、更新生产情况、生产质量控制情况、图幅质量评价、数据分发信息等，是地形图数据成果之一。元数据及图历簿内容，主要包括数字地图生产单位、生产日期、数据所有权单位、图名、图号、图幅等高距、地图比例尺、图幅角点坐标、地球椭球参数、大地坐标系统、地图投影方式、坐标维数、高程基准、主要资料、接边情况、地图要素更新方法及更新日期等。

9.4 实例与练习——基于 ArcGIS 的普通地图的设计与制作

9.4.1 实验目的

掌握普通地图的设计和制作过程。

9.4.2 实验要求

基于 ArcGIS 软件，制作包含居民地、道路、水系等简单要素的曲岩省行政区划图。

9.4.3　实验数据

地理数据库文件 MapsData.gdb，其中包含实验区的边界、地区、河流湖泊、道路等基础地理数据，如图 9-3 所示。

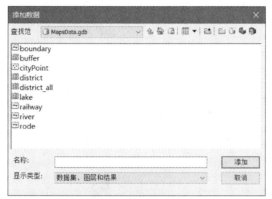

图 9-3　基础地理数据

本书给出的实验数据为虚拟数据，已经完成了数据下载和数据处理两个过程，若读者自选数据，则需完成数据下载、数据库建立和数据处理三个步骤。

9.4.4　实验步骤

1. 数据下载

数据来源于"全国地理信息资源目录服务系统"中的 1：100 万数据，包括居民地、道路、水系等数据，根据制图区域，选择相应的图幅号进行下载。数据说明如图 9-4 所示。

图 9-4　数据说明

2. 数据库建立

（1）创建地理数据库。启动 ArcCatalog，选择目录，右键选择 New→File Geodatabase，创建示例数据库 MapsData.gdb，如图 9-5 所示。

图 9-5　创建地理数据库

（2）导出数据。将处理好的数据导出文件地理数据库，右键单击数据图层，选择 Data→Export Data，如图 9-6 所示，输入数据名称及存放位置。

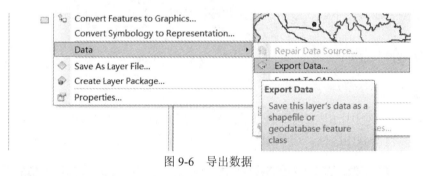

图 9-6　导出数据

3. 数据处理

各种类型的地理数据处理过程一致，主要包括数据合并、行政区划数据融合、数据裁剪、其他数据选取、数据拓扑检查、缓冲区制作、数据投影等操作。普通地图的制作需要的基础地理数据主要包括省市界线、行政区划面状数据、主要水系、主要道路等。

1）数据合并

将所需合并的数据加载到 ArcMap 中，在 ArcToolbox 中选择 Data Management Tools→General→Merge，添加需要合并的图层，进行数据合并，如图 9-7 所示。

2）行政区划数据融合

通过 Selection 菜单下的 Select By Attributes 或 Select By Locations 两种方法选择所需要素，如图 9-8 所示。

基于数据融合操作得到的面数据，便于后续对其他数据进行裁剪及缓冲区色带的制作。数据融合需要一个相同值字段，字段值相同的要素将会被融合在一起。查看 district 属性表，Id 字段满足需求，可直接使用（图 9-9）。若无满足需求的字段，则自建一个字段，为需要融合的各要素赋一个相同的值。

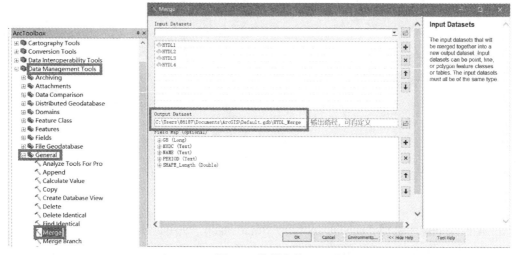

图 9-7　数据合并

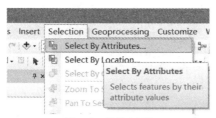

图 9-8　选取要素

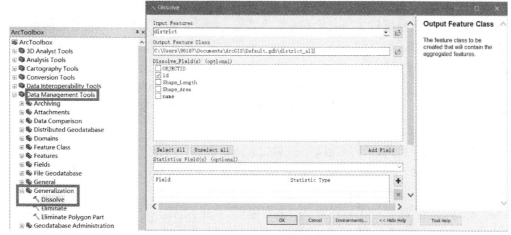

图 9-9　查看 district 属性表

在 ArcToolbox 中选择 Data Management Tools→Generalization→Dissolve，输入需要融合的要素 district，选择输出路径，输入输出名称 district_all，勾选融合字段 Id，如图 9-10 所示。

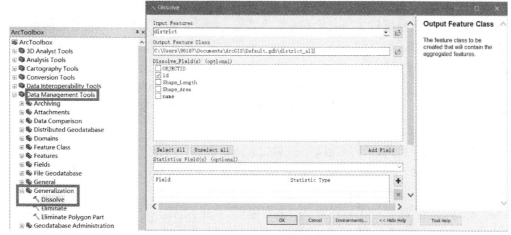

图 9-10　数据融合

数据融合前后对比如图 9-11 所示。

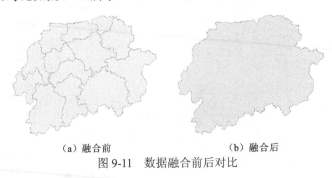

（a）融合前   （b）融合后

图 9-11　数据融合前后对比

3）数据裁剪

在 ArcToolbox 中选择 Analysis Tools→Extract→Clip，使用行政区划边界数据对其他数据进行裁剪，得到研究区内的数据。此处以河流做示例。裁剪要素为目标部分数据，此处用兴趣区进行裁剪，如图 9-12 所示。

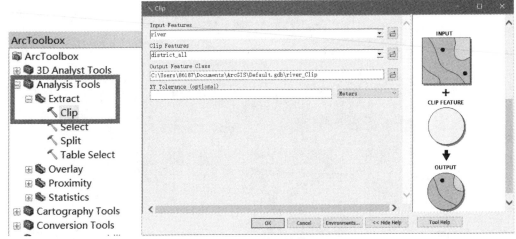

图 9-12　数据裁剪

4）其他数据选取

裁剪后的原始数据，是以相对均衡的程度表示地面的各类要素，在进行地图制作时，往往需要进行取舍，只保留较长的河流和道路等数据，因此，需要对此数据进行化简删除时，注意保持河流和道路的连通栏。以河流为例，基于 SQL 语句，将长度较长的部分河流选出，选择获取唯一值（get unique values）可得到河流的所有长度，据其选择合适区间（图 9-13）。

若选取的要素仍然过多，可通过手动删除进行缩减。在 ArcGIS 顶部空白处，单击右键将编辑工具栏打开，开始编辑后，选中相应数据，即可进行删除操作（图 9-14）。

5）数据拓扑检查

对数据进行拓扑检查，特别是线状要素如公路、铁路、河流等，如图 9-15 所示。

（1）路线不相接。选择一条线，激活"高级编辑"中的工具，选择【延伸工具】 ⇥⟩，点击另一条线使其延长到两直线相接。

（2）路线相交。选择一条线，激活"高级编辑"中的工具，选择【修剪工具】 ╬，点击另一条线相交多出的部分，使两条线刚好相接。

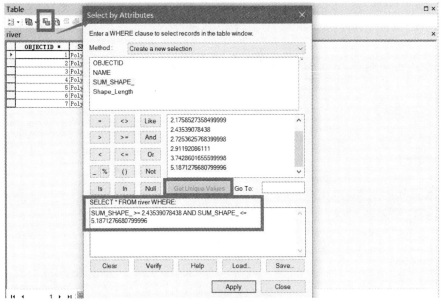

图 9-13　根据属性选择

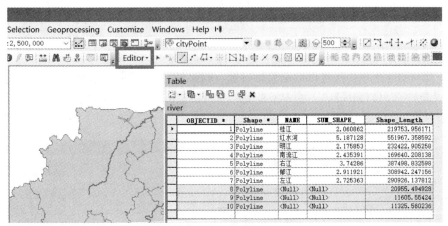

图 9-14　删除要素

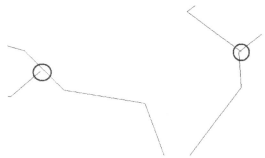

图 9-15　路线不相接情况

6）缓冲区制作

在 ArcToolbox 中，选择 Analysis Tools→Proximity→Multiple Ring Buffer。缓冲区间距一般为等差数列，依次添加三个合适的距离数值，设置缓冲区单位。缓冲区间距设置要根据实际情况，实验使用的是三级色带，间距 3 km，用来表示三层色带（图 9-16），生成的色带数据"buffer"。

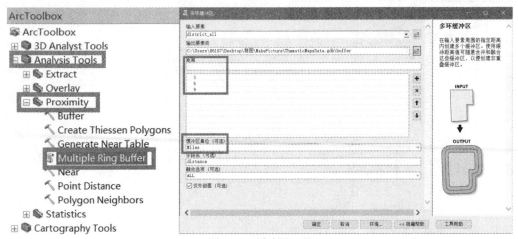

图 9-16　缓冲区工具

制作缓冲区还可以使用顶部工具栏的缓冲向导，根据提示和需求，通过设置缓冲区的环数、距离、位置等参数，生成相应的缓冲区。

7）数据投影

在 ArcToolbox 中，选择 Data Management Tools→Projections and Transformations→Batch Project，对所需的各类数据进行批量投影转换。根据所选兴趣区的地理位置，结合数据投影参数，将其转换为 UTM 投影下的 WGS_1984_UTM_Zone_49N（图 9-17），处理后的数据如图 9-18 所示。

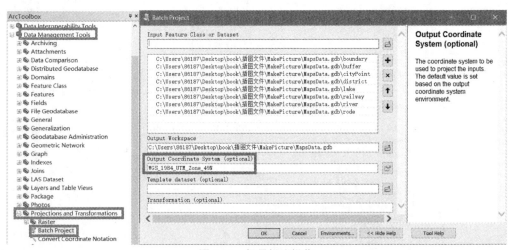

图 9-17　批量投影操作

4. 曲岩省普通地图的制作

1）样式库创建

创建符号样式库，可用于保存自定义的符号，也可以使用 ArcGIS 自带的符号库。样式库创建过程参考 7.5 节。

图 9-18　处理后的数据预览

2）页面设置

将地图切换到布局视图，在图框外单击右键选择 Page and Print Setup 或者在 File 菜单中选择 Page and Print Setup，弹出页面设置对话框（图 9-19），在 Paper 中的 Size 选项中选择符合出图大小的纸张尺寸，Orientation 中选择纵向 Portrait 或横向 Landscape，也可以根据所需图面大小自定义页面大小。实验选用纸张大小为 A4，方向为横向。

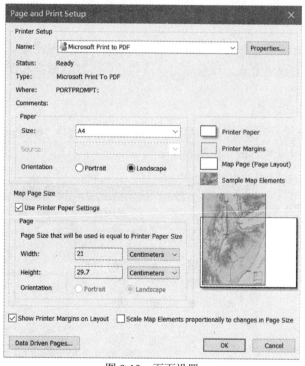

图 9-19　页面设置

3）参考比例设置

需要根据成图的比例尺，设置参考比例尺。在顶部工具栏中设置比例尺大小，设置好后点击 Layer，选择 Reference Scale→Set Reference Scale（图 9-20），根据出图比例尺设置参考比例。

5. 数据表达

在地图表达时，如果所制作的地理底图比例尺为 1∶100 万，符号的设置可参考相应国家

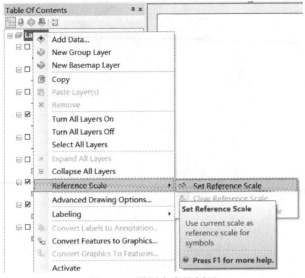

图 9-20　设置参考比例尺

基本比例尺地图图式中的符号来表示。本实验中，综合考虑地图制作中符号可能出现的特殊情况，未使用相应比例尺地图图式的符号，而是以常用的符号为例制作地图。

1）图层顺序调整

普通地图上各要素编绘顺序与其本身的重要性密切相关。根据普通地图数据制作顺序，结合 ArcGIS 中数据的表达方式，调整注记、点状数据、线状数据和面状数据的显示顺序，使其符合地图表达要求。

2）点状要素的符号化表达

曲岩省各市市政府的点数据图层名称为 cityPoint.shp。选择"cityPoint"图层，点击符号，选择添加到样式库中相应的图标（图 9-21）。

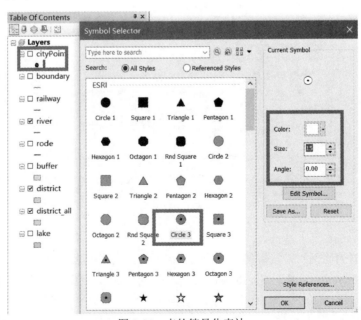

图 9-21　点的符号化表达

3）线状要素的符号化表达

（1）行政区划边界的符号化表达。选中"boundary"图层，设定符号样式（图9-22），根据实际需求可进行编辑修改。

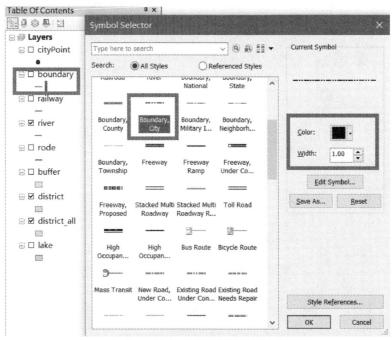

图9-22　行政区划边界的符号化表达

（2）铁路的符号化表达。铁路的表达通常是由一条黑色线和一条白色虚线等间隔叠加而成，一般下层黑色实线的宽度通常要比上层白色虚线的宽度宽0.2 mm。设置好的铁路线如图9-23所示。

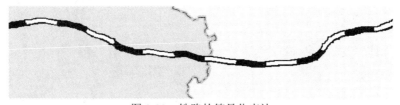

图9-23　铁路的符号化表达

（3）公路的符号化表达。公路一般包括高速公路、国道和省道等多个等级，需要用符号区分。本小节以省道为例，简述其符号化表达的主要过程。省道一般为两条实线叠加而成，本实验中公路下层为0.4 mm、上层为0.2 mm，颜色分别为黑色、橙色，如图9-24所示。

（4）道路压盖的处理。在实际制图过程中，经常出现道路压盖的问题（图9-25），需要进行修改处理。

同级道路符号设置：在相应图层单击右键，勾选使用符号级别Use Symbol Levels即可，如图9-26所示。

不同级道路符号设置：若道路存在分级，需要在符号级别对话框中进行设置（图9-27）。在相应图层单击右键，选择Properties→Symbology→Categories→Unique values分别设置各级

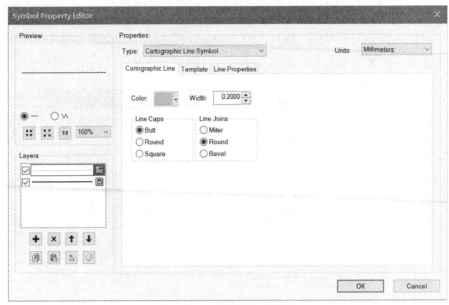

图 9-24　公路的符号化表达

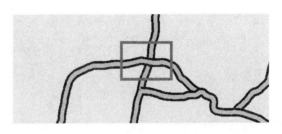

图 9-25　道路压盖

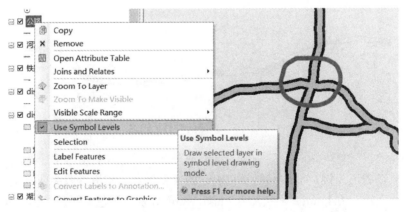

图 9-26　同级道路符号设置

道路符号。

　　在同一图层下单击右键，选择 Properties→Symbology→Advanced→Symbol Levels，主要用来调整道路图层的压盖关系（图 9-28）。

　　（5）河流及湖泊、水库的符号化表达。右键单击水系图层的符号，选择符号样式，由于水系的符号化在颜色方面有相对统一的标准，线状符号可以选择软件默认样式库中的 River

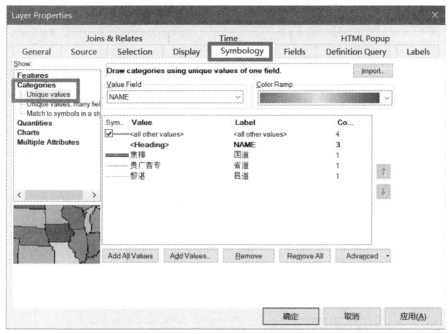

图 9-27　不同级道路符号设置

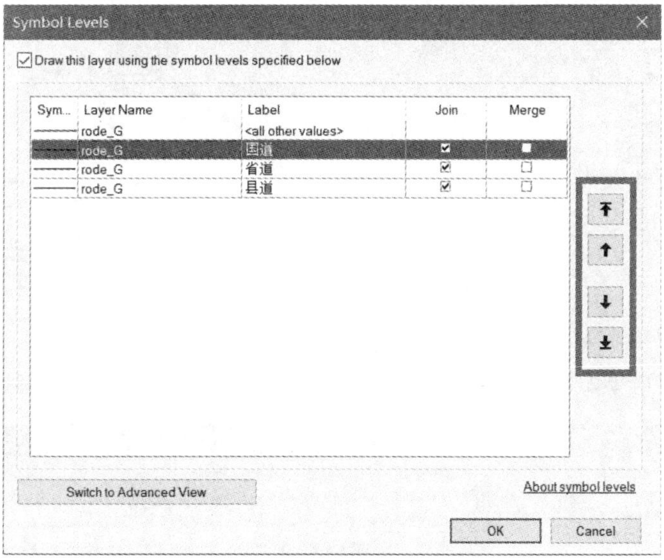

图 9-28　调整道路图层的压盖关系

线图标，面状水系选择软件默认样式库中的 Lake 面图标，如图 9-29 所示。

　　若需要使用制图表达的几何效果来实现河流的渐变，首先需要判断河流流向是否正确。由于河流在地图上显示是从东向西流，而地图数据采集时河流线的走向不一定都是从东开始、在西结束，需要先修正河流的流向。在符号库中选择特殊的符号"箭头"来渲染（图 9-30），箭头指向终点（即指流向），如果发现方向错误，则在编辑状态下，单击右键选择 Edit Vertice，再单击右键选择 Flip 进行反向，如图 9-31 所示。

　　流向修改完成后，对河流进行符号化表达，并右键单击"主要河流"图层选择 Convert Symbology to Representation，出现界面如图 9-32 所示，点击 Convert，转为制图表达。

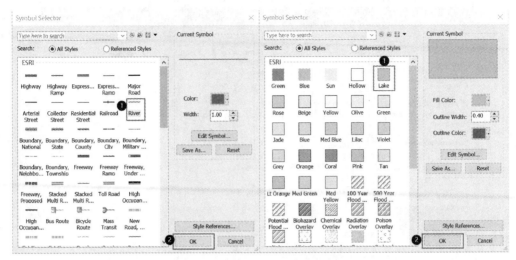

图 9-29　河流符号、湖泊符号样式选择

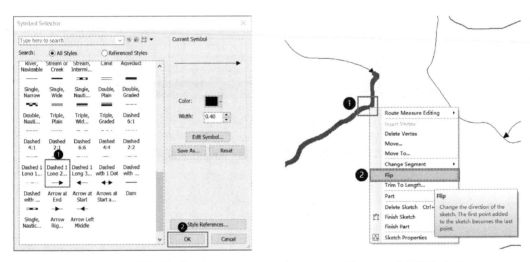

图 9-30　水系符号渲染　　　　　　　　图 9-31　水系流向改正

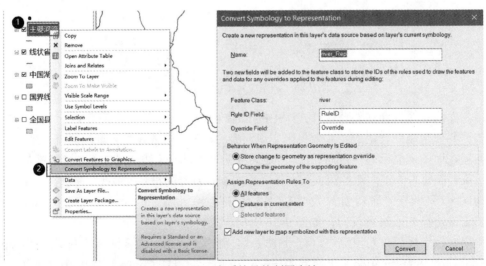

图 9-32　水系符号的制图表达

右键点击图层属性 Properties，选择 Symbology 中的 Representations，点击图框中右上角的 "+" 图标，在 Geometric Effects 中选择 Line input 中的 Tapered polygon，点击 OK 即实现河流锥状面效果（图 9-33）。

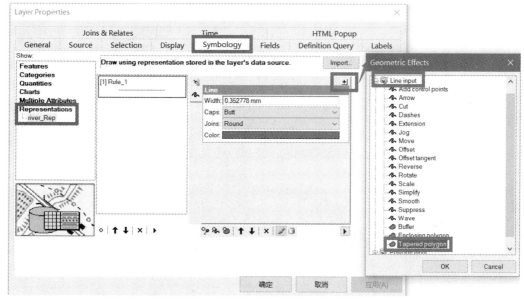

图 9-33　增加河流锥状面效果

根据不同等级河流具有不同的河流宽度，编辑不同河流线的 Tapered polygon 属性，点击 "+" Greate New Rule，创建更多样式（图 9-34）。①河流 1：0.2～0.4 mm；②河流 2：0.1～0.3 mm；③河流 3：0.05～0.2 mm。

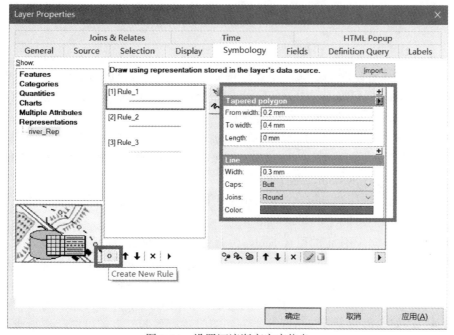

图 9-34　设置河流渐变宽度信息

河流渐变效果如图 9-35 所示。

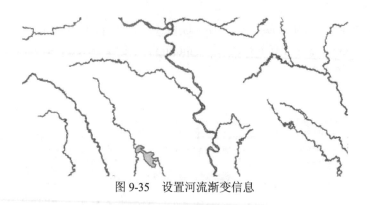

图 9-35　设置河流渐变信息

4）行政区划的符号化表达

具体参考 5.5 节，设置行政区划的颜色，添加色带（图 9-36）。

图 9-36　行政区划的符号化表达

5）注记表达

单击右键选择 Layer Propertices，在其 Labels 选项卡中设置属性（图 9-37），并勾选 Label features in this layer，即可将图层中的名称标注在图面上；在 Label Field 的下拉框中选择注记属性字段；在 Symbol 中对字体样式进行修改。

在地图注记制作中，为了使注记在地图中更加清晰，通常在注记边缘加一层白边（掩膜）。选择图 9-38 中的 Symbol 按钮，在 Symbol Selector 中选择 Edit Symbol→Mask→Halo，编辑晕圈大小，选择旁边的 Symbol，选择掩膜颜色。

在 Labels 界面中选择 Placement Properties 控件，对注记与其相应要素的位置关系进行调整（图 9-39）。

在实际应用中，不同注记的位置不同，为避免注记对其他地理要素的压盖，大部分情况下，需将注记转化为标注，手动进行单一调整，其方法为：在相应图层单击右键，选择 Convert Labels to Annotation（图 9-40），图中的字体则将会被存储在数据库中。

单击右键选择注记图层，点击 Edit Features→Start Editing，即可在其属性表中对单个注记的字体、字号、内容、放置角度及字符间距等进行修改，也可以拖动注记至合适位置（图 9-41）。

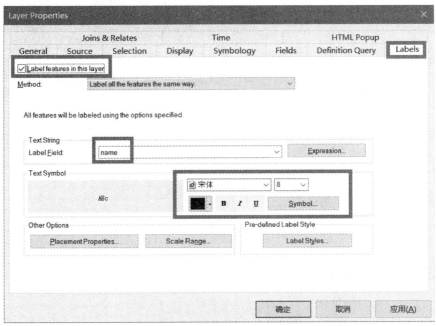

图 9-37　Layer Propertices 对话框

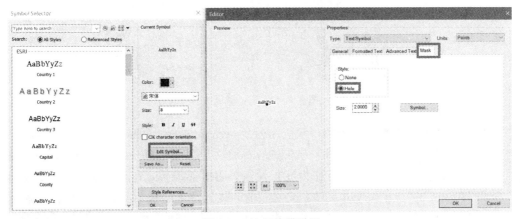

图 9-38　注记掩膜设置

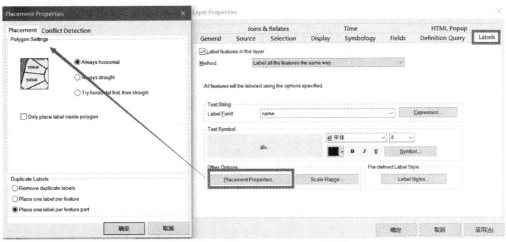

图 9-39　Placement Properties 对话框

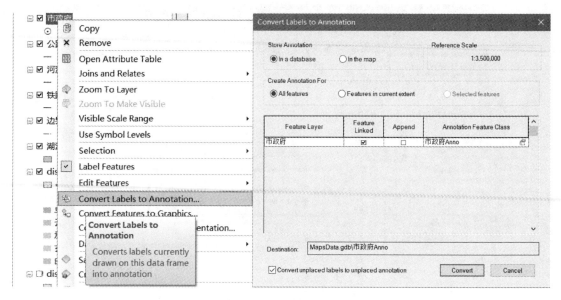

图 9-40　注记转化属性

图 9-41　注记位置调整

　　水系注记字体一般为左斜宋体，颜色为蓝色，设置方法有两种：方法一为下载左斜宋字体包，导入样式库中，直接使用；方法二与普通注记操作过程一致，先将河流注记设置为蓝色、斜体、宋体，然后将其转化为注记图层，再开始编辑，在编辑状态下打开其属性表，修改"Angle"字段值，使其旋转至合适位置，设置注记字体为左斜宋，并沿河流分布，必要时河流注记需要将各个字拆开，分别设置旋转角度为 289°或-71°，如图 9-42 所示。当水系注记较少时，可以选择单个注记，修改注记属性（图 9-43），实现左斜宋字体的设置。河流注记效果如图 9-44 所示。

Status ▾	TextStri	Font	Fon	Bold	Italic	Un	Ve	Horizont	XOffset	YOffset	Angle	FontLeading	WordSpacing	CharacterWidth	Ch ∧
已放弃	海	宋体	7	否	是	否	属	左对齐	0	0	-71	0	100	100	
已放弃	安	宋体	7	否	是	否	属	左对齐	0	0	-71	0	100	100	
已放弃	江	宋体	7	否	是	否	属	左对齐	0	0	-71	0	100	100	
已放弃	赤	宋体	7	否	是	否	属	左对齐	0	0	-71	0	100	100	
已放弃	水	宋体	7	否	是	否	属	左对齐	0	0	-71	0	100	100	
已放弃	河	宋体	7	否	是	否	属	左对齐	0	0	-71	0	100	100	
已放弃	赤	宋体	7	否	是	否	属	左对齐	0	0	-71	0	100	100	
已放弃	水	宋体	7	否	是	否	属	左对齐	0	0	-71	0	100	100	
已放弃	河	宋体	7	否	是	否	属	左对齐	0	0	-71	0	100	100	
已放弃	幽	宋体	7	否	是	否	属	左对齐	0	0	-71	0	100	100	
已放弃	江	宋体	7	否	是	否	属	左对齐	0	0	-71	0	100	100	
已放弃	佐	宋体	7	否	是	否	属	左对齐	0	0	-71	0	100	100	
已放弃	民	宋体	7	否	是	否	属	左对齐	0	0	-71	0	100	100	
已放弃	江	宋体	7	否	是	否	属	左对齐	0	0	-71	0	100	100	

图 9-42　注记设置

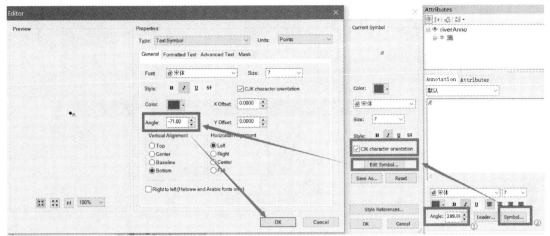

图 9-43　单个注记属性设置

图 9-44　河流注记效果

6）图面整饰

将视图切换到"布局视图"，在窗口选择 View→Layout View，点击菜单栏中的 Insert，可以为制作的地图添加标题、图例、指北针、比例尺和文字比例尺等图外整饰要素。

（1）地图标题。选择 Title 控件，输入标题"曲岩省行政区划图"，单击右键选择其属性，选择 Change Symbol，设置字体样式，调整字体、大小、颜色（图 9-45）。本实验中，字体选择隶书，字间距设置为 50。

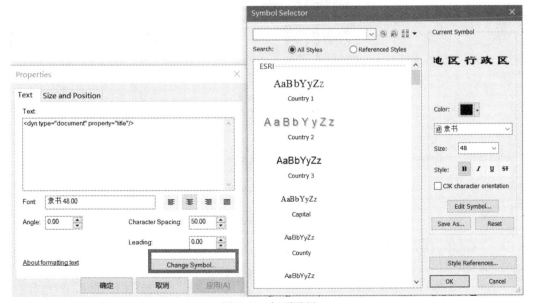

图 9-45　标题设置

（2）地图图例。将图层名称改为需要显示的名字，选择 Legend 控件，在出现的界面中将需要在图例中显示的内容从 Map Layers 图框移动到 Legend Items 图框中（图 9-46），调整图例显示顺序，依次设置图例名称，调整字体、颜色、大小及位置，设置图例外图框线条及颜色，完成图例的全部设置。

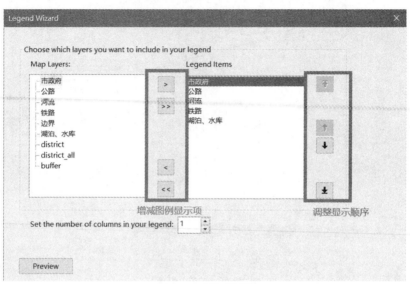

图 9-46　图例设置

调整图例，在地图界面的图例处单击右键，选择 Propertices→Items，在列表中选择需要调整的图层，在 Style 窗口中选择相应的图例表达样式，如图 9-47 所示。

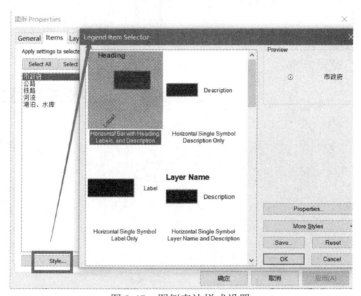

图 9-47　图例表达样式设置

（3）地图指北针。选择 North Arrow 控件，在出现的选框中选择一种指北针样式，进行颜色样式等修改，并将其放置到合适的位置。

（4）地图比例尺。选择 Scale Bar 控件，选择比例尺样式，根据出图比例尺进行修改。

（5）内图廓线。选择 Neatline 控件，设置图框，具体设置如图 9-48 所示。

图 9-48　图框设置

6. 地图输出

在菜单栏中选择 File→Export Map 导出地图，选择输出图片的类型及分辨率（jpg，300 dpi），输出结果如图 9-49 所示。

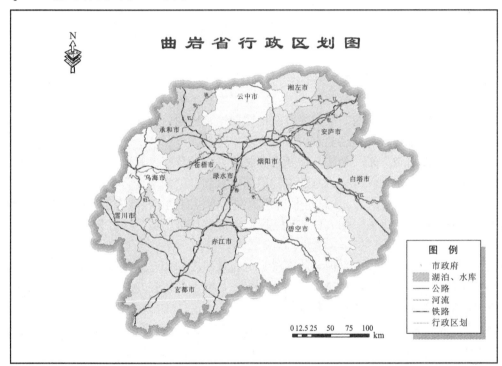

图 9-49　曲岩省行政区划图

第 10 章　专题地图的设计与制作

普通地图是国家地理信息基础框架中的重要组成部分，是国家基础地理信息的主要表现形式和重要的可视化产品。但在日常生活和工作中，人们接触和使用的绝大部分地图都属于专题地图，如人口密度图、交通图、地势图及环境污染情况图、动植物分布图、疾病分布图等。总之，专题地图是一种深入揭示制图区域内一种或几种要素专题特征的地图，是地图家族中又一重要类型。与普通地图不同，专题地图的内容和形式多种多样，是各种科学研究的辅助工具，能满足社会各领域的各种特殊的用途。

10.1　专题要素的基本特征及表示方法

10.1.1　专题要素的基本特征

专题地图不同于普通地图，主要表现在地图用途、地图内容和地图表示等方面。专题地图除具有地图的基本特征外，还具有以下几个基本特征。

（1）专题地图着重表示一种或几种要素的某些方面的特征，其他要素概略表示或根本不予表示，强调的是"个性"特征，有固定的用图对象和专门的用途。

（2）专题地图的主要内容，大部分是普通地图上所没有的、在地面上不能直接观察到的、不具形体的抽象概念或现象，如人口密度、民族组成、环境污染、地磁分布、降雨量、工农业产值等。

（3）专题地图不仅可以表示现象的现状、分布规律及其相互联系，还能反映现象的动态变化与发展规律，包括运动的轨迹、运动的过程、质和量的增长及发展趋势等，如进出口贸易、人口迁移、经济预测、气候预测等。

（4）专题地图具有专门的符号和特殊的表示方法，如金字塔图表符号、扩展线状符号等，可以通过地图符号的图形、颜色和尺寸等的变化，使专题要素突出于第一层视觉平面，而地理底图要素则作为背景要素退居第二层视觉平面。

10.1.2　专题要素表示方法的选择

专题地图依据其内容要素（或现象）的分布特征，采用不同的表示方法（黄仁涛 等，2015）。其中某些表示方法在普通地图上已广泛采用，如用符号法表示各种独立地物和居民点，用线状符号表示河流和道路，用箭状符号表示水流的流向，用等高线表示地貌，在点绘的轮廓范围内加底色表示森林等。这些方法在专题地图上不仅也被广泛采用，而且根据专题内容的特点，有了发展和变化。例如符号法和运动线法就是在普通地图相应表示方法的基础上有了较大的发展和变换。另外一些方法，如点数法、定位图表法和统计图法等，则是针对专题内容而采用的表示方法。

目前专题地图的表示方法，根据专题要素的空间分布特征选择合适的表示方法。呈点状分布的专题要素通常采用定点符号法；呈线状分布的专题要素通常采用线状符号法和运动线法；呈面状分布的专题要素通常采用质底法、范围法、点数法、分区统计图法和定位图表法。呈体状分布的专题要素通常采用等值线法。

10.1.3　点状分布要素的表示方法——定点符号法

定点符号法是采用不同形状、大小和颜色的符号，表示独立的各个物体的位置、质量和数量特征的方法。符号应尽可能配置在这些物体实地位置的相应点上，符号的大小不代表物体依地图比例尺表示的分布面积，一般会超过它的实际面积。同时，专题地图上的点状符号往往只以其中心点表示测量空间定位信息，而符号图形表示概念空间的数量、质量特征，因此它与其他要素图形之间没有相对的位置关系，通常不能像普通地图上的居民点那样可以有移位，而只能保持其定位中心。当符号有叠合时，用相互交叠来表示。

定点符号按其形状可分为几何符号、文字符号和艺术符号（图 10-1）。几何符号多为简单的几何图形，如圆形、方形、三角形等。这些图形形状简单、区别明显，便于定位。文字符号用物体名称的缩写或汉语拼音的第一个字母表示，便于识别和阅读。艺术符号又可分为象形符号和透视符号。象形符号是用简洁而特征化的图形表示物体或现象，符号形象、生动、直观，易于辨认和记忆。透视符号是按物体的透视关系绘成的，它更能反映物体的外形外貌，富有吸引力。在大众传播地图中常可看见此类符号。

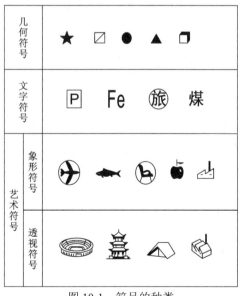

图 10-1　符号的种类

定点符号法用符号的形状和颜色表示物体的质量特征（类别）。由于地图上的符号较小，人眼对颜色的识别更优于形状，常常用颜色表示主要的差别，而用形状表示次要的差别。例如，用绿色表示农业企业，再用不同形状的绿色符号分别表示种植业、养殖业等。

符号的大小表示物体的数量差别。若符号的尺度同它所代表的数量有一定的比例关系，称为比例符号，否则为非比例符号。

为了反映专题现象的内部结构，可以使用组合的结构符号（图 10-2），如把一个符号分成几个部分，分别代表该现象中的若干子类，并表示出它们各自所占的比例。

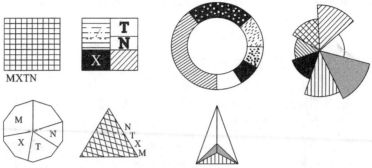

图 10-2　组合结构符号

定点符号法还可以反映现象的发展动态，如图 10-3 所示，常用不同大小符号的组合方式表示现象在不同时期的发展，造成一种视觉上的动感。

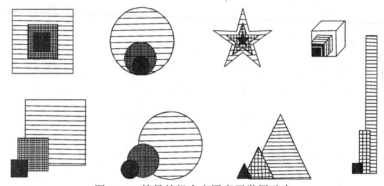

图 10-3　符号的组合应用表示发展动态

由于定点符号法的符号配置有严格的定位意义，当反映的目标比较集中时，可能出现符号的重叠，这是允许的。若重叠度不大，符号配置可采用小压大的方法；若重叠度较大，隐去被压盖部分后影响对符号整体的阅读，符号配置可以采用冷暖色和透明度方法进行处理；必要时还可另用扩大图表示。

10.1.4　线状分布要素的表示方法——线状符号法

表示呈线状或带状延伸分布的物体符号，称为线状符号。

线状符号在普通地图上的应用是常见的，如用线状符号表示水系、交通网、境界等。在专题地图上，线状符号除表示上述要素外，还常用来表示一定范围内专题要素的主要方向，如地质构造线、山脉的主要走向、气象上的锋、社会经济现象间的联系等。

线状符号用颜色或不同的结构表示线状要素的质量（类别）特征，其粗细只表示其重要程度，如主要、次要等，并不含有明确的数量概念。

用线状符号表示要素的位置时，有三种不同的情况：一是严格定位的，线状符号表示在现象的中心线上，如海岸线、陆地交通线、地质结构线等；二是不严格定位的，如航空线，只是两点间的连线；三是线状符号的一边沿实际位置描绘，如海岸类型，另一边向内或向外扩展,形成一定宽度的色带,如境界线色带等。

10.1.5 面状分布要素的表示方法

面状要素按空间分布特征可归纳为三种形式:①布满制图区的要素,可用质底法、等值线法表示;②间断呈片状分布要素,可用范围法表示;③离散分布要素,常用点数法表示。

1. 定性数据的表示方法——质底法

质底法是把全制图区域按照专题现象的某种指标划分区域中各种类型的分布范围,在各界线范围内涂以颜色或填绘晕线、花纹(乃至注以注记),以显示连续而布满全制图区域的现象的属性差别(或区域间的差别)。因为这种方法侧重于表示质的差别,一般不直接表示数量的特征,所以也称为质别法。此法常用于地质图、地貌图、土壤图、植被图、土地利用图等。

采用质底法时,首先要按专题内容性质决定要素的分类、分级(分区);然后在图上勾绘出各分区界线;最后根据拟定图例,用特定的颜色、晕线、字母等表示各种类型(或各种区划)的分布。

2. 定量数据的表示方法——等值线法

等值线是专题要素数值相等的连线,如等高线、等温线、等降水量线、等海深线等。它常用于表示地面和空间连续分布且均匀渐变的现象,并说明这种要素在地图上任一点的数值和强度,它适用于表示地貌、气候、海滨等自然现象。采用等值线法时,首先根据某要素相同的质和量,在地图上,把各地较长时间观测记录的平均数值,标定于相应测点;然后在各测点之间,用比例内插法找出等值点,并把等值点连成平滑曲线,即得等值线;再在等值线上加上数值注记,就可显示其数量指标。为了反映要素的发展趋势及增强质和量的明显对比性,可在等值线图上进行分层设色或加绘晕线,颜色由浅到深、由明到暗、由暖到冷(晕线由细渐粗、由疏渐密)变化,就可反映出要素逐渐发展变化的特征。等值线的数值间隔最好保持一定的常数,以利于依据等值线疏密程度判断要素急剧与和缓的变化特征。

3. 范围法

范围法使用轮廓线、底色、晕线、注记、符号等整饰方法,在地图上表示某专题要素在制图区域内间断而成片的分布范围,如煤田的分布、森林的分布、大片棉花或某种农作物的分布等。然而,此种专题要素必须分布在较大的面积上,方能按地图比例尺充分地显示出来。范围法在地图上标明的不是个别地点,而是一定的面积,因此,又称为面积法。

范围法包括精确范围法和概略范围法两种。精确范围法有明确的界线。概略范围法是用虚线、点线表示轮廓界线,或以散列的符号、文字或单个符号表示事物的大致分布区域。

范围法可在同一幅图上表示几种不同事物,若各事物相互重叠,则可将不同色彩或晕线的符号叠置,用以表达事物现象的渐进性和渗透性。范围法清晰易读,既可表示专题要素的空间分布,又可表示其性质、类别,较为常用。范围法和质底法的区别:前者所表示事物未布满制图区,符号可以重叠,后者所表示事物布满了制图区,符号不能重叠;前者侧重表示事物的分布范围,后者侧重表示事物的质量特征。

4. 点数法

用一定大小的、形状相同的点，表示现象分布范围、数量特征和分布密度的方法称为点数法。点的大小和所代表的数值由地图的内容确定。点数法又称点值法或点法，它被广泛用于表示人口、农业、畜牧业等专题图上。

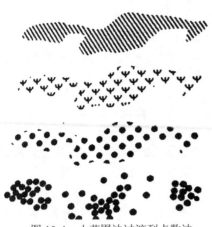

图 10-4 由范围法过渡到点数法

在用点数法表示的地图上，由点的疏密即可看出现象集中或分散的程度。

点数法是范围法的进一步发展。单独的范围法只反映专题现象的分布区域范围及其质量特征，而难以反映其数量差异。如果在范围内均匀地分布点，借助点的分布来表示区域的范围；当这种点具有点值时，用点的数目可表示现象的数量特征。如果点的分布与实际情况一致，这样就由范围法过渡到了点数法，如图 10-4 所示。

点数法布点方法有两种：均匀布点（统计方法）与定位布点（地理方法），即按专题地图现象的实际分布情况布点，如图 10-5 所示。

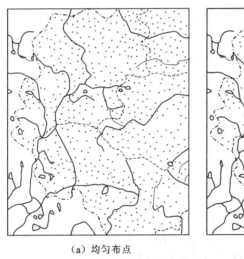

（a）均匀布点　　　　　　　　（b）定位布点

图 10-5 两种布点方法示意图

定位布点与实际情况的吻合程度，主要取决于地图比例尺。在大比例尺地图上，只要有详尽的资料，定位布点就可较精确地反映现象的分布。在小比例尺地图上，为了便于利用现成的统计资料，又想尽量用点反映要素的实地分布，可以把区域分得小一点，在小区划单元内虽然是均匀布点，但区划单元越小，点的位置误差也就相对越小，最后除去界线，点在整幅图上就不是均匀分布，而是呈有差异的分布。

用均匀布点法，不需要在地图上详细地表示出地貌、水系、道路及小居民点，因为用均匀布点法表示的地图，不能说明要素的实际分布情况与环境的关系，有时表示它们反会引起误解或错觉，如认为某种要素的数量分布在山区和平原是一样的；反之，用定位布点法则应尽可能地把有关的地理基础要素（地貌、水系、道路、居民点等）表示出来，因为这些地理基础要素在相当程度上可以说明点密集或分散的原因。

对于几种在地理分布上都有明显的区域性或地带性（即各有自己的分布区域）的要素，由于互相干扰少，用各种颜色的点分别表示各种要素的分布，可以获得很好的效果。对于地理分布错综复杂的要素，布点比较困难，用这种方法则会使图上的各色点互相混杂、难以辨认，从而影响各要素分布的清晰和易读性。在多色图上，地理要素应用较浅的颜色作为背景，点则用鲜明而饱和的颜色。在单色图上，应避免点与地理要素及注记重叠。

10.1.6 适用于多种分布现象的表示方法

1. 定量数据的表示方法——定位图表法、分区统计图表法

1）定位图表法

定位图表法是一种定位于现象分布范围（整个制图区域或线状连续分布）某些地点或均匀配置于区域（或线状分布范围）内的一些相同类型的统计图表，表示全制图或沿某些线状分布范围内的呈周期性变化现象的方法。例如温度与降水量的年变化、相对湿度、潮汐的半月变化等。

根据所表示现象的性质，常见的定位图表法可分为两种：①表示点的周期变化数据，无方向概念，如气温与降水；②表示点的周期变化数据，有方向概念，如风速与频率。

定位图表法表示的周期根据地图的用途和资料而定，有的以月为单位，有的以季为单位，也有的以半年乃至年为单位。例如风向频率、相对湿度可以月或季为单位，气温和降水则常以月为单位。

定位图表法中各观测点的数量指标是根据有较长时间记录的、各点同一时期观测值平均值而定的。从形式上看，定位图表法只是反映某些"点"的现象，然而，它却可通过这些"点"图形的总体，清晰地表明呈面状分布的制图现象的变化特征。这就好像通过抽样统计的样本来说明总体指标一样，因此，正确地选择典型地点十分重要。在海洋上，表示风向（或洋流）频率和风力的定位图表往往是均匀、等间隔配置的。定位图表一般描绘于地图内相应的点上，但也有的被描绘于地图之外，而用名称注记说明所代表的点。

2）分区统计图表法

在制图区域各个区划单位内，按其相应的统计数据，描绘不同形式的统计图表，以表示并比较各个区划单位内现象的总和、构成及动态，这种方法称为分区统计图表法。统计图表通常描绘在地图各相应的分区内。

分区统计图表法只表示每个区划内现象的总和，而无法反映现象的地理分布，因此，它是一种非精确的制图表示法，属统计制图的一种。在制图时，区划单位愈大，各区划内情况愈复杂，则对现象的反映愈概略。可是分区也不能太小，否则会因为分区面积较小而难以描绘统计图表并表示其内部结构。

分区统计图表法大多用来显示现象的绝对数量指标，并可显示现象的内部结构和发展动态。

2. 分级数据的表示方法——分级统计图法

分级统计图法是在整个制图区域的若干个小的区划单位内，根据各分区资料的数量（相对）指标进行分级，并用相应色级或不同疏密的晕线，反映各区现象的集中程度或发展水平的分布差别。分级统计图法可反映布满整个区域的现象、无点状分布的现象或线状分布的现象，但较多的是反映呈面状但属分散分布的现象，如反映人口密度、某农作物播种面积的比例、人均收入等。分级统计图法由于常用色级表示，所以也称色级统计图法。

分级统计图法只能显示各个区划单位间的差别，而不能表示同一区划单位内部的差别。所以，分级统计图的区划单位愈大，区内情况愈复杂，反映现象分布的程度也就愈概略；反之，区划单位愈小，反映的现象也愈接近于实际情况。在计算和描绘时，如果把没有该现象的区域除去，则更符合实际情况，表示得也更为精确。

分级统计图一般用于表示现象的相对指标，以反映现象的集中程度（如人口密度）或发展水平（如人民生活水平等）。如果采用绝对指标，可能造成某现象在各区域的比较会被歪曲。但对某些非全局性、量很小的现象，也有用绝对指标分级的，如茶园、菜园等非全局性作物的种植面积，表示相对指标反不及直接显示其绝对指标明确。同样，表示某行业就业人口时，也有用绝对指标分级的，以反映各区划单位的劳动力资源。

10.1.7 动态现象的表示方法——运动线法

运动线法简称动线法。运动线法是用运动符号（箭头）和不同宽窄的"带"，在地图上表示现象的移动方向、路线及其数量、质量特征。如自然现象中的洋流、风向，经济现象中的货物运输、资金流动，社会现象中的居民迁移、探险路线和军队的行进等。

运动线法表示各种分布特征的运动。它可以反映点状物体的运动路线（如船舶航行）、线状物体或现象的移动（如战线的移动）、分散成群分布现象的移动（如居民的迁移）、整齐分布现象的运动（如大气的变化）等。

运动符号表示运动路线时，有准确和概略之分，前者显示现象移动的轨迹，即实际移动的途径；后者则是起讫点的任意连线，即仅表示出运动的起讫点和方向，但看不出现象移动的具体路线。运动路线描绘的精确性，依据地图的比例尺、用途、现象表示的性质和资料详细程度而有所不同。例如，由于运动路线的某种粗略性或为了简化、概括图形，或者由于现象的实质，而只能概略地表示。

10.2 专题制图要素的数据处理

10.2.1 专题地图的数据来源

编制专题地图的数据收集和整理是一项十分重要的基础工作，准确、实时的数据是编制专题地图的前提条件。从专题制图的角度考虑，其数据源主要有以下几类。

1. 地图数据源及获取

地图数据是编制专题地图主要的数据来源，包括各种比例尺的普通地图和专题地图。普通地图既可用作编制专题地图的地理基础底图，也可用作某些专题要素，如地势图中的地貌和水文要素，交通图中的河流和道路等要素。各种比例尺的专题地图提供了地质、地貌、土壤、植被和土地利用等原始资料。此外，中小比例尺的专题地图也可作为编制其他专题地图的补充资料，如编制农业地图时，参考气候图可更加准确地进行农业分区。地图数据可以是纸质地图、电子地图、数字地图或地图数据库数据。地图数据的获取主要采用数字化和数据格式转换的方法。数字化方法有手扶跟踪数字化方法和扫描数字化方法。在编制专题地图时常用的是扫描数字化方法。

2. 遥感数据源及获取

遥感数据是编制专题地图重要的数据源。从卫星或飞机上获取的图像信息主要有胶片和数据文件两种记录形式。胶片是一种模拟信号，必须通过 A/D（模/数）转换装置将模拟量转换为数字量后才能送入计算机内进行存储和分析。数据文件通过转入图像处理系统，生成相应格式的影像文件，供用户分析。遥感数据具有覆盖面积大、同步性、时效性、综合性和可比性等特点，因此利用遥感数据编制专题地图越来越成为一种重要的手段和方法。遥感数据用于专题制图主要包括：①经过目视解译和计算机自动识别，从遥感影像中提取所需的专题信息，如土地利用分类、地质类型等数据，作为专题地图专题内容的基本资料；②编制专题影像地图。专题影像地图是在遥感影像中突出而完备地表示一种或几种自然要素或社会经济要素，如土地利用影像地图、植被类型影像地图等。

3. 统计资料与数据及其获取

统计数据和其他数字资料对许多专题地图而言有着特别的意义，包括社会经济数据，人口普查数据，野外调查、监测和观测数据。如全国国内生产总值统计数据、气象观测数据、环境污染监测数据等。统计数据一般都与相应的统计单元和观测点相联系，因此在收集这些数据时，要注意数据应包括制图对象的特征值、观测点的几何数据、统计数据的统计单元和统计口径。对于社会经济类统计数据，由于社会经济现象发展的日新月异，还应注意它的现势性和时间上的一致性，尽量收集最新统计数据。另外，统计数据还存在同种类的观测资料的问题。如气候图中使用的多年平均值大多数是相对的，从多组不同期的平均值对比中可以得到比较稳定的数值。目前，我国的统计工作正朝着标准化、信息化的方向发展，除了传统的统计表格形式，已建立起各种专题的电子表格、数据库。数据的建立、传输和汇总可以在计算机上实现，在这些大量的统计资料和数字资料中提取能够用于专题制图的数据并进行加工处理，是一项复杂的工作，这项工作将影响成图质量。

4. 文字报告和图片数据源及获取

文字报告主要包括科学论文、科研报告、资料说明及与专题内容相关的文章。文字报告和图片有时直接构成专题地图的内容。随着文字、图片等多种媒体形式在专题地图中所占比例的增加，它们极大地丰富了地图内容、活跃了图面。文字资料还可用于分析和评价其他制图资料的质量，进行区域自然、经济现象相互联系的分析。高清晰度、色彩逼真的图片既是专题地图内容的丰富和补充，又起到了美化地图的作用。在选择图片时，图片内容与地图主题的相关性及对主题内容的说明程度比图片本身的效果更重要。

10.2.2　专题地图的数据处理

由于所编地图的内容、方法和数据来源不同，数据处理的内容、难度和工作量也不同。专题地图的数据处理主要有以下几个方面。

（1）数据的分类处理。统计数据的分类往往很细，受制图目的、比例尺、符号、色彩的限制，必须予以合理的分类处理。对于自然地图，当基本资料为大比例尺地图数据时，需进行分类的归并，即将低级分类归并为高级分类表示，如森林分布按主要树种分类改变为按类型分类。

（2）数据的分级处理。原始统计数据往往是定量数据，制图时需要把定量数据转变为分级数据以满足制图的要求。当地图数据也为分级数据时，有时需要进行分级间隔或分级级数改变处理，但这种改变只能由详细到概略，而不能由概略到详细。

（3）数量指标的改变。原始数据存在计量单位、统计口径不一致，或数据之间不可比的现象，数据处理时将这些不一致、不可比的指标改变为统一可比形式的指标。如将产量指标转为产值指标，将绝对指标转为相对指标。另外，也可将一种指标转换为另一种指标，如将月平均降水量转化为年平均降水量，将地面高度指标转化为地面坡度指标。

数据分类分级处理主要是为了便于现象的描述和表示及对现象的一般性的定义。专题数据的分类分级具有特定的目的，没有任何一成不变的原则。

10.3 专题地图的设计

专题地图就其内容而言，主要由地理底图要素和专题要素两部分构成。

10.3.1 专题地图的底图设计

1. 地理底图的作用

地理底图在专题地图编制和使用中的作用，一般可以概括为以下三点。

（1）建立专题地图的"骨架"。专题地图是反映某专题信息的空间特征及分布规律的图形表示。有些专题信息本身并不具有空间特征，只有将它们以地图符号的形式落实到具有地图基本特性的地理底图上时，才显示专题信息的空间特征。

（2）转绘专题内容的控制系统。从编制专题地图的具体步骤来看，必须把大量各种类型的专题内容转绘到相应的空间位置，并且必须具有较高的几何精度，以保证专题地图的可量性和可比性。地理底图的数学基础，如地理坐标或平面直角坐标系、比例尺及地理底图所选取的地理要素，如水系、居民点、交通网、境界线及地形等高线，不论哪种，都可以为专题要素的定位提供足够的精度。

（3）更深入地提取专题地图的信息。专题信息总是反映自然和社会经济活动中某种客观存在的事物或现象，它们不会孤立地发生、发展，总是与其他地理现象相互联系或制约，这些地理要素通常就是底图要素。而地理底图中所选取的要素，如果不是普通地图选取的全要素，也必定是其中某一个或某几个与所反映专题密切相关的要素。因此，专题信息所依附的地理底图，不仅能在底图上直接量测以获取信息，更重要的是通过专题要素与地理底图的相互联系，分析出更多专题内容的产生、分布、发展的规律。如地形、水系、交通网、居民点等对区域性的工业布局所产生的积极作用就十分明显。编图者如能正确组织底图内容，会使读图者汲取比编图者预期设想的更多的专题信息。

因此，地理底图是专题地图的地理基础，专题信息的存储、表达、传递、提取，都必须通过底图才能实现。

2. 地理底图的内容和类型

专题地图的底图包括工作底图和出版底图。工作底图是编制地图的地理基础，出版底图是制成图上的地理基础。

（1）工作底图。工作底图内容比较详细。例如自然地图所要求的工作底图必须有详细的水系、地形和适量的居民地要素。人文地图要求工作底图的地理要素应该有水系、居民地、交通网和行政区划界线。此外，可以选用相应比例尺的国家基本地形图作为新编地图的工作底图。

（2）出版底图。通常经纬网、水系、居民地、境界线是所有专题地图都要表示的地理基础，但一般只表示对专题内容有定位、定向和说明作用的地理要素。

底图内容的选取可以有详、有略。底图内容的选取由拟编专题地图内容、用途、比例尺及区域地理特征确定。如反映森林分布，除水系起转绘控制的作用外，地形是必须选取的，而居民地、交通网、行政境界线一般都不必选取。编绘教学地图时，底图要素也应尽可能减少。在一般情况下，底图内容随比例尺的减小而减少是正常的。而在考虑区域地理特征时，水网密布区的河流在选取时删减的幅度要比河流稀疏区大，但其总量仍比稀疏区多。

不同的表示方法也会影响地理底图内容的选取。例如以点状定位符号表示区域的气候特征时，底图内容可详细些，但以等值线表示同一专题时，底图内容就要少些。

地理底图是专题地图的地理基础，底图内容选择过少就能发挥应有的作用；但底图要素毕竟又是在第二层次出现的，如果内容过于繁杂，反而干扰主题内容。这两种情况都会影响易读性及专题地图的整体效果。

3. 地理底图编制

地理底图一般以相同比例尺的普通地图为基本资料进行编绘，它与普通地图的编制方法十分相似。

在底图编制时，必须注意以下几个问题。

（1）专题内容较多或者编制专题地图的时间较为紧迫时，可考虑直接选用相应比例尺的国家基本比例尺地形图作为基础底图。在制图技术人员较少的单位采取这种做法也较为稳妥。这种底图通用性较好，数学精度有保证，但专题适用性较差，还会造成图面上底图要素与专题要素混杂不清，对专题地图的整体效果影响较大。

（2）工作底图的编制应尽早进行，初稿还需经过缜密的审校，且必须在正式编制专题地图之前将地理底图交付编图人员使用。

（3）底图符号和注记的规格不宜繁杂，在保证足够的数学精度前提下，图形的综合程度宜适当加大。地图的用色宜浅淡些，色数要少，工作底图更以单色（如浅蓝、钢灰、淡棕）为宜。

10.3.2 专题要素的符号设计

1. 专题要素符号设计特点

专题要素的种类繁多、内容广泛，而且许多内容都是不具形体的抽象概念，从静态现象到动态现象，应有尽有。因此，专题要素的符号设计与普通地图的符号设计有较大区别，主要表现在以下几个方面。

（1）表示的专题要素及其特征种类较多。专题要素既可以是具有一定形体的自然现象、社会人文现象，还可以是不具形体的抽象概念或统计数据等。专题要素符号既可以表示其定性特征，还可以较好地表示其定量特征。

（2）专题要素符号的形状不只是一般的二维几何线划符号，还有三维符号、特效符号、象形符号、图片符号、动态符号等，符号类型多种多样，可以满足不同地图风格显示的需要。

（3）专题要素符号的色彩丰富多彩，不仅仅是黑、棕、蓝、绿、紫、红等颜色，而且可以根据地图用途及用户喜好设计更多的颜色，提高专题地图的表现力。

（4）大多数专题要素符号的尺寸与专题要素的数量成比例，而不是与地图比例尺成比例。

（5）专题要素符号既有精确定位的符号又有概略定位的符号，如分区统计图表的符号定位点通常是面域内的某一点。符号定位点不是由实际测量得到的，而是为了视觉美观人为指定的。

2. 专题要素的点状符号设计

专题要素的点状符号设计是根据表示的专题要素及其特征的需要，确定点状符号的类型和视觉变量的过程。点状符号的类型包括几何符号、象形符号、统计图表符号、三维符号、动态符号等。它们都要进行形状、色彩和尺寸等视觉变量的设计。

点状符号的形状设计，主要包括符号轮廓形状的设计和图形内部结构的设计，要求形状简洁，与物体与现象的特征保持一定的联系，具有逻辑性和系统性特征，可以采用改变外围轮廓、改变内容结构、夸大特征等方法，使符号变化多样、简洁明了。

点状符号的尺寸设计，主要是指符号的线划粗细和外接圆形或外接矩形的尺寸设计，常用于表示物体或现象的数量特征。当表示专题要素分级特征时，符号的尺寸表示专题要素的等级。当表示要素的精确数值时，符号尺寸随数据的不同而改变，即符号的尺寸与所表示的数值成比例。由于外接圆或外接矩形的尺寸确定方法的不同，点状符号尺寸设计可以分为比例点状符号尺寸设计和非比例分级点状符号尺寸设计。

点状符号的色彩设计，需要以饱和度较高的色彩进行表示，多元原色或间色，通常与形状一起表示物体或现象的质量特征。另外，在进行点状符号色彩设计时，尽量用色相来体现和区分要素的质量特征；所用色相应该与地物要素本身的色彩相似或者有某种联系；同一符号中应尽量使用同一种色相；遵循认知惯性，避免使用有歧义的颜色表达。

3. 专题要素的线状符号设计

专题要素的线状符号设计就是根据表示要素及其特征的需要，确定线状符号的类型和视觉变量的过程。线状符号就要表示呈线状分布的专题要素的各方面特征。通常由不同形状的小符号（点或短线）沿线段排列组合而成，常用于表示各种界线、轮廓线、等值线、迁移路线等。

利用形状、色彩视觉变量表示线状分布的专题要素的质量特征和类型特征，如线状符号具有不同的形状：实线、双实线、虚线、点线、点虚线等。线状符号由粗到细再到虚线的变化体现专题要素由高级到低级（大类—亚类—子类）的变化。利用尺寸视觉变量表示要素的数量特征。由于线状符号的形状细长狭窄，面积较小，需要通过高饱和度的颜色，使其凸显在地图的主要视觉层面上。为了使高等级重要线状符号显示得更清晰，还可采用特效符号，即通过对原有线划符号加衬底、阴影和浮雕，增强其整体感，如对高速公路符号添加亮黄色衬底、境界符号加绘彩色晕带等。

4. 专题要素的面状符号设计

专题要素的面状符号根据表示要素及其特征的需要，确定面状符号视觉变量的设计过程。面状符号以面作为符号本身，主要表示呈面状分布的要素，面状符号通过面状符号的形状、色彩、尺寸变化来表示物体（现象）的性质和分布范围。面状符号设计主要包括形状设计、尺寸设计和色彩设计。

面状符号的形状设计主要包括轮廓线形状（实线、虚线、点线等）设计及填充图案的形状设计、填充花纹设计和填充晕线设计等，其填充晕线的设计主要包括晕线方向、晕线粗细、间隔排列的设计；填充图案的设计包括图案形状设计和图案的排列方式（如品字形）设计。

面状符号的尺寸设计主要包括范围线的宽度、填充符号的大小、排列间隔等的设计。相同填充要素的填充间隔应保持一致。面状符号都是依比例尺变化的，所以分布范围就是它的实际位置。当面状符号面积小于一定尺寸时可转化为点状符号。

面状符号的色彩设计影响整幅地图的设计效果，一般排在地图的底层，具有背景的作用。其设计时应注意几个方面：其一是尽量使用饱和度较低的色彩，使次要地物符号退至较低视觉层面，避免对点状符号和线状符号的视觉效果造成影响；其二是利用色彩的象征性反映现象质量特征，设色时应尽量考虑与被反映的物体或现象本身色彩具有相似性或某种联系；其三是利用色彩的饱和度变化或高度变化表示现象数量特征。

10.3.3　专题地图的图例设计

图例是地图上所使用的全部地图符号的说明。图例对地图信息传递的全部过程都具有重要意义。在地图制作阶段，确定图例，可对地图编绘过程中所有工作人员产生一种约束性的作用。即必须按照图例的规定把空间信息转换为地图信息。在读图阶段，图例起到获取空间实际状况信息的作用。而只有当读图者理解了图例的内涵后，才有可能真正实现将地图这一形象-符号模型恢复为现实空间。由此可见，图例设计是地图编制中相当重要的环节。

图例设计应遵循一些基本要求，最主要的是图例符号的完备性与一致性、图例系统的科学性。图例符号的完备性指图例应包括图幅中所有出现的专题符号。当然，普通地图符号，在专题地图的图例中可以省略。图例符号的一致性，对点状符号、线状符号、面状符号有不同的含义：点状符号要保持在形状、尺寸、色彩、结构等方面的严格一致；线状、面状符号要保持图幅与图例符号间图形变量的同类性，如线状符号应选取能概括该符号完整外形特征的线划，并保持尺寸、色彩的一致；面状符号的形状是不固定的，通常以矩形的图式表示，色彩和网纹要与图幅内对应类别一致。图例系统的科学性在于能反映专题内容的科学体系。如各要素的层次及相互关系，指标的分类、分级，转换成图例系统的顺序和位置。对一些复合的或多变量的图例符号，可以列成图表。在以色阶表现数量差异时，按惯例应从左到右或从上到下排列，若表现分级数据顺序时应从小到大排列。此外，图例符号的设计还应考虑易读性和艺术性，便于制作。

10.4 实例与练习——基于 CorelDRAW 的 专题地图的设计与制作

10.4.1 实验目的

使用 CorelDRAW 等软件设计并绘制专题地图，要求掌握数据处理、图面配置、符号设计等知识点，能够根据不同类型数据的特点，将其熟练应用于专题地图的制作与表达。

10.4.2 实验要求

（1）基于 ArcMap 软件，掌握地理底图数据处理的方法。

（2）基于 CorelDRAW 软件，掌握文字、图片、基础地理要素等数据导入的方法，并能进行图形绘制、颜色填充和符号设计，并且进行地理底图的编辑和图面其他辅助要素的编辑设计，实现专题地图的设计与制作。

10.4.3 实验数据

专题地图数据库文件 ThematicMapsData.gdb，实验区专题统计数据.xlsx。

1. 实验区专题数据

以制作曲岩省的农业专题地图为例，需要收集关于农业方面的统计数据，数据收集整理如表 10-1 所示。

表 10-1 曲岩省主要年份主要农作物产品产量 （单位：万 t）

年份	粮食作物	油料	蔬菜	水果
2010	1 374.08	44.04	2 182.42	1 057.12
2011	1 382.26	47.74	2 316.48	1 171.20
2012	1 426.33	50.85	2 445.21	1 258.25
2013	1 450.71	53.40	2 542.65	1 349.73
2014	1 452.63	56.67	2 741.57	1 458.20
2015	1 433.15	59.21	2 944.78	1 592.94
2016	1 419.03	62.50	3 114.39	1 729.80
2017	1 370.49	64.93	3 282.63	1 900.40
2018	1 372.80	66.66	3 432.16	2 116.28
2019	1 332.00	71.63	3 636.36	2 472.14

2. 基础地理数据

实验 9.4 所收集的包含实验区的行政区划、道路、水系等基础地理信息数据。

10.4.4 实验步骤

专题地图不仅要考虑选择合适的基础地理要素进行符号化，而且要收集与地图主题相关的属性数据，属性数据要用统计图表体现，或者在主图中用符号大小、分级设色体现出来，服务于地图主题内容表达。因此，在设计专题地图时，除了对基础地理数据进行处理外，还要对属性数据进行收集整理，充分运用符号、图表及文字说明等在图中展示，实验步骤如图 10-6 所示。

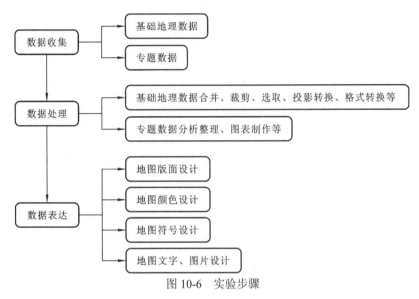

图 10-6 实验步骤

1. 地理底图数据准备

专题地图所需的地理底图处理过程参考 9.4 节内容。实验采用 CorelDRAW 软件制作专题地图，需要在 ArcMap 中将处理好的数据以 CAD 格式导出（图 10-7）。

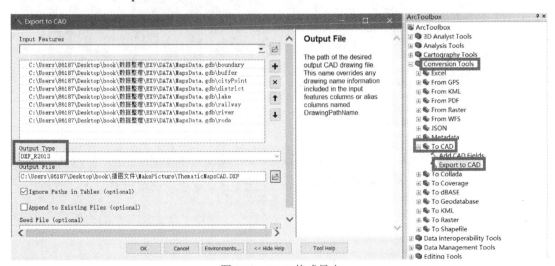

图 10-7 CAD 格式导出

2. 专题地图数据准备

农业专题地图的数据来源为政府部门统计年鉴。例如，要收集武汉市的相关统计数据，可以搜索"武汉市统计年鉴"，进入武汉市统计局官网，即可对公开的统计数据进行查看、下载等操作。

采用曲岩省最新的统计年鉴，收集相关统计数据，在 Excel 中根据需要表达的内容进行重新整理（图 10-8）。

A1	fx	曲岩省主要农作物产量	
	A	B	C	D
1	曲岩省主要农作物产量/万t			
2	市	粮食作物	油料	蔬菜
3	玄都市	205.46	15.57	654.67
4	赤江市	72.01	3.17	271.3
5	碧空市	169.01	8.09	514.94
6	雪川市	30.05	4.65	107.83
7	白塔市	158.64	6.21	400.35
8	渌水市	90.28	2.82	185.25
9	乌海市	68.71	3.94	158.37
10	苍梧市	67.79	4.35	271.61
11	烟阳市	107.29	1.97	292.18
12	云中市	59.41	3.35	221.52
13	承和市	95.03	1.67	180.76
14	安庐市	143.98	12.36	214.34
15	湘左市	47.34	2.76	128.59

图 10-8　专题数据示例

使用 Excel 的图表工具，制作相应的统计图表，如图 10-9、图 10-10 所示。

图 10-9　农作物播种面积图表

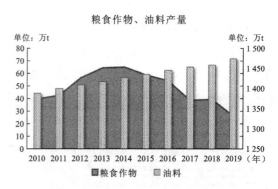

图 10-10　粮食作物、油料产量图表

在同一幅专题地图中，图表的风格应多样化，颜色选择应贴合图面整体设计，作为辅助性说明，图表应服务于专题地图整体视觉效果。例如，折线图和柱状图多用于表示数据的变化和多少，扇形图能反映整体与部分之间的关系等。

3. 专题地图制作

1）新建工作文档

打开 CorelDRAW 软件，新建文档，保存文件名为"专题地图"，根据制图区域的形状设置纸张尺寸，地图大小为 A3，方向为横向，其他参数保持默认值（图 10-11）。

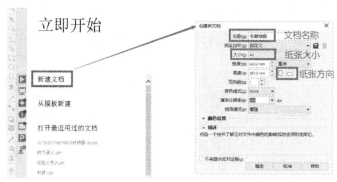
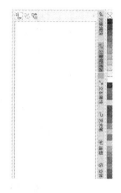

图 10-11　新建工作文档

2）数据导入

在菜单栏中选择"文件"→"导入"，选中 DXF 文件将所有地理要素导入 CorelDRAW （图 10-12），根据比例尺设置大小，如图 10-13 所示，调整位置使其位于图面正中央，如果制作主单元地图，则需要放置图面中心（图 10-14），如果制作多单元地图，可根据图面配置进行适当调整。

图 10-12　导入数据

图 10-13　缩放

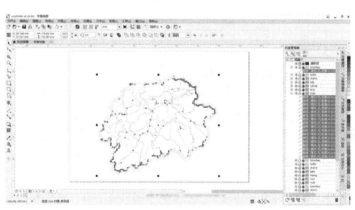

图 10-14　调整位置

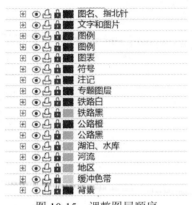

图 10-15 调整图层顺序

3）调整图层顺序

根据不同类型的数据要素，将图层以可识别的形式重命名。为规范表达地图上的各要素，调整图层显示顺序（图 10-15），从上到下依次为文字图片图层、注记图层、点图层、线图层及面图层，出现子图层时，处理好各子图层之间的压盖关系，确保各图层要素之间压盖关系正确。

4）色带制作及分级底色设计

根据行政区划边界，在 CorelDRAW 或 ArcMap 软件中制作缓冲区。

本实验中专题地图的主题为农业，因此整幅专题地图以胡萝卜的颜色——绿色和橙色为主体颜色。将所有行政区划轮廓设置为白色（C：0、M：0、Y：0、K：0），线宽为 0.1 mm。对各市常住人口数进行分级，四级 CMYK 颜色分别设置：①C：30、M：10、Y：50、K：0；②C：50、M：20、Y：60、K：0；③C：70、M：30、Y：70、K：0；④C：90、M：40、Y：80、K：0。

设置色带颜色，色带从内到外颜色渐浅，CMYK 值有规律渐变：①第一层：C：0、M：60、Y：100、K：0；②第二层：C：0、M：50、Y：80、K：0；③第三层：C：0、M：40、Y：60、K：0，成图效果如图 10-16 所示。

图 10-16 色带、分级底色效果图

5）符号设计

将河流图层中所有曲线颜色设置为蓝色（C：100、M：0、Y：0、K：0），宽度可根据河流宽度进行渐变设置，从 0.1 mm 逐渐过渡到 0.4 mm，如图 10-17 所示。

公路符号设置参考相应的国家基本比例尺地图图式规范，复制一份公路数据得到"公路橙""公路黑"两个图层，分别设置公路的上下层（上层 C：0、M：50、Y：80、K：0，宽度为 0.2 mm；下层 C：0、M：0、Y：0、K：100，宽度为 0.4 mm），如图 10-18 所示。

铁路符号设置方法与公路一样，铁路颜色设置为上层白色虚线，C：0、M：0、Y：0、K：0，宽度为 0.2 mm；下层深灰色实线 C：0、M：0、Y：0、K：70，宽度为 0.4 mm。铁路的黑白段长度相等，如图 10-19 所示。

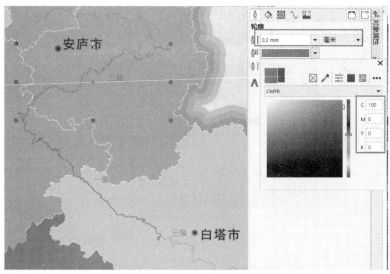

图 10-17　水系符号效果及设置

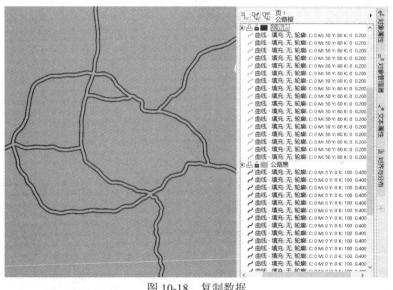

图 10-18　复制数据

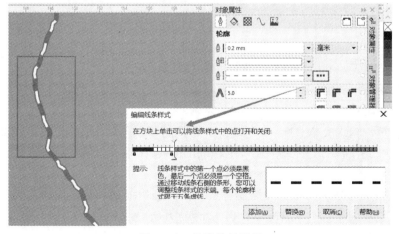

图 10-19　铁路符号设置

对湖泊水库设置其边界色为 C：100、M：0、Y：0、K：0，填充色为 C：30、M：0、Y：0、K：0，效果如图 10-20 所示。

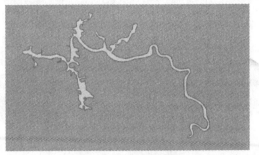

图 10-20　水库效果图

图 10-21　新建图层

6）图名设置及指北针设置

单击右键"页面 1"，新建图层，命名为"图名、指北针"（图 10-21）。

选中图名、指北针图层，单击界面左侧工具中的文本工具，在文档空白处单击即可输入文字，如图 10-22 所示。

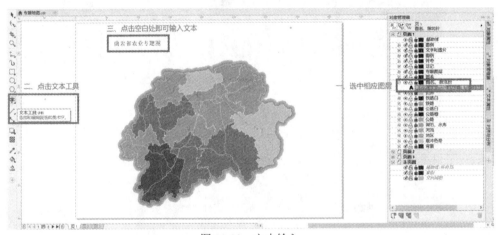

图 10-22　文本输入

选中文本，从泊坞窗中打开文本属性窗口，设置字体、字号、字轮廓、字间距等内容。字体选择华文新魏，添加字轮廓可以达到字体加粗的效果，字间距设置为 50%。设置好后将图名拖动至合适位置，并适当调整字号，如图 10-23 所示。

图名太过单薄不够突出，可以通过增加阴影或其他方式增加立体感。选择左侧阴影工具，设置阴影方向、阴影深度等，如图 10-24 所示。

添加指北针，输入文本"N"表示北方，选择胡萝卜图片作为指北针，将文本和图片组合对象（图 10-25），移动至合适位置。在 CorelDRAW 中设计、绘制经典指北针参考 7.6 节。

7）图框、背景设置

新建背景图层。使用矩形工具绘制背景图框，利用缩放和裁剪操作得到边框，边框边界为白色（C：30、M：0、Y：0、K：0，2 pt），填充色为橙色（C：0、M：40、Y：60、K：0）。导入背景图片，设置其透明度，如图 10-26 所示。

图 10-23　图名设置

图 10-24　阴影工具及文字阴影效果

图 10-25　指北针效果图

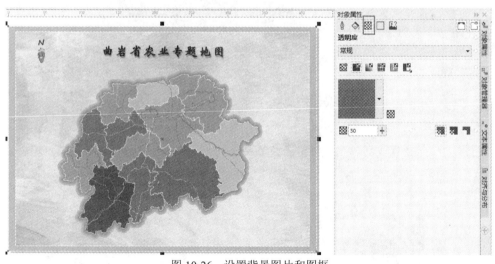

图 10-26　设置背景图片和图框

8）图表设置

新建图表图层，将在 Excel 中制作好的图表导入 CorelDRAW 中，主要有三种方法：①选择"编辑"下的"选择性粘贴"，在弹出的对话框中选择"图画（增强的图元文件）"，单击"确定"；②在 Excel 中复制整个图表，直接在 CorelDRAW 中粘贴；③在 Excel 中输出图表图片，导入 CorelDRAW（图片格式使用 png）。将图表放置在主图周围合适位置，使用统一风格的圆角矩形作为图表背景，效果图如图 10-27 所示。

图 10-27　图表设置效果图

将部分专题数据表示在主图中。本实例中使用各市主要农作物产量制作玫瑰图，放置于对应区块中，如图 10-28 所示。分区统计图表的大小，需要根据指标来设定大小等级，使其相互之间具有层次感和逻辑性。分区统计图所用数据为各市粮食作物、油料及蔬菜的产量，大小分级所用数据为各市主要农作物产量总和。

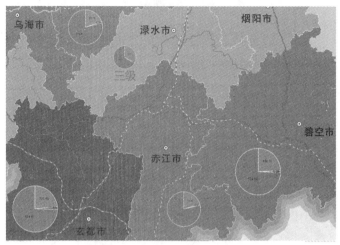

图 10-28　主图中的专题图表

9）注记设置

新建注记图层，输入文本，设置字体为黑体，字号为 12 pt，轮廓为细线，放置于合适位置，避免压盖道路、河流等其他要素（图 10-29）。

图 10-29　文本设置及要素配置

10）图例设置

新建图例图层，制作图例（图 10-30）。根据 CorelDRAW 下地图缩放的比例，在 ArcMap 中设置一样的参考比例，插入比例尺，复制粘贴至 CorelDRAW 文档中。也可以利用制作符号的方法制作比例尺。

11）文字、图片设置

将图片和文字放置于主图周围空白处。文字内容和字体、字号等，根据图面内容进行调整。

图 10-30 图例制作样式

4. 输出地图

选择顶部工具栏"文件"下的"导出",设置图片名称及格式,选择输出路径,点击"导出",输出时颜色模式选择 CMYK 色(32 位)(图 10-31),完成曲岩省农业专题地图的设计与制作,如图 10-32 所示。

图 10-31 导出默认设置

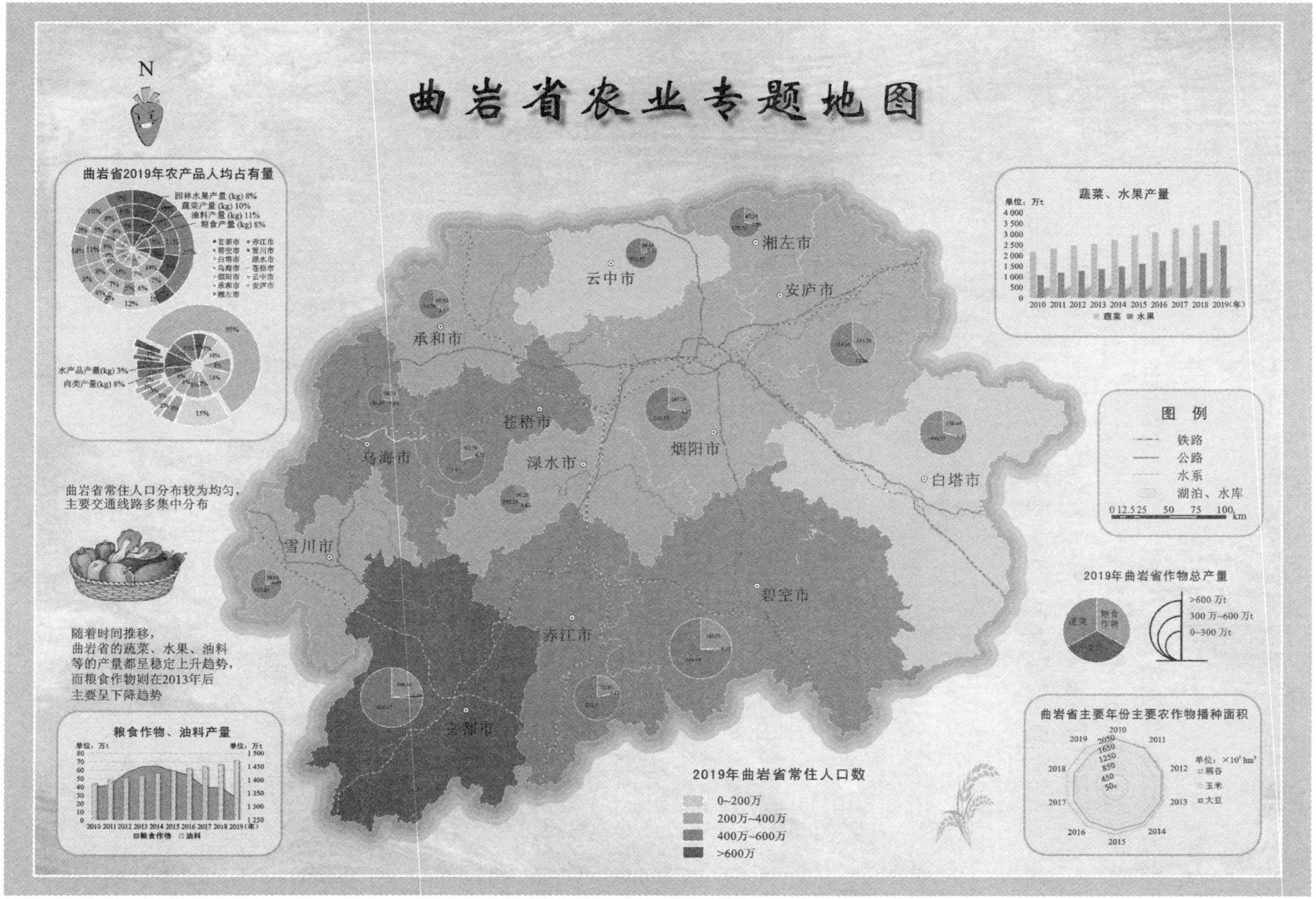

曲岩省农业专题地图

2019年曲岩省常住人口数

0~200万
200万~400万
400万~600万
>600万

图例

铁路
公路
水系
湖泊　水库

0 12.5 25　50　75　100 km

2019年曲岩省作物总产量
>600万
300万~600万
0~300万

曲岩省主要年份主要农作物播种面积
单位：×10⁶ hm²
稻谷　玉米　大豆

蔬菜、水果产量

曲岩省2019年农产品人均占有量

随着时间推移，曲岩省的蔬菜、水果、油料
等物的产量都呈稳定上升趋势，
而粮食作物则在2013年后
主要呈下降趋势。

曲岩省常住人口分布较为均匀，
主要交通线路多集中分布。

粮食作物、油料产量

图 10-32　曲岩省农业专题地图

·219·

第 11 章　遥感影像地图的设计与制作

遥感技术的发展，使地图的资料来源、现势性、制图工艺等方面都发生了明显的变化。1943 年德国开始利用航空像片制作各种比例尺的影像地图。1945 年前后美国开始生产影像地图，我国在 20 世纪 70 年代开始研制影像地图。由于遥感影像地图结合了遥感影像与地图各自的优点，比遥感影像更具可读性和可量测性，比普通地图更加客观真实，信息量更加丰富，日益受到人们的重视，遥感制图成为地图制图学的一个新的发展方向。

11.1　影像地图概述

11.1.1　影像地图的定义和特点

影像地图是一种以遥感影像和地图符号、注记来表现制图现象地理空间分布状况及其特征的地图。它能将客观地物与现象的影像信息与经过专业人员加工的地理信息有机地融合在一起，帮助人们科学、客观、系统、直观形象地认知地理环境，正确理解地理现象的空间关系，满足不同部门对测绘数据的准确性、现势性、直观性的要求，在科学研究、经济建设和社会发展中发挥着不可替代的作用。

基于地图制图理论、遥感技术和计算机辅助技术对遥感影像进行处理后的影像地图，兼有影像和地图的特征，是一种新型的地图品种。与普通线划地图相比，影像地图具有以下鲜明的特点（江南 等，2017）。

（1）内容丰富，信息量大。影像地图以丰富的影像细节来表现区域的地理外貌，比单纯使用线划符号的地图内容丰富、信息量大，有利于地图的制作与更新。一方面，遥感技术可以提供丰富的影像种类，如航空影像、雷达影像、多光谱影像、高光谱影像；另一方面，遥感技术获取数据非常庞大，如覆盖全国的专题地图数据量将达到 135 G，远远超过了采用传统方法获取的信息量。

（2）真实感强，直观易读。遥感影像是采用中心投影通过记录地面物体电磁波来反映地面情况的。根据影像上的不同色调可以快速判读出物体的基本特征，如位置特征、形状特征、大小特征、布局特征和活动特征等，因而，影像地图不仅有着丰富的内容，而且真实直观、生动形象，特别是其宏观性和直观性在反映区域概貌、理解区域整体情况和进行区域总体规划方面发挥着重要作用。总之，与普通线划地图的抽象符号相比，直观的影像富于表现力，易于被读者接受。

（3）资料新颖，现势性好。遥感影像获取快、周期短、不受地面条件的限制，能较好地反映动态变化的现象，有利于更新地图数据，制作实时动态监测地图。例如：同一颗 SPOT 卫星对同一地区的观测时间最短间隔为 5 天；美国国家海洋和大气局（National Oceanic Atmospheric Administration，NOAA）气象卫星每天能接收到两次覆盖全球的遥感影像，而传统的人工调查往往需要几年甚至几十年时间才能完成地球大范围动态监测的任务。

（4）成图速度快，应急保障好。由于影像资料获取的速度快，而且像片上有丰富直观的地物影像，制作影像地图时只需以遥感影像作为基础底图，通过解译并加绘必要的地图符号、轮廓界线和注记，就能在较短时间内制成影像地图。通过影像和符号互相配合的方法，弥补了单纯用影像表现地物的不足，且不需要编制地理底图，从而减少了制图工作量，缩短了地图的成图周期，具有工效高、质量好等优点，能较好地满足灾害救援、突发事故处理等应急保障地图制作的需要。

11.1.2 遥感影像地图的分类

遥感影像地图是以遥感影像为基础内容的一种地图形式，是根据一定的数学规则，按照一定的比例尺，将地图专题信息和地理基础信息以符号、注记等形式综合缩编到以地球表面影像为背景信息的平台上，并反映各种自然地理要素和人文地理要素的地理分布与相互联系的地图。按其表现内容可分为普通遥感影像地图和专题遥感影像地图两大类（庞小平 等，2016）。

（1）普通遥感影像地图。图面内容主要由影像构成，辅助以一定地图符号来综合、均衡、全面地反映制图区域自然地理要素和人文地理要素的一般特征，包括水系、地貌、植被、居民地、交通网、境界线等制图对象。普通遥感影像地图根据需要不同，可以制成黑白普通影像地图、彩色影像地图、单波段影像地图、多波段合成影像地图等。按遥感资料的性质，普通遥感影像地图又可分为航空影像地图和卫星影像地图两种。航空影像地图的比例尺较大，影像分辨率高，适用于工程设计、地籍管理、区域规划、城市建设、区域地理调查研究和编制大比例尺专题图。卫星影像地图由卫星影像编制而成，属于中心比例尺影像地图，区域总体概念清晰，有利于大范围的分析研究，适用于研究制图区域全貌、大地构造系统、区域地貌、植被分布，以及进行资源调查与专题制图等。

（2）专题遥感影像地图。它是以影像地图为基础底图，通过解译并加绘一些与制图主题相关的专题要素的符号和注记而制成的一种影像地图。利用遥感影像，可以编制很多专题地图，如地质图和地质构造图、植被类型图、土地利用图和土地类型图、冰雪覆盖图、洪水淹没图等。地质图和土地利用图等按照统一的比例尺、分类原则和制图单元可编制成套的遥感专题地图。

此外，遥感影像地图还可按其他分类方法分为不同的类型。例如，遥感影像地图按照颜色可分为黑白影像地图和彩色影像地图，按照分幅形式可分为单幅影像地图、单幅区域影像地图、标准分幅影像地图，按照成图方法可分为光学合成影像地图、印制合成影像地图，按照获取遥感信息的传感器还可分为航空摄影影像地图、扫描影像地图、雷达影像地图。

遥感影像地图发展具有广阔前景，一些新型影像地图的问世，代表了影像地图制作技术发展的主要趋势（梅安新 等，2001）。

数字影像地图：这种影像地图以数字形式存储在磁盘、光盘或磁带等存储介质上，需要时可由电子计算机的输出设备（如绘图机、显示屏幕等）恢复为影像地图。数字影像地图与传统的影像地图相比，仍然保留了影像地图的基本特征，如数学基础、图例、符号、色彩等。主要差异在于载荷影像地图信息的介质不同。电子影像地图的制作与使用必须借助计算机系统。

多媒体影像地图：这种影像地图是电子地图的进一步发展。传统的影像地图主要给人提供视觉信息，多媒体影像地图则增加了声音和触摸功能，用户可以通过触摸屏甚至是声音来对多媒体影像地图进行操作，系统可以将用户选择的影像区域放大，直观、形象的影像信息再配以生动的声音解说等，使影像地图信息的传输和表达更加有效。

立体全息影像地图：这种影像地图利用从不同角度摄影获取的区域重叠的两幅影像，构成像对，阅读时，需戴上偏振滤光眼镜，使重建光束正交偏振，将左右两幅影像分开，使得左眼看左边影像，右眼看右边影像，利用人类生理视差，就可以看到立体全息影像。

自 20 世纪 80 年代至今，我国地图事业和地图学获得全面发展，取得了举世瞩目的成就，尤其是计算机制图、遥感制图、数字测图、计算机自动制版、多媒体电子地图、互联网地图等技术领域都取得了重大突破，实现了由传统制图工艺向数字化与自动化的根本变革，赶上了世界先进国家的水平。遥感制图也在继承和发扬中国近现代制图先进方法的基础之上，学习和引进国外先进理论方法和技术，逐步实现自行设计、自主研发并不断开拓创新。遥感技术的不断发展及其应用的不断深入，必将给遥感制图技术开辟新的更加广阔的前景。例如在卫星遥感应用方面，结合我国不同区域的地理特点进行各种监督分类实验与综合系列制图均取得较好的效果。把国外先进的遥感制图经验和我国复杂的区域地理特点相结合，自主研发、开拓创新，是我国遥感制图事业迅速发展并在较短时期内赶上世界发达国家先进水平的重要途径。

11.2　遥感影像的预处理

原始遥感影像一般无法满足制图的需要，不能直接应用于制图。为了使遥感影像符合制图要求，通常需要对它们进行一定的处理，主要包括遥感影像的校正、遥感影像的增强处理、遥感影像的融合、遥感影像的色彩处理、遥感影像的镶嵌和遥感影像的裁剪等（庞小平 等，2016）。

11.2.1　遥感影像的校正

地物经过遥感成像所形成的影像与地面景观的真实辐射相比，可能在像元的亮度值和几何位置上都存在误差，需要把这种误差消除掉。遥感影像校正的目的是尽可能地消除在遥感影像获取过程中因遥感系统、大气状况、太阳位置和角度条件等引起的辐射误差和几何误差，为遥感影像解译、制图等后续工作做好准备。

1. 辐射校正

利用遥感传感器探测接收地表目标辐射或反射的电磁能量时，在太阳—大气—目标—大气—传感器的辐射传输过程中存在诸多干扰因素，传感器所接收的信号不能准确地反映地物目标的物理属性（光谱反射率、光谱辐亮度等），从而造成遥感影像的失真。为了正确评价目标的反射或辐射特征，必须消除这些失真。通过调整遥感影像的亮度值消除依附在辐射亮度中的各种失真的过程称为辐射校正（radiometric correction）。辐射校正包括由传感器灵敏度特性引起的系统辐射误差校正，由大气吸收、散射等引起的大气辐射误差校正，以及由太阳高度、地形等引起的地面辐射误差校正等，如图 11-1（杜培军，2006）所示。

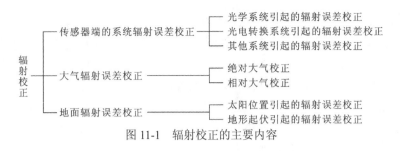

图 11-1　辐射校正的主要内容

1）传感器端的系统辐射误差校正

（1）光学系统引起的辐射误差校正。在使用透镜的光学摄影类型传感器中，由于透镜光学特性的非均匀性，在摄影面中存在边缘部分比中心部分发暗的现象，即边缘减光。由于光学镜头中心和边缘的透射强度不一致，使同类地物在影像的不同位置上有不同的灰度值。如果光轴到摄影面边缘部的视场角为 θ，则理想的光学系统中某点的光量与 $\cos^n\theta$ 几乎成正比，利用这一性质可以进行校正，也称为 $\cos^n\theta$ 校正。

（2）光电转换系统引起的辐射误差校正。在扫描方式的光电成像类型传感器中，传感器将在每个波段探测到的电磁能量经光电转换系统转化为电子信号，然后按比例量化成离散的灰度级别，仅在影像中具有相对大小的意义，没有物理意义。同一地区不同日期的遥感影像或不同传感器获取的同一地区遥感影像中可能存在偏差，需要进行传感器定标校正后才能相互比较。

传感器定标就是要建立传感器每个探测元件输出的数字量化值与它所对应视场中辐亮度、反射率、亮温等物理量之间的定量关系。传感器定标可分为实验室定标、星上定标和场地定标三个阶段。实验室定标是传感器投入运行前，通过模拟空间环境，对波长位置、辐射精度、光谱特性等进行精确测量。星上定标又称为在轨定标，通常采用内定标方法，其内容和作用与实验室定标类似。星上定标利用星上搭载的辐射定标源、定标光学系统对传感器的光谱特性和绝对辐射特性加以标定，用于对遥感影像进行辐射校正。场地定标是指在传感器处于正常运行条件下，在辐射定标场地通过选择典型的均匀稳定目标，用精密仪器进行地面同步测量传感器过顶时的地物光谱反射率和大气环境参量，然后利用大气辐射传输模型等手段计算传感器入瞳处各波段的辐亮度，最后确定辐亮度与传感器对应输出的数字量化值之间的数量关系，求解定标系数，并估算定标不确定性。

辐射定标场地一般选择光谱响应稳定的地区。美国国家航空航天局和亚利桑那大学在美国国家公园新墨西哥州的白沙风景点、加利福尼亚州的爱德华空军基地的干湖床和索诺拉沙漠建立了辐射校正场，法国在其东南部的马赛市附近建立了 La Crau 辐射校正场，欧洲空间局在非洲撒哈拉沙漠建立了地面辐射校正场，日本与澳大利亚合作在澳大利亚北部沙漠区建立了地面辐射校正场。我国已建成敦煌辐射校正场和青海湖辐射校正场。敦煌辐射校正场地域开阔、地表平坦、地物类型均一稳定、大气干洁无污染、日照条件好，主要用于可见光-近红外波段的校正。青海湖辐射校正场湖面开阔、湖水较深、湖中水生物少、表面温度稳定，主要用于热红外波段的校正。

（3）其他系统引起的辐射误差校正。若传感器不能正常工作，则传感器系统本身就会引入辐射误差，例如随机坏像元、n 行条带、数据条带缺失等。

若传感器的某个探测器未记录对应像元的光谱数据，且当这种情况随机发生时，该像元就称为随机坏像元。在遥感影像中，随机坏像元往往是分散的、孤立的。去除随机坏像元通常分成判定和校正两个阶段。首先，采用阈值法判定当前像元是否为随机坏像元，若当前像元亮度值与邻域像元亮度平均值之差的绝对值大于给定阈值，则判定该像元是随机坏像元。然后，取邻域像元的亮度平均值作为坏像元校正后的亮度值。实际处理时注意将坏像元与影像本身的边缘信息区分开来，影像边缘附近、影像四周边界不进行坏像元消除。

有时候探测器虽然在工作，但没有进行辐射调整。例如，某探测器记录的黑色深水区光谱数据比其他探测器同波段记录的亮度值大 20 左右，导致影像上会出现比邻近行更亮的行，这就是 n 行条带。为了恢复 n 行条带，首先需要确定数据的误定标扫描行，然后对非正常工作的探测器记录的所有像元值进行偏置（加或减）校正或更严格的增益（乘）校正。

目前，关于 ETM[①]+SLC[②]-off 遥感影像修复方法研究已取得了一些成果。国际科学数据服务平台提供了多影像固定窗口局部回归、多影像自适应局部回归两种方案进行影像修复。两种方案均利用多景不同时相的遥感数据，采用局部回归分析方法对一景影像进行缝隙填充。所不同的是，多影像固定窗口局部回归区域的面积为固定值；多影像自适应局部回归区域的面积为变化值。选择局部区域面积最小、相关性最大的区域进行回归分析，影像修复质量较高，但计算效率较低。

2）大气辐射误差校正

太阳光在到达地表目标物之前会受到大气中分子和粒子的吸收、散射作用而衰减。同样，来自目标物的反射在到达传感器之前也会被大气吸收、散射。消除由大气引起的辐射误差的处理过程称为大气校正，有绝对大气校正和相对大气校正两种方法。

（1）绝对大气校正。绝对大气校正的目的是将遥感传感器记录的亮度值转换为地表实际反射率，使之能与其他地区获取的地表实际反射率进行比较和综合使用。进行绝对大气校正的方法有辐射传输模型法和基于地面经验线性回归法。①辐射传输模型法：在理想情况下，传感器记录的能量是瞬时视场内以一定立体角离开目标地面的辐射能量；但在实际情况下，其他辐射也会通过各种不同路径进入传感器，增加了到达传感器的能量，致使遥感影像的反差降低。②基于地面经验线性回归法：又称实测光谱回归分析法，该方法使遥感影像数据与同步实测光谱反射率数据相匹配，进行绝对大气校正。与辐射传输模型法不同，基于地面经验线性回归法主要考虑辐射传输过程中各种误差因素的加性贡献，并不推究其机理上的逻辑关系，是一种"黑箱"模型。

（2）相对大气校正。相对大气校正不需要进行实际地面光谱及大气环境参数的测量，而是直接从遥感影像本身出发消除大气影响，主要有内部平均法、平场域法、波段对比法等。内部平均法和平场域法主要考虑导致辐射误差的各种因素的乘性贡献，校正后得到的是相对反射率值。①内部平均法：内部平均法假定一幅遥感影像内部的地物充分混杂，整幅影像的平均光谱基本代表了大气影响下的太阳光谱信息，将影像 DN 值与整幅影像平均值的比值作为相对反射率。内部平均法可以大大消除地形阴影和其他整体亮度的差异。但是，该方法假设地表变化是充分异构的，光谱反射特性的空间变化才会相互抵消。若这个假设不成立，得到的相对反射率会有虚假性。②平场域法：平场域法是选择遥感影像中一块面积大、亮度高、光谱响应曲线变化平缓的区域作为平场，利用其平均光谱辐射值来模拟获取影像时的大气条件下的太阳光谱，然后将每个像元的 DN 值与平场域平均值的比值作为相对反射率，消除大气影响引起的辐射误差。该方法有两个重要的假设条件：平场域的平均光谱没有明显的吸收

---

① ETM（enhanced thematic mapper）为增强型专题制图仪
② SLC（single level cell）为单级单元

作用；平场域的辐射光谱主要反映当时大气条件下的太阳光谱。平场域通常采用人机交互的方式进行选择。自然景观中具有完全平的反射光谱的高亮度地物很少，所以从遥感影像中选择一个合适的"平场"较为困难。对于覆盖沙漠地区的影像，可选择结盐的干湖床作为平场；对于城市遥感影像，可选择明亮的人造材料（如混凝土等）作为平场。③波段对比法：波段对比法是基于大气散射的选择性，即大气散射对短波影响大、对长波影响小，一般以红外波段为参考，通过直方图最小值去除法和回归分析法计算其他波段的大气干扰值。直方图最小值去除法是假定遥感影像中存在暗目标，例如深海水体、高山背阴处等，暗目标在各个波段上的辐射亮度都应为零。相应地，各波段影像直方图的最小亮度值也应为零；如果不为零，就认为是大气散射所致，校正时，将每一波段中每个像元的亮度值减去本波段的最小值（或暗区域的平均亮度值）。回归分析法是在对遥感影像中目标地物亮度信息统计的基础上，揭示各波段间相互关系的一种比较方法。需要说明的是，"各波段间相互关系"可以指源自同景遥感影像的不同波段之间的关系，也可以指同一研究区域的不同时相遥感影像的对应波段之间的关系。

3）地面辐射误差校正

（1）太阳位置引起的辐射误差校正。太阳位置主要是指太阳高度角和方位角。如果太阳高度角（太阳入射光线与地平面的夹角，与太阳天顶角互为余角）与太阳方位角不同，则地表入照度就会发生变化。太阳高度角可在遥感影像的元数据中查找到，也可以根据成像的时间、季节和地理位置计算确定。太阳高度角引起的辐射误差校正是将太阳光线倾斜照射时获取的遥感影像校正为太阳光线垂直照射时获取的影像，可以有两种处理方式。

第一种处理方式如图 11-2（a）所示，其计算式为

$$f(x,y) = g(x,y) / \sin \theta_a \qquad (11\text{-}1)$$

式中：$f(x,y)$为校正后影像中的坐标(x,y)处的像元属性值；$g(x,y)$为校正前斜射时获取影像的像元属性值；θ_a为太阳高度角。

第二种处理方式如图 11-2（b）所示，其计算式为

$$f(x,y) = g(x,y) \cdot \cos \theta_S \qquad (11\text{-}2)$$

式中：θ_S为太阳天顶角，其余变量与第一种处理方式相同。这种补偿或校正，主要用于比较不同太阳高度角（不同季节）的多时相遥感影像。

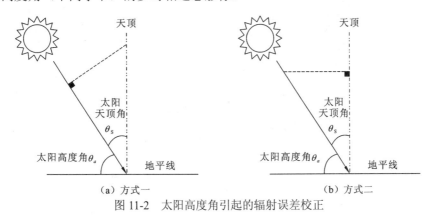

图 11-2　太阳高度角引起的辐射误差校正

（2）地形起伏引起的辐射误差校正。地形起伏引起的辐射误差校正是去除由地形引起的光照度变化，使两个反射性质相同的地物，即使坡度、坡向不同，在遥感影像中也具有相同

的亮度值。当地形倾斜时，太阳光线与地表作用后再反射到传感器的太阳光辐亮度会根据倾斜度发生变化。由此产生的辐射误差，可以利用地表法线矢量与太阳光入射矢量之间的夹角来校正。对于多波段遥感影像，利用波段比值法也可以消除地表坡度的影响。

2. 几何校正

遥感传感器在获取地表信息的过程中，由于传感器自身性能、遥感平台姿态、大气折射、地形起伏、地球曲率及地球旋转等因素的影响，所得遥感影像上各地物的几何位置、形状、尺寸、方位等特征与参照系统中的表达要求不一致，存在几何变形，这种变形也称为几何畸变。遥感影像几何校正的目的是消除原始影像中的几何变形，产生一幅符合某种参照系统表达要求的新影像。

遥感影像几何校正是指从具有几何畸变的影像中消除畸变的过程，也可以说是定量地确定影像上的像元坐标（图像坐标）与地表目标物的地理坐标（地图坐标等）的对应关系（坐标变换式），使其符合地图投影系统的过程。由大地基准面和地图投影确定地图坐标系后，将地图坐标系统赋予影像数据的过程，称为地理参考，所以几何校正也包含了地理参考。

几何畸变有多种校正方法，但常用的是一种通用的精校正方法，适合在地面平坦，不需考虑高程信息，或地面起伏较大而无高程信息，以及传感器的位置和姿态参数无法获取的情况下应用。有时根据遥感平台的各种参数已做过一次校正，但仍不能满足要求，就可以用该方法做遥感影像相对于地面坐标的配准校正，遥感影像相对于地图投影坐标系统的配准校正，以及不同类型或不同时相的遥感影像之间的几何配准和复合分析，以得到比较精确的结果。

1）基本思路

几何校正前的影像看起来是由行列整齐的等间距像元点组成的，但实际上，由于某种几何畸变，影像中像元点间所对应的地面距离并不相等（图 11-3）。校正后的影像亦是由等间距的网格点组成的，且以地面为标准，符合某种投影的均匀分布，图 11-3 中，每个网络（实线）表示一个像元，虚线交点（网格中心）为像元中心。几何校正的最终目的是确定校正后影像的行列数值（影像像元空间位置的转换），然后对新影像像元灰度进行赋值。

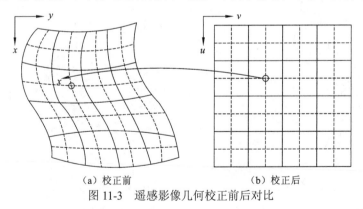

(a) 校正前　　　　　　(b) 校正后
图 11-3　遥感影像几何校正前后对比

2）几何校正的类型

遥感影像几何校正通常分两个阶段进行，第一阶段是几何粗校正，第二阶段是几何精校正。

（1）几何粗校正。几何粗校正又称系统误差纠正。当已知遥感影像的构像方程时，就可以把与传感器构造有关的几何校正参数（焦距等）及传感器的位置、姿态等的测量值代入构像方程对原始影像进行几何校正。粗校正一般由遥感数据地面接收站处理，对由传感器系统自身所导致的几何畸变的校正很有效，但处理后的影像仍有较大的几何偏差，因此必须对遥感影像进行深层次的处理，即几何精校正。

（2）几何精校正。几何精校正是在几何粗校正的基础上进行的，可以由遥感数据接收部门来完成，也可由用户来完成。几何精校正是采用一种数学模型来近似描述遥感影像的几何畸变校正过程，利用畸变的遥感影像与标准地图或参考影像之间的一些对应同名点，即地面控制点，求解此几何畸变模型的参数，然后利用该模型进行几何校正。几何精校正认为遥感影像的总体畸变可以看作挤压、扭曲、缩放、偏移及更高次的基本变形的综合作用的结果，它不考虑引起畸变的原因，只考虑如何利用几何畸变模型来校正影像。

遥感影像几何精校正的主要步骤：①选择几何校正方法。根据遥感影像中所含的几何畸变的性质及可应用于校正的数据，选择合适的几何校正方法和几何校正模型，如严格物理模型、有理函数模型、多项式模型等；②选择地面控制点，求解几何校正模型参数。确定几何校正模型公式中的结构（影像坐标和地图坐标的变换式等），根据地面控制点数据等估算出模型参数；③验证校正方法、校正模型的有效性。检查几何畸变能否充分得到校正，判断校正式的有效性。当判断为无效时，对校正中所用的数据进行修改，或尝试采用其他几何校正方法；④像元几何位置变换、亮度值重采样。为了使校正后的输出影像与输入影像相对应，利用几何校正模型，对输入影像的数据重新排列。由于所计算的对应位置的坐标并不一定是整数值，所以必须通过对周围的像元值进行内插来求出新的像元值。

3）具体步骤

（1）找到一种数学关系，建立变换前影像坐标(x,y)与变换后影像坐标(u,v)的关系，通过每一次变换后影像像元的中心位置（u 代表行数，v 代表列数，均为整数）计算出变换前对应的影像坐标点(x,y)。分析得知，整数(u,v)的像元点在原影像坐标系中一般不在整数(x,y)点上，即不在原影像像元的中心。

计算校正后影像中的每一点所对应原影像中的位置(x,y)。计算时按行逐点计算，每行结束后进入下一行计算，直到全图校正结束。

（2）计算每一点的亮度值。由于计算后的(x,y)多数不在原影像像元的中心处，必须重新计算新位置的亮度值。一般来说，新点的亮度值介于邻点亮度值之间，所以常用内插法计算。

4）遥感影像几何配准

多源遥感影像是指同一地区不同时相的遥感影像，或不同传感器获取的同一地区的遥感影像。在许多遥感影像处理分析中，如影像融合、变化检测、分类解译等，需要多源数据参与比较和分析，其前提条件：多源遥感影像间必须保证在几何上是相互配准的。

遥感影像几何配准一般是以多源遥感影像中的一幅影像作为参考影像，其他影像与之匹配，通过几何变换将多源遥感影像重叠在一起，使其输出影像的坐标系与参考基准影像的坐标系一致。

重叠两幅数字遥感影像的一种简单方法是计算两幅影像叠置的位置相关性，对各像元系统地进行各种可能配准位置的相关性计算，相关性最大的位置就是最佳的配准位置。这种影像配准的方法是许多影像处理软件自动配准的常用方法，包括立体影像的配准。

值得注意的是，影像配准时，并不只是在寻找两幅影像的最佳匹配位置。无论哪种配准，除了重新安排像元的位置，还要计算配准后重新分布的像元亮度值。例如，将同一地区的两个不同时相获取的 Landsat 影像配准，或是同一地区 Landsat 影像与 SAR 影像配准，都必须重新计算配准后像元的亮度值。

多项式和共线方程遥感影像几何校正方法也可以实现多影像的几何配准。例如，采用多项式几何校正法，首先在多源遥感影像上选择分布均匀、足够数量的一些同名像点作为相互匹配的控制点，然后根据控制点求解多项式系数，实现一幅影像对另一幅影像的几何校正，完成遥感影像几何配准。若参与配准的遥感影像空间分辨率不等，则需兼顾实际需要和影像数据量确定配准后的影像空间分辨率。

11.2.2　遥感影像的增强处理

当一幅遥感影像的目视效果不太好，或者有用的信息突出不够时，就需要做影像增强处理。例如，影像对比度不够，或希望突出的某些边缘看不清，就可用计算机影像增强处理技术来改善影像质量。本小节介绍较为简单的数字影像处理方法，主要有对比度拉伸、影像滤波增强和影像间运算等，通过彩色增强提高影像目视效果也不失为影像增强的方法之一。共同的目的都是提高影像质量和突出所需信息，有利于分析判读或做进一步的处理。

1. 对比度拉伸

对比度拉伸（contrast stretching）通过改变灰度分布态势，扩展原始输入的灰度分布区间，使显示器等输出设备的整个动态范围得以利用，从而达到改善影像视觉效果的目的。对比度拉伸以遥感影像的某一波段影像为处理对象，通过处理波段影像的各像素值来实现增强的效果，主要有线性变换（如最小值-最大值线性拉伸、线性百分比对比度拉伸、分段线性变换等）、非线性变换（如对数变换、指数变换等）、直方图调整等方法，可按影像直方图选择合适的对比度拉伸方法。

每一幅遥感影像都可以求出其像元亮度值的直方图，观察直方图的形态，可以粗略地分析影像的质量。一般来说，一幅包含大量像元的影像，其像元亮度值应符合统计分布规律，即假定像元亮度随机分布时，直方图应是正态分布的。实际工作中，若影像的直方图接近正态分布，则说明影像中像元的亮度接近随机分布，适合用统计方法分析。观察直方图形态时发现，直方图的峰值偏向亮度坐标轴左侧，则说明影像偏暗；直方图的峰值偏向亮度坐标轴右侧，则说明影像偏亮，峰值提升过陡、过窄，说明影像的高密度值过于集中，以上情况均是影像对比度较小、影像质量较差的反映（图 11-4）。

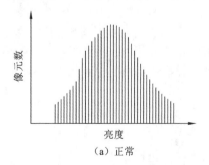

（a）正常

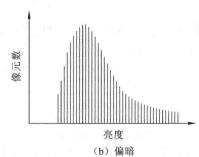

（b）偏暗

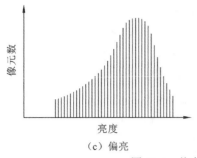

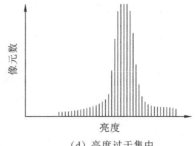

（c）偏亮　　　　　　　　　　　　　　（d）亮度过于集中

图 11-4　从直方图形态判断影像质量

（1）线性变换。线性变换是最简单的对比度拉伸方法，适用于直方图呈高斯分布或接近高斯分布的遥感影像。它是按比例拉伸原始影像灰度等级范围，数学表达式为

$$g(x,y) = k \cdot f(x,y) + B \qquad (11-3)$$

式中：$f(x,y)$、$g(x,y)$ 分别为变换前、变换后影像像元的灰度值；k、B 为常数，分别表示线性变换斜率和偏移量。

为了改善影像的对比度，必须改变影像像元的亮度值，并且这种改变需符合一定的数学规律，即在运算过程中有一个变换函数。如果变换函数是线性的或分段线性的，这种变换就是线性变换。线性变换是影像增强处理最常用的方法。有时为了更好地调节影像的对比度，需要在一些亮度段拉伸，而在另一些亮度段压缩，这种变换称为分段线性变换。

（2）非线性变换。对比度变换函数如果是非线性的，即为非线性变换。非线性变换的函数很多，常用的有指数变换和对数变换。指数变换的变换函数如图 11-5 所示，它的意义是在亮度值较高的部分 x_a 扩大亮度间隔，属于拉伸，而在亮度值较低的部分 x_b 缩小亮度间隔，属于压缩，其数学表达式为

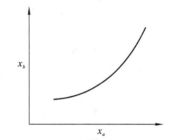

图 11-5　指数变换的变换函数曲线

$$x_b = be^{ax_a} + c \qquad (11-4)$$

式中：a、b、c 均为可调参数，可以改变指数函数曲线的形态，从而实现不同的拉伸比例。

对数变换的变换函数如图 11-6 所示，与指数变换相反，它的意义是在亮度值较低的部分拉伸，而在亮度值较高的部分压缩，其数学表达式为

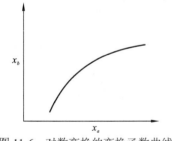

图 11-6　对数变换的变换函数曲线

$$x_b = b\lg(ax_a + 1) + c \qquad (11-5)$$

式中：a、b、c 仍为可调参数，由使用者设定其数值。

2. 影像滤波增强

影像滤波增强是指运用滤波技术来增强影像的某些空间频率特征，以改善地物目标与邻域或背景之间的灰度反差。空间频率定义为影像中任一特定部分单位距离内亮度值的变化量。如果一幅影像中某区域内像素的亮度值变化很小或几乎不变，则该区域可视为低频区域；相反，如果在很短的距离内亮度值有剧烈变化，则该区域可视为高频区域。

1）滤波增强分类

从处理目的上区分，影像滤波增强主要有影像平滑和影像锐化。①影像平滑是指通过滤波增强低频信息、抑制高频信息，以达到去除噪声、平滑影像细节、保留较均匀连片的主体影像的目的。遥感影像在获取和传输的过程中，由于传感器系统误差及大气等因素的影响，会在波段影像上产生一些亮点（噪声），或者影像中出现亮度变化过大的区域，为了抑制噪声改善影像质量，通常需要进行影像平滑操作。②影像锐化也称为边缘增强，是指通过滤波增强高频信息、抑制低频信息，突出像素灰度值变化较大的边缘、轮廓、线状目标等细节信息。

从处理方式上区分，影像滤波增强主要有空间域滤波增强和频率域滤波增强。①空间域滤波增强也称为空间域卷积滤波，它利用定义的模板进行卷积运算来实现。按处理目的（影像平滑或影像锐化）的不同，选择卷积运算中使用的模板，如表11-1所示。②频率域滤波增强是通过傅里叶变换将影像由空间域变换至频率域后，利用定义的滤波器进行乘积运算来实现滤波增强。按处理目的（影像平滑或影像锐化）的不同，设计滤波器。

表 11-1　空间域滤波增强中的常用模板

类型	输出	例子	应用
线性滤波器	加权和	均值滤波	去除噪声
		拉普拉斯算子	增强边缘
统计排序滤波器	统计中间大的值	中值滤波	去除噪声
	统计最大值	最大值滤波	寻找最亮点
	统计最小值	最小值滤波	寻找最暗点
梯度滤波器	梯度向量	索贝尔算子、罗伯茨算子	增强边缘

2）空间域滤波

（1）卷积。空间域滤波增强在方法上强调当前处理像素与其周围相邻像素的关系，属于邻域运算，即输出影像中每个像素的灰度值是由对应的输入像素和其邻域像素的灰度值共同决定的。它是通过卷积（移动窗口内的积和运算）来实现的。具体步骤描述如下。

首先，选定运算模板（也称算子或卷积核）$\{t(i,j) = 0,1,\cdots, m-1; j = 0,1,\cdots, n-1\}$，其大小为 $m \times n$，通常 m、n 取奇数。

其次，从原影像 f 左上角开始，开一个与模板同样大小的活动窗口进行卷积运算，如图 11-7（a）所示，将影像窗口与模板窗口的各元素的灰度值对应相乘再求和，计算结果作为影像窗口中心像元 (x, y) 的新的灰度值，计算式为

$$g(x,y) = \sum_{i=0}^{m-1}\sum_{j=0}^{n-1} f(i,j)t(i,j) \tag{11-6}$$

然后，沿同一行将模板向右移动一个像素，影像上的窗口也对应移动，如图 11-7（b）所示，按式（11-6）计算并把结果作为新窗口中心像元的新的灰度值。

最后，当一行处理结束后，窗口下移一行进行处理，以此类推，逐列逐行遍历整幅影像，输出滤波增强后的影像。

（2）影像平滑。影像中出现某些亮度变化过大的区域，或出现不该有的亮点（噪声）时，采用平滑的方法可以减小变化，使亮度平缓或去掉不必要的噪声点。这里主要介绍均值滤波和中值滤波。均值滤波是最常用的线性低通滤波器，它均等地对待邻域中的每个像素，对于

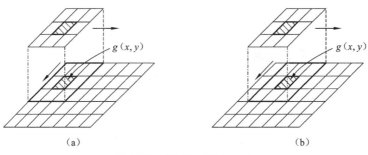

图 11-7　空间域滤波处理器

原影像的每个像素，取邻域像素值的平均值作为该像素的新值，以达到去除尖锐噪声和平滑影像的目的。常用的邻域有 4-邻域和 8-邻域。

$$4\text{-邻域的模板有} \frac{1}{4}\begin{bmatrix}0&1&0\\1&0&1\\0&1&0\end{bmatrix} \text{或} \frac{1}{5}\begin{bmatrix}0&1&0\\1&1&1\\0&1&0\end{bmatrix}, 8\text{-邻域的模板有} \frac{1}{8}\begin{bmatrix}1&1&1\\1&0&1\\1&1&1\end{bmatrix} \text{或} \frac{1}{9}\begin{bmatrix}1&1&1\\1&1&1\\1&1&1\end{bmatrix}。$$

中值滤波是将每个像元在以其为中心的邻域内取中间亮度值来代替该像元值，以达到去除尖锐"噪声"和平滑影像的目的。具体计算方法与模板卷积方法类似，仍采用活动窗口的扫描方法。取值时，将窗口内所有像元按亮度值的大小排列，取中间值作为中间像元的值。所以 $M×N$ 取奇数为宜。

一般而言，影像亮度为阶梯状变化时，取均值平滑比取中值滤波要明显得多，而对突出亮点的"噪声"干扰，从去"噪声"后对原图的保留程度看取中值要优于取均值。

（3）影像锐化。遥感影像中边缘模糊、线条不清是由于减少了边缘亮度差异，如图 11-8 所示。影像锐化可使影像的边缘或线条变得清晰。锐化是与平滑相反的增强处理方法，平滑是对邻域窗口内的子影像像素值求积分，锐化则是对邻域窗口内的子影像进行微分运算。空间域影像锐化常用的模板有梯度算子、拉普拉斯算子和其他一些相关算子。

图 11-8　边缘特征

3. 彩色增强

人眼对灰度级的分辨能力较差，一般只能区分 20 级左右的灰度级，而对彩色的分辨能力却可以达到灰度分辨能力的几十倍以上。因此，将灰度影像变为彩色影像及进行各种彩色变换可以明显改善影像的可视性，即彩色增强。不同的彩色变换可大大增强影像的可读性，在此介绍常用的三种彩色变换方法（梅安新 等，2001）。

1）单波段彩色变换

单波段黑白遥感影像可按亮度分层，对每层赋予不同的色彩，使之成为一幅彩色影像。这种方法又称密度分割，即按影像的密度进行分层，每一层所包含的亮度值范围可以不同。目前计算机显示彩色的能力很强，理论上完全可以将 256 层的黑白亮度赋予 256 种彩色，因此彩色变换很有前景。

对于遥感影像，将黑白单波段影像赋上彩色总是有一定目的的，如果分层方案与地物光谱差异对应得好，可以区分出地物的类别。例如在红外波段，水体的吸收很强，在影像上表现为接近黑色，这时若取低亮度值为分割点并以某种颜色表现则可以分离出水体；同理砂地反射率高，取较高亮度为分割点，可以从亮区以彩色分离出砂地。因此，只要掌握地物光谱的特点，就可以获得较好的地物类别影像。当地物光谱的规律性在某一影像上表现得不太明显时，也可以简单地对每一层亮度值赋色，以得到彩色影像，也会较一般黑白影像的目视效果好。

2）多波段色彩变换

根据加色法彩色合成原理，选择遥感影像的某三个波段，分别赋予红、绿、蓝三种原色，就可以合成彩色影像。由于原色的选择与原来遥感波段所代表的真实颜色不同，生成的合成色不是地物真实的颜色，这种合成称为假彩色合成。

多波段影像合成时，方案的选择十分重要，它决定了彩色影像能否显示较丰富的地物信息或突出某一方面的信息。以陆地卫星 Landsat 的 TM 影像为例，TM 的 7 个波段中，第 2 波段是绿色波段（0.52～0.60 μm），第 4 段波段是近红外波段（0.76～0.90 μm），当第 4 波段、第 3 波段、第 2 波段被分别赋予红色、绿色、蓝色时，即红外波段赋红、红波段赋绿、绿波段赋蓝时，这一合成方案被称为标准假彩色合成，是一种最常用的合成方案。

实际应用时，应根据不同的应用目的经实验、分析，寻找最佳合成方案，以达到最好的目视效果。通常，以合成后的信息量最大和波段之间的信息相关性最小作为选取合成的最佳目标。

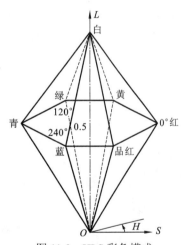

图 11-9　HLS 彩色模式

3）HLS 变换

HLS 代表色调（hue），明度（lightness）和饱和度（saturation）的色彩模式。这种模式可以用近似的颜色立体来定量化。如图 11-9 所示，颜色立体曲线锥形改成上下两个六面金字塔状。环绕垂直轴的圆周代表色调（H），以红色为 0°，逆时针旋转，每隔 60° 改变一种颜色并且数值增加 1，一周 360° 刚好 6 种颜色，顺序为红、黄、绿、青、蓝、品红。垂直轴代表明度（L），取黑色为 0，白色为 1，中间为 0.5。从垂直轴向外沿水平面的发散半径代表饱和度（S），与垂直轴相交处为 0，最大饱和度为 1。根据这一定义，对于黑白色或灰色，即色调 H 无定义，饱和度 S=0，当色调处于最大饱和度时 S=1，这时 L=0.5（严格地说，从视觉角度来看，饱和度最大时，不同色调的明度不是相同的值）。

当色彩的表达定量化，并且从常用的红绿蓝（L_R，L_G，L_B）表达方式变换为 HLS 表达方式时，有一种计算方法：设 L_R、L_G、L_B 均为 0～1 的实型数据，H 为 0～360 实型，L 和 S 为 0～1 实型。其中有一例外，即当 S=0 时，H 无定义值。这里，变换前红绿蓝各波段的归一化亮度值用带下标的 L 表示即 L_R，L_G，L_B，变换后的明度值用不带下标的 L 表示。

设下标 max 为 L_R、L_G、L_B 三个值中的最大值；下标 min 为 L_R、L_G、L_B 三个值中的最小值。

（1）明度值

$$L=(L_{max}+L_{min})\,/\,2$$

对于特殊情况，$L_{max}=L_{min}$，说明 $L_R=L_G=L_B$ 为灰色，这时 $S=0$，H 无定义值。

（2）对于一般色彩情况，饱和度的计算：若 $L \leq 0.5$，则 $S=(S_{max}-S_{min})/(S_{max}+S_{min})$；若 $L>0.5$，则 $S=(S_{max}-S_{min})/[(1-S_{max})+(1-S_{min})]$。

（3）计算色调时，设 $\Delta H=H_{max}-H_{min}$：当 $H_R=H_{Rmax}$、$H=60[(H_G-H_B)/\Delta H]$ 时，色调位于黄和晶红之间；当 $H_G=H_{Gmax}$ 时，$H=60[2+(H_B-H_R)/\Delta H]$，色调位于青和黄色之间，所以以红段为基准加上 2，色调跳到绿段附近；当 $H_B=H_{Bmax}$ 时，$H=60[4+(H_R-H_G)/\Delta H]$，色调跳到蓝段附近，即品红和青之间。以上 H 如为负值，则加 360° 成为第四象限的正值。

通过以上运算可以把 RGB 模式转换成 HLS 模式，这两种模式的转换对定量地表示色彩特性及在应用程序中实现两种表达方式的转换具有重要意义。

4. 影像间运算

影像间运算是对覆盖同一研究区域的不同影像间进行运算的处理过程，包括多光谱遥感影像的波段间运算和配准后的两幅或多幅遥感影像间的运算。影像间运算大致可分为算术运算和逻辑运算。

算术运算是把影像间或波段间的加、减、乘、除组合起来的运算。影像相加的一个重要应用是对所获取的同一场景的多幅影像求平均，可以有效地削弱影像的加性随机噪声。差值运算可以增加不同地物间光谱反射差异及在两个波段上变化趋势相反时的反差，或提取地物目标不同时相的变化信息。乘运算可以用掩模影像去除感兴趣区域之外的图像部分。波段间的比值运算能有效减少因地形坡度和坡向引起的辐射量变化，在一定程度上改善同物异谱现象。

逻辑运算是指影像间的与、或、非等组合起来的运算，多用于结合社会经济数据及地图数据等的遥感影像分析。

两幅或多幅单波段影像，完成空间配准后，通过一系列运算可以实现图像增强，达到提取某些信息或去掉某些不必要信息的目的。

1）差值运算

两幅同样行数、列数的影像，对应像元的亮度值相减就是差值运算，即

$$f_D(x_1 y)=f_1(x,y)-f_2(x,y) \tag{11-7}$$

差值运算应用于两个波段时，相减后的值反映了同一地物光谱反射率之间的差值。由于不同地物反射率差值不同，两波段亮度值相减后，差值大的被突出出来。例如，用红外波段减红波段时，植被的反射率差异很大，相减后的差值就大，而土壤和水在这两个波段反射率差值就很小，因此相减后的影像可以把植被信息突出出来。如果不做差值运算，红外波段上的植被和土壤、红色波段上的植被和水体均难以区分。因此影像的差值运算有利于目标与背景反差较小的信息提取，如冰雪覆盖区、黄土高原区的界线特征，海岸带的潮汐线等。

差值运算还常用于研究同一地区不同时相的动态变化，如监测森林火灾发生前后的变化和计算过火面积、监测水灾发生前后的水域变化和计算受灾面积及损失、监测城市在不同年份的扩展情况和计算侵占农田的比例等。

有时为了突出边缘，也用差值法将两幅影像的行、列各移一位，再与原影像相减，也可起到几何增强的作用。

2）比值运算

两幅同样行数、列数的图像，对应像元的亮度值相除（除数不为 0）就是比值运算，即

$$f_R(x,y) = \frac{f_1(x,y)}{f_2(x,y)} \qquad\qquad (11\text{-}8)$$

比值运算可以检测波段的斜率信息并加以扩展，以突出不同波段间地物光谱的差异，提高对比度。比值运算常用于突出遥感影像中的植被特征、提取植被类别和估算植被生物量，这种算法的结果称为植被指数，常用算法：植物指数=近红外波段/红波段；植物指数= (近红外-红) /(近红外+红)。

比值运算对消除地形影响也非常有效。由于地形起伏及太阳倾斜照射，山坡的向阳处与阴影处在遥感影像上的亮度有很大区别，同一地物向阳面和背阴面亮度不同，给影像的判读解译造成困难，特别是在计算机分类时不能识别。由于阴影的形成主要是地形因子的影响，比值运算可以消除这一因子影响，使向阳处和背阴处都毫无例外地只与地物反射率的比值有关。

比值处理还有其他方面的应用，例如研究浅海区的水下地形，土壤富水性差异、微地貌变化、地球化学反应引起的微小光谱变化等，对与隐伏构造信息有关的线性特征等都能有不同程度的增强效果。

11.2.3 遥感影像的融合

1. 影像融合概述

影像融合是指综合两个或多个源影像的信息，以获取对同一场景的更为精确、全面、可靠的影像的目标描述。

随着遥感技术的迅猛发展和新型传感器的不断涌现，可以在同一地区获得大量不同尺度、不同光谱、不同时相的多源遥感影像数据。将多源遥感影像数据各自的优势结合起来加以利用，对环境或对象获得正确解译是非常重要的。多源遥感影像数据融合则是富集这些多种传感器遥感信息的最有效途径之一，也是多源影像处理与分析中非常重要的一个环节。考虑数据采集条件的影响，多源遥感影像不能直接融合，必须进行影像恢复、辐射校正、几何配准等预处理。

根据融合过程所处的阶段及融合信息的抽象程度，可将遥感信息融合由低到高分为像素级融合、特征级融合和决策级融合三个不同层次（图 11-10）。

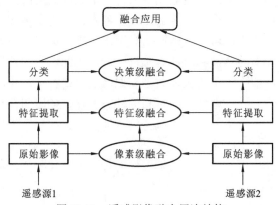

图 11-10 遥感影像融合层次结构

（1）像素级融合。像素级融合是最低层次的融合，它对空间配准后的遥感影像数据直接融合，在尽可能多地保留原影像信息的情况下，还补充、丰富和强化了融合影像中的有用信息，使融合影像更符合人或机器的视觉特征，更有利于对影像的进一步分析和处理，是特征级融合和决策级融合的基础。像素级融合方法主要有 Brovey 变换融合、IHS 变换融合、PCA 变换融合、高通滤波融合等。

（2）特征级融合。特征级融合是中等水平的融合，先将各遥感影像数据进行特征（如边缘、轮廓、形状、纹理等信息）提取，然后将这些特征信息进行综合处理与分析，最终得到融合影像。它能充分挖掘多源影像中的相关特征信息，融合结果能够最大限度地给出决策分析所需的特征信息。

（3）决策级融合。决策级融合是最高水平的融合。各源影像数据观测同一目标，每个影像数据在本地完成预处理、特征提取、解译识别，以建立对所观测目标的初步论断，然后应用决策规则，最终获得联合推断结果，为决策提供依据。

从数据源角度，可将遥感影像融合分为多传感器融合和多时相融合。多时相融合是将同一传感器获得的不同时相的数据进行融合，该方法多用于检测地物的变化情况。本小节主要介绍不同传感器间的遥感影像融合方法。

2. Brovey 变换融合

Brovey 变换融合也称为色彩标准化，它是一种通过归一化后的多光谱影像与高分辨率影像乘积的融合方法。

$$g_i = \frac{f_{\mathrm{XS}i}}{\sum f_{\mathrm{XS}j}} \cdot f_{\mathrm{PAN}} \tag{11-9}$$

式中：$f_{\mathrm{XS}i}$ 为多光谱影像中第 i 波段的像素值；f_{PAN} 为高分辨率全色影像的像素值；g_i 为融合后影像第 i 波段的像素值。

Brovey 变换融合方法首先对多光谱影像中的每一个波段与所有波段总和做比值计算，以保持低分辨率影像的光谱分辨率，然后将比值结果乘以高分辨率全色波段的亮度以获取高频空间信息。其优点在于锐化影像的同时能够保持原光谱信息内容。

3. IHS 变换融合

IHS 变换融合是基于 IHS 颜色模型的融合变换方法，具体过程：首先将较低分辨率多光谱影像的彩色合成图像进行 HIS 正变换，分离出明度 I、色度 H 和饱和度 S 三个分量；然后对高分辨率全色影像进行对比度拉伸，使之与 I 分量有相同的均值和方差（I′ 分量）；最后用拉伸后的高分辨率全色影像代替 I 分量，经 IHS 逆变换得到空间分辨率提高的融合影像，其融合过程如图 11-11 所示。

IHS 变换融合只能选择多光谱影像的 3 个波段而非全部波段作为融合的数据，一定程度上降低了当前多光谱影像数据的利用率。

4. PCA 变换融合

IHS 变换融合在超过 3 个波段的影像融合时受限，只能抽取或选择多光谱影像中的三个波段参与变换，无疑会使其他波段的信息丢失，不利于影像信息的综合利用。PCA 变换融合方法是通过引入高分辨率全色影像替换第一主成分分量影像，以提高多光谱影像的空间分辨率。PCA 变换融合过程（图 11-12）：首先对多光谱影像进行 PCA 正变换；然后对高分辨率

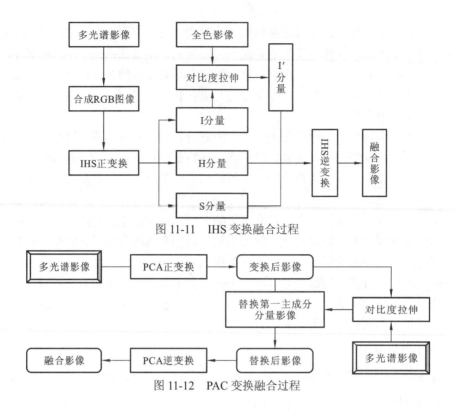

图 11-11　IHS 变换融合过程

图 11-12　PAC 变换融合过程

全色影像进行对比度拉伸，使之与多光谱影像第一主成分分量具有相同的均值和方差；最后，用拉伸后影像替换第一主成分，通过 PCA 逆变换返回至光谱空间，得到融合影像。

5. 高通滤波融合

高通滤波融合是通过将高分辨率全色影像中的几何信息逐像素地叠加到低分辨率影像中而进行的融合。它先采用一个较小的空间高通滤波器对高分辨率影像进行滤波，其结果保留了与空间信息有关的高频分量；再将高通滤波结果叠加到低分辨率影像各波段上，获得空间分辨率增强的多光谱影像。其数学表达式为

$$g_i = f_{XSi} + f'_{PAN} \qquad (11\text{-}10)$$

式中：f'_{PAN} 为采用高通滤波器对高分辨率影像进行滤波后得到的高频影像像素值。

高通滤波融合方法的优点是很好地保留了原多光谱影像的光谱信息，对波段数没有限制；缺点是在融合过程中滤波器尺寸大小固定，很难找到一个适合影像中各类地物高频信息提取的高通滤波器。

11.2.4　遥感影像的色彩处理

1. 色彩平衡

在遥感影像制图时，要根据制图的具体要求，选取合适时相、恰当波段与指定地区的遥感影像。如果原始影像本身存在各部分色彩不一致，需要先对原始影像进行色彩平衡，消除原始影像内的色调不均匀。

常用的色彩平衡方法有直方图匹配和彩色亮度匹配。直方图匹配又称直方图规定化，是

指通过灰度映射变换，将原影像的直方图变换为某种指定形态的直方图或某一参考影像的直方图。彩色亮度匹配是将两幅参与匹配的影像从 RGB 颜色空间变换至 IHS 颜色空间，然后用参考影像的 I 分量替换匹配影像的 I 分量，再进行 IHS 颜色空间到 RGB 颜色空间的逆变换。由定义可知，彩色亮度匹配是针对彩色影像的，仅适用于三个波段组合的 RGB 影像；直方图匹配是分别对多光谱影像的各波段进行独立处理，适用性较强。

2. 直方图匹配

直方图匹配的基本原理是对原始影像、规定形状的直方图都做均衡化处理，使其变成均匀直方图，以此均匀直方图为中介，再对参考影像做均衡化的逆运算。

直方图匹配的具体步骤：①做出原影像的直方图；②做出原影像的累积直方图，对原影像进行均衡化变换；③确定或做出参考影像的直方图；④做参考影像的累积直方图，进行均衡化变换；⑤对于原影像累积直方图中的每一灰度级的累积概率，在参考累积直方图中找到对应的累积概率；⑥以新值替代原灰度值，形成均衡化后的新影像；⑦根据原影像像素统计值对应找到新影像像素统计值，做出新直方图。

11.2.5 遥感影像的镶嵌

单景遥感影像覆盖范围是有限的，对高空间分辨率遥感影像尤其如此。在很多情况下，往往需要很多景影像才能完成对整个研究区域的覆盖。此时，需要将不同的影像文件无缝地拼接成一幅完整的研究区域的影像，这就是影像镶嵌。通过镶嵌处理，可以获得覆盖更大范围的地面影像。

参与镶嵌的遥感影像可以是多源的，可以是不同时相同一传感器获取的，也可以是不同时相不同传感器获取的。但同时须满足：①影像投影相同、比例尺一致，影像之间有一定的重叠度；②影像波段数相同；③在拼接之前，对多源影像进行配准，在重叠区域有较高的配准精度。

在多幅影像镶嵌时，应以最中间一幅影像为基准，进行几何拼接和灰度平衡，以减少累积误差，因此，遥感影像镶嵌的关键是多幅影像间的几何匹配和色彩匹配（潘俊，2008）。

1. 几何匹配

几何匹配是指在几何上将多幅不同的影像无缝拼接在一起。解决几何拼接的根本方法就是几何校正。利用几何校正方法将所有参加镶嵌的影像校正到统一的坐标系中，再将具有相同地理参考的若干相邻影像合并成一幅更大幅面的影像。

2. 色彩匹配

色彩匹配的目的是使拼接后的影像反差一致、色调相近、没有明显的接缝。由于影像获取时间的差异、传感器本身性能等因素的影响，参与镶嵌的影像的对比度和亮度值会有差异，有必要对参与镶嵌的各影像之间在全幅或重叠区域上进行色彩匹配。

首先，选定其中一景作为基准影像，利用色彩一致性处理方法（如直方图匹配）使影像间的亮度和色调一致。色彩一致处理方法在 11.2.4 小节中已做介绍。

然后，还需选取合适的方法来决定重叠区域上的灰度值，以消除接缝。常用的方法有

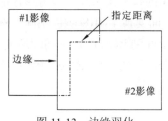

图 11-13　边缘羽化

4 种。①取影像重置在前的影像灰度值作为重叠区的灰度值。②取重叠区域内所有影像的灰度值的最小值（或最大值、或均值）作为重叠区的灰度值。③采用边缘羽化（图 11-13）方法，根据指定的羽化距离，沿着影像的边缘，取重叠区域内所有影像的灰度值的加权平均值作为重叠区的灰度值，以达到适当模糊镶嵌影像接缝的目的。边缘使用线性阶跃过渡方式进行调合，即按指定的距离来对影像进行均衡化处理。若指定的距离为 100 个像素，那么在边缘处，将会有 0% 的顶部影像和 100% 的底部影像加权平均，输出镶嵌影像；在距边缘线 100 个像素距离处，将会使用 100% 的顶部影像和 0% 的底部影像加权平均，输出镶嵌影像；在距边缘线 50 个像素的距离处，顶部和底部影像各 50% 来混合计算输出镶嵌影像。④采用切割线羽化方法，不再根据影像边缘进行羽化，而是由用户指定一条切割线。与边缘羽化类似，距切割线的一定距离内作为缓冲区，在缓冲区内以到切割线的距离为权值进行羽化。切割线可以使用线状特征（如河流或道路）来调合相邻镶嵌影像间的接缝，或其他任何用户指定的折线。

11.2.6　遥感影像的裁剪

遥感影像裁剪的目的是将研究之外的区域去除。常用的裁剪方法是按照行政区划边界或自然区划边界进行影像的裁剪，在基础数据生产中，还经常要做标准分幅裁剪。遥感影像的裁剪可分为有规则裁剪、不规则裁剪、分块裁剪三种类型。

规则裁剪是指裁剪影像的边界范围是一个矩形。这个矩形范围获取途径包括：行列号、左上角和右下角两点坐标、影像文件、矩形关注区域、矩形的矢量文件。

不规则裁剪是指裁剪影像的外边界范围是一个任意多边形，通过事先生成一个完整的闭合多边形区域，可以是一个手工绘制的关注区域多边形，也可以是任意多边形的矢量文件。

分块裁剪是根据设定的大小对一幅大影像进行分块，得到一些相同大小的小幅影像，常用于设定比例尺标准分幅系列的遥感影像制图。

11.3　遥感制图设计

遥感影像制图设计是根据地图用途和用户的要求，按照视觉感受理论和地图设计原则，对遥感影像地图的技术规格、总体构成、数学基础、地图内容及表示方法、影像分辨率和色彩、地图符号与色彩、制作工艺方案等进行全面的规划（庞小平 等，2016）。一般以地图设计书和地图图式符号的形式做出原则性规定。

遥感制图设计是遥感影像地图的创作过程，是整个遥感影像地图生产全过程的准备工作。主要包括 9 个过程：①明确任务和要求；②收集、选择、分析影像和地图资料；③研究区域特征，确定地图内容；④地图总体设计；⑤地图符号和色彩设计；⑥地图内容综合指标的拟定；⑦编图技术方案和生产工艺方案设计；⑧地图设计的试验工作；⑨汇集成果，写出设计文件。

遥感制图设计的主要内容有：总体设计（即基本规格设计，包括投影、比例尺、幅面及图面配置）、表示内容设计（内容及图形综合取舍）、表示方法设计（符号及色彩设计）和生产工艺设计。

11.3.1　总体设计

遥感影像地图的总体设计指的是接受地图设计任务后，确定地图基本规格的工作，主要包括选择地图投影、确定坐标网、确定地图比例尺、确定图幅范围、设计地图分幅和内分幅、设计图面配置及附图安排等。

1. 地图投影的选择

遥感影像地图的投影选择包含三方面内容：一是选择遥感影像的投影；二是选择地理底图的投影；三是遥感影像与地理底图的配准。目前制作的遥感影像地图是正射成图，因此，遥感影像必须进行正射投影处理。地理底图的投影选择与一般地图投影选择的原则和方法一样，取决于地图用途、制图区域大小和形状、地图比例尺等因素。在遥感影像与地理底图配准时，影像必须以地理底图的数学基础为准进行几何校正，才能使遥感影像与地理底图严格配准。

目前，在制作大比例尺遥感影像地图时，应与现有地形图的数学基础取得一致或统一起来，而中、小比例尺遥感影像地图投影的选择比较灵活，可根据具体要求选择较为适宜的地图投影，不受这一因素的影响和制约。

2. 坐标网的确定

遥感影像地图上的坐标网可根据需求，绘制地理坐标网（经纬线网）和直角坐标网（方里网），也可以不绘制。具体绘制要求可以参照《国家基本比例尺地图编绘规范》，包括坐标网的定位、密度和形式等都有相应的规定。

3. 地图比例尺的确定

遥感影像地图比例尺的确定受到地图的用途、制图区域的范围（大小和形状）、地图幅面（或纸张规格）和影像精度的影响，它们之间互相制约。不同的地图用途对地图内容的选择及内容的详细程度和精度要求是不同的，因此，在选择比例尺时应该考虑地图的需求来设计地图比例尺，使其满足地图内容的详细性和精确性的要求。一般而言，经济和文化比较发达的区域是人口、建筑、经济的高密度地域，土地利用呈现多样化特点，地理要素相对比较复杂，所以应选用较大的比例尺；地图内容相对简单的地区，可选用较小的比例尺。

在各种因素制约下，确定的比例尺应尽量大，以求表达更多的地图内容。另外计算的比例尺数值，应向小里凑整并尽可能取整数。这样做的目的是便于图上快速量测和标绘，方便使用资料，也有利于与系列比例尺图配合使用。但是，要注意在地图比例尺调整的同时，地图图面大小也会随之改变。高分辨率遥感影像适合编制大比例尺遥感影像地图（李爽 等，2008），例如城区图等；而低分辨率遥感影像一般用于编制中、小比例尺（一般小于1:10万）遥感影像地图。

4. 图幅范围的确定

确定一幅图中内图廓所包含的区域范围，又称"截幅"，主要受地图比例尺、制图区域地理特点、地图投影、主区与邻区的关系等因素的影响，同时还要考虑横放、竖放的问题。在确定系列遥感影像地图图幅范围时，每幅图不但要保持每个行政单位、地理区域的完整，图幅之间还应有一定的重叠，特别是重要地点、名山、湖泊、大城市等尽可能在相邻两幅图上并存，因为它们是使用邻图时最突出的连接点。同时，每幅图的比例尺要一样。

目前遥感影像地图的分幅多采用正北方向的无缝矩形分幅形式，其原则就是尽量保持重要地物的完整并充分利用版面，减少浪费。但是如果制图区域形状特殊，或者制图区域山区和城区面积差别较大，按照正北方向的无缝矩形分幅形式会出现城市功能区被分割的现象；或者出现较大比例的图幅包含的街区面积极小、山地面积极大的现象，从而造成大量图幅面积的浪费等情况，可以采用机动分幅的模式，例如将街道和主要建筑群作为分幅依据。但是机动分幅模式会出现比例尺过于细碎、不成系列的现象（郭永慧，2007）。另外，由于采用与"南北图幅线与区域内主要街道平行"的形式，图幅内要素之间的相互方位关系会出现与实际相悖的现象，与人们日常的认知相冲突，不便于定向，所以机动分幅模式还是要慎用。

5. 地图分幅和内分幅设计

由于印图纸张和制印设备的幅面限制，以及方便用图的要求，需要把制图区域分成若干图幅。此时，就需要进行遥感影像地图的分幅设计。地图分幅可按经纬线分幅，也可按矩形分幅。矩形分幅有两种，即拼接分幅和不拼接分幅。拼接分幅又称内分幅，多为区域挂图，使用时沿图廓拼接起来，形成一个完整的区域。不拼接分幅的为单幅成图，矩形图廓，如单幅挂图、地图集中的单幅图等（祝国瑞，2004）。

6. 图面配置设计及附图安排

遥感影像地图图面配置设计，就是要充分利用地图幅面，合理地配置地图的主体、附图、附表、图名、图例、比例尺、文字说明等。

图面配置时要保持整体图面清晰易读、层次结构清晰，还要保持整体图面的视觉对比度及视觉平衡和整体协调，具体原则参照 8.3.2 小节图面配置的要求。

11.3.2　表示内容设计

由于地图用途和比例尺的不同，各幅地图表达的内容及详尽程度是不一样的。遥感影像地图的内容设计，就是根据不同需求、不同尺度、不同影像特点，按照制图的综合原则对不同地图相关内容进行综合取舍，以保证影像地图内容详细性与清晰性的统一协调。

大比例尺高分辨率的遥感影像可以详细地显示地面各类地物的细微特征，但难以反映物体周围及相互之间大的宏观信息。而小比例尺的遥感影像恰恰与之相反，能很好地显示群体和大区域高等级的系统宏观特征，却难以像大比例尺遥感影像那样详细地反映各个事物或现象的具体特征。为了很好地反映地理实体或现象的特征，遥感影像地图都是在正射影像上叠加相应的矢量线划图形和注记而制作的。因此，设计遥感影像地图内容时，就需要根据用途要求，确定遥感影像的分辨率，确定矢量地图要素和注记的分类分级选取概括指标。

在编制普通影像地图时，如果是城区图，一般采用高分辨率的影像，其比例尺大于 1∶1万，通过连续截幅来表示主要城区的特征；市辖区图，一般采用高分辨率的影像，其比例尺在 1∶2万～1∶5 万，通过连续截幅来表示各乡镇区域主要特征；市（县）完整区域图，其比例尺一般在 1∶1万～1∶15 万，完整表示整个制图区域；大城市、地区、全国甚至全球地图，通常采用小比例尺影像，并配合矢量地图和图片，表示整个区域自然地理的总体面貌（王家耀 等，2007）。

普通遥感影像地图中的矢量化要素内容，应该在不干扰影像的同时，能够较大限度地为读者提供有价值的信息。一般表示铁路、机场、高速公路、国道、省道、部分县乡道、大型立交桥、主要河流、大型湖泊水库、城镇居住区、行政区划界线等内容。对于主要交通网、主要河流、湖泊、镇以上居民区、主要公共设施和旅游景区等，要加注名称注记。名称注记要采用不同的字体、字色、字号加以区分。

编制专题影像地图时，应根据专题地图的要求选择表示内容。专题图的种类和形式是多种多样的，它侧重于表示某一方面的内容，强调的是"个性"特征，有固定的用图对象，用于满足国民经济和国防建设等方面的专门要求。专题要素是专题影像地图上突出表示的主题内容，如水资源分布、植被特征线、土地分布区划等，涉及经济和国防等部门，内容广泛、种类繁多，包括有一定形体的地理实体和不具形体的抽象现象，它们的表示与地图用途有着密切的关系。专题要素的表示与影像之间关系的协调是专题影像地图表示的主要问题。

11.3.3　表示方法设计

遥感影像地图表示方法设计是对地图表示内容的形式设计，主要采用影像、图形符号和注记叠加的方法，对遥感影像进行图形化处理，建立地图的整体面貌。如何将影像、符号、注记科学合理地表示在地图上，是遥感影像地图设计阶段必须解决的问题。遥感影像地图表示方法受到地图用途、影像质量、影像分辨率、使用场合、工艺条件等因素的影响。

1. 影像地图的表现形式

目前，遥感影像地图的表现形式主要有三种：影像为主，矢量要素为辅；矢量要素为主，影像为辅；影像与矢量要素并重（刘广社 等，2009）。

1）影像为主、矢量要素为辅的表现形式

以影像为主，辅以地图信息的表现形式，即在影像上适当辅以地图信息要素，影像地图上具有较好的展现，且居于图面第一层次。在进行这种表现形式的地图设计时，只对高速公路、高架道路用浅棕色、黄色透明色予以普染，其他道路则全部以浅灰透明色普染处理；水体以与水系相近的天蓝色加以普染；各类注记大都采用中等线体，色彩大都以蓝色为主，尽量少用大红色，使注记不过分抢眼，从而保持影像的完整性与良好的观赏效果。这种表现形式的前提是影像质量一定要好，必须清晰易读、色调自然，并设法通过制图综合，合理地表示地图内容信息，尽量减少对下层影像数据的遮盖，突出表现影像的真实与美观，从而使之具有良好的图面表现效果。

2）影像为辅、矢量要素为主的表现形式

以地图信息适量要素为主，以影像为辅的表现形式，即将影像作为最底层的背景要素，在其上突出表示注记、线划、符号等地图信息。影像底图为这些地图内容信息的表示起衬托作用。突出表示交通要素，如铁路、高速公路、主要道路、次要道路、一般支路等，并通过道路宽窄和运用饱和度高的橙色和黄色等分别表示不同等级的道路，铁路则以黑白相间符号表示，商业街用深橙色表示，水面用天蓝色普染；各类要素的注记用色也较多，但以红色与黑色这些醒目色居多。而影像则通过降低饱和度处理使整体影像色调与矢量要素相协调，除房屋轮廓形状、山体形状还相对清楚外，大部分地貌、地物要素都隐约可见。

3）影像与矢量要素并重的表现形式

这种表现形式应在影像色调清晰、自然、美观的基础上，通过对地图信息精心设计表示，达到影像与地图信息两者相互映衬、相互依存、融为一体的图面效果。通过色彩的多次调整处理，使影像达到真实自然的良好效果。而在地图线划、注记、符号及其色彩等的设计上，又相互衬托，配合得协调美观。例如，在城市影像地图上，道路交通系统是城市的骨架，所有道路可采用接近地面的浅灰色进行普染，道路边线采用细超图数据结构线绘制，使道路要素处于影像的第一层面，增强图面层次感；水系是城市地理要素的重要组成部分，河流、湖泊、水库等水面采集后常用浅蓝色进行普染；在对各分类注记字体、色彩的设计上尽量做到恰到好处，为了使注记不被影像遮盖掉，注记大多采用粗黑体，常设置白色边线，使注记既融于影像中又保持相对独立，使之清晰易读；在注记色彩的设计上，由于影像色彩五彩缤纷，尽量使用饱和度大一点并与影像具有一定反差的鲜艳色，如大红、橘黄、草绿、深蓝等。

到底采用何种表达形式取决于地图的用途需求和原始影像的质量。目前遥感影像地图常用的表示方法是全部用影像加一些注记或影像为主加上部分图形符号和注记。这种利用影像的色彩与形状，配合适当地图符号与注记，对道路、水系、地名等重要的地理要素进行矢量化处理，能够使细节特征显示完整，影像地图信息丰富、清晰易读。再配合一些略图、线划地图、彩色图片、文字说明等表现形式，就可以充分展示制图区域的地理特征和发展变化特点。

2. 影像地图符号设计

编制遥感影像地图的目的是充分发挥影像图的优势与特点，为用图者提供丰富、准确的地表信息，所以在地图符号设计时既要考虑遥感影像地图所表现的特征，又要突出地图符号所要表达的地理现象。

符号化必然要用不同颜色、图案的符号来区分地物种类。同时，还要用不同颜色、不同字体、不同字级的注记来进行说明，这样就加大了遥感影像地图的信息载负量，提高了读者的信息提取难度。因此，遥感影像地图的符号要简洁、清晰易读，便于读者快速地从影像中获得重要的信息。如果是系列遥感影像地图，还要考虑它的系统性和逻辑性，同一比例尺内的各图幅表达的符号颜色、大小及注记字级都应该一致；不同比例尺图幅之间，地图符号的形状应保持相似性。

遥感影像地图一般用点状符号对地物进行定位表示；用线状符导对道路或水域边线进行矢量化表示，若是依比例表示的还要在区域内进行颜色普染处理；用文字注记表示各种物体的属性信息。

1）点状符号设计

为了突出显示和强调各种点状地物，如政府、学校、医院等各种行政或企事业单位所在地，在遥感影像地图中需要专门设计相应的点状符号和注记来表示这些地物。设计点状符号及注记大小时，一般是参照相应比例尺矢量地图符号尺寸来确定的，同时考虑与底图相互协调。符号和注记的尺寸如果过粗过大，会压上很多影像信息，过小又不明显突出。所以，点状符号的大小以不压盖道路及各类辅助设施为最佳，避免与其他要素发生冲突。点状符号的大小依比例尺的不同而有所差别，但遥感影像地图的符号形状和颜色是保持不变的。符号定位时应根据原始影像，准确地配置在相应的位置上。

2）线状符号设计

线状符号在遥感影像地图中，主要指道路符号，例如铁路、高速公路、国道、省道、县道、城市街道、城市环线等交通网。道路符号的设计原则是按照比例尺的分级，采用单双线的方式加以表示，保持矢量道路数据的宽度与影像底图上道路图像的吻合与匹配，从而满足遥感影像地图内容要素的多尺度表达的要求。一般情况下，比例尺大于 1:1 万的地图，采用双线依比例表示，分 3 个等级，如图 11-14 所示。1:1 万～1:2.5 万的地图，一般分 3 个等级表示，双线两个等级，单线一个等级，如图 11-15 所示。小于 1:2.5 万的地图，一般分 2 个等级表示，双线一个等级，单线一个等级。不依比例尺的道路符号宽度，参照相应的地形图符号尺寸及地物要素的疏密程度来确定。

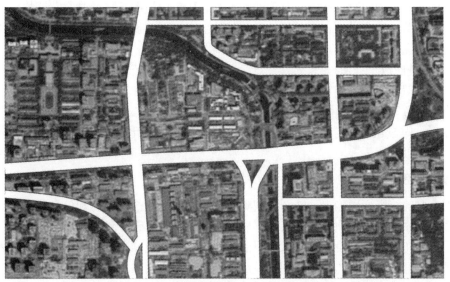

图 11-14　依比例尺分级表示道路示例

图 11-15　双线两级、单线一级表示道路示例

3）符号之间各种关系的处理

（1）线状要素间的关系处理。线状要素的处理主要是侧重于道路交通网的处理。为了保证一条道路的完整性和美观性，要求一条道路的采集要保持前后贯通、流畅，避免粗细不均

匀的现象。在同一平面上的公路，交叉处断开；不在同一平面上的公路，上压下；铁路与公路在同一平面上时，铁路穿过公路，不同比例尺的图幅中各级道路的宽窄是根据地物要素的疏密程度而做出不同规定的，即使在同比例尺图中，普通公路也根据影像显示的宽窄不同分出不同的等级，尽量保持影像底图与矢量数据的吻合与匹配。不仅如此，在不同比例尺的图幅中，道路的交叉处理也应采取不同的方式。例如，在大比例尺图幅中，道路的交叉口一律采用圆角处理；而在小比例尺图幅中，道路的交叉口采用直角处理。地物要素密集时，道路交叉口如果采用圆角处理，反而会使整幅图显得杂乱，影响图幅的清晰度。

（2）线状与面状要素的关系处理。遥感影像图中线状要素与面状要素的关系处理主要指水系与交通网的处理。如果遥感影像中水系要素面积较大，贯穿的河流与道路交叉繁多，在处理水路关系时，规定水系面与道路边线在不互相压盖的情况下尽量吻合，这样地图输出便可以达到水从路面下穿过的视觉效果，做到矢量要素与遥感影像底图及实地情况的协调，反映出遥感影像图的准确性与真实性。

（3）点状符号及注记的关系处理。点状符号要参考原始资料，放置在相应准确的位置，尽量做到不压盖道路及各类辅助设施，避免与其他要素发生冲突。在注记的处理上，主要是注记的合理配置。例如，道路名称的注记要放置到道路的中心线上，并且遵循从左至右、从上至下原则，均匀等距排列，其方向也随着道路的弯曲度进行旋转调节，做到字体向上、分布均匀、表达准确。

3. 影像地图色彩设计

地图色彩的恰当运用能提高地图的视觉感受，增强地图的表现力和信息传输效果。遥感影像地图的色彩影响整个地图的效果。遥感影像地图的色彩设计包含两方面：影像色彩的设计和矢量地图符号的色彩设计。影像色彩的设计主要是客观、准确、协调地表现地表的自然色彩，地图符号色彩设计的基本原则是在尽量模拟要素的自然色彩的同时还要考虑要素表示的清晰性和整体色彩的协调性。

1）遥感影像色彩主色调设计

遥感影像色彩设计主要是指确定影像的主色调。主色调的确定受地图用途要求、影像原稿的基色、色彩调整的难易程度、与地图符号色彩的配合效果、地图制作的时间要求和成本等多种因素的影响。

影像原稿的基色是最主要的影响因素，它与拍摄的季节有很大关系。若是在春、夏季拍摄，正是植物生长最繁茂的时候，影像一般呈现为绿或黑绿色；若是在秋、冬季拍摄，大部分地区的植物已出现干枯，影像一般呈现土黄或暗灰色。另外，影像地图数据大多是通过航空摄影所获得的真彩色影像或通过遥感方式直接获取的卫星影像，由于获取影像的效果直接受大气、云层和地表地物反射率及折射率的影响，不同的时间段和不同气候下所获得的影像色彩和色调也是不一致的。因此，需要对影像色彩和色调进行处理，缩小单张分幅地图内部和地图各图幅之间的色差，使影像底图色彩一致，还要与选定的地理要素达到和谐统一。

2）特殊要素的色彩处理

影像中有时需要对不必出现的地段或新增、变化的内容进行特殊处理。这时可以选择与处理要素颜色相近的区域，经剪切、填充、替换等方式覆盖在处理的区域上，然后对这些区域的边缘羽化处理，使其与周边要素颜色过渡自然、协调。

经过上述处理后，各图幅之间可能还存在不同程度的色调层次不协调、色相偏差、清晰度不够等问题。因此，还要进一步进行消除拼接图片间的色彩差异，提高图幅色调的整体性；消除镶嵌接边痕迹及差别，减少图像中烟雾遮挡，最大限度地再现图像的信息量，修饰图像的局部，提高整幅图像的美观度，使整个遥感地图的色调统一、协调、美观。

3）地图符号色彩设计

（1）水系要素符号的色彩设计。影像在拍摄过程中，水体受多种因素干扰，在影像上呈现多彩的颜色，或泛黄或泛红，与人们对水域的习惯用色不相符。考虑认知惯性，美化影像色彩，一般用蓝色对水域进行普染，蓝色的百分比既要与影像色彩相协调，又要凸显水域本身。

（2）道路要素符号的色彩设计。为使道路突出，同时又能最大限度地保留影像信息，道路一般采用黑色边线加浅亮透明色蒙板填充表示。这种透明化的处理方法，既能清楚地突出道路层次，又能让道路中的影像信息隐约可见，保持了影像的真实性和可查性，使影像清晰、信息明确、底图与矢量数据协调统一。

（3）地图注记的色彩设计。地图注记也属于地图符号，它也是制图者和读图者之间信息传递的重要方面。影像本身无法传递各种实体的属性信息，例如名称、种类、性质等需要通过地图注记来辅助影像，说明各行政单位、医院、车站及各类公共场所、道路、河流等要素的名称、种类、性质和数量等。因为影像色调变化丰富，图面载负量大，如果用地图常用注记的字体和颜色直接压在上面，就会受到自然色彩的干扰而不易阅读。所以与一般线划地图相比，影像图中的注记字体要壮、实，宜选用较粗的隶书、魏碑、黑体等。在"绿色系"或"蓝绿色系"影像地图上，宜采用红色、品红、蓝紫色设计注记；在"偏红色系"影像地图上，宜采用黄色、蓝色设计注记。同时对注记文字增加不同颜色的底衬，或对文字进行描边处理，突出注记，避免文字受影像颜色的干扰。注记设计效果示例如图 11-16 所示。

图 11-16　注记设计效果示例

11.3.4　生产工艺设计

遥感影像地图生产工艺设计是根据地图用途、地图精度、地图制作时间和经费等各种要求，对地图编图、出版和印刷工艺方案进行设计。一个较完整的地图生产工艺方案包括以下内容：地图的编图工艺方案、地图的出版方案、地图的印刷工艺方案，以及方案中每个环节的技术要求或标准，必要时还可对每个环节所需的人力、材料和工时进行估计。

目前，遥感影像地图生产工艺方法主要是采用数字制图技术、计算机直接制版、四色印刷新工艺编制。地图数据采集、符号化和编辑修改是基于制图软件平台进行的；图像处理及影像图的色差处理，采用影像处理软件经过影像校正、数据拼接、色彩校正等多道工序完成；数字印前系统进行符号配置、文字标注、数码打样，以及组版、分色、照排；最后进行计算机直接制版或胶片输出再制版，经四色印刷后，制成多份遥感影像地图。具体流程如图 11-17 所示。

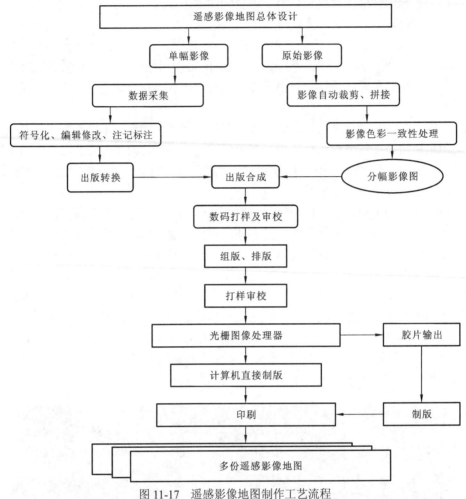

图 11-17 遥感影像地图制作工艺流程

制订工艺方案时，必须考虑各种因素所带来的影响。一般彩色影像地图的表现形式可以概括为三个方面：线划色部分（线条、符号、注记等）；普染色部分（底色、面积色等）；连续色调部分（影像等）。对于胶片输出制版印刷而言，地图内容的不同，表现形式所采用的制印工艺措施是不同的。线划色部分，根据分色参考图进行分色胶片输出，即可晒制印刷版印刷；普染色部分，多是大面积的水域底色，制印时一般要采用套晒网线胶片的方法，即套晒不同网线的线数、成数和角度的胶片制作印刷版；连续色调部分，就要用挂网的方法，通过网目摄影来实现。

另外，还要考虑现有的制印设备和技术水平，设计制印工艺方案时应了解生产该地图的设备条件，根据设备状况和技术条件决定工艺措施。如印刷机的幅面是对开的，制印全开图就要分幅印刷；反之，印刷机的幅面是全开的，制印幅面小的地图应采用拼幅的方法，这样可以充分利用机器的效能，减少印刷版和印刷次数。目前除了胶片输出，有时也采用计算机直接制版（computer to plate，CTP）。CTP 是一种数字化印版成像过程，其制版设备均是用计算机直接控制，用激光扫描成像，再通过显影、定影生成直接可上机印刷的印版。CTP 工艺省去了胶片材料、人工拼版的过程、半自动或全自动晒版工序，这种技术在地图快速复制方面发挥着越来越明显的作用。胶版印刷和 CTP 印刷是当前地图印刷的两大主要方式。当然，拟订方案中的各种技术操作必须是现有工作人员所能熟练掌控的或能争取掌握的，这样在执行方案时才有技术保证。所谓采用新工艺和新技术，应该是工作人员所能掌握的新工艺和新技术，运用到设计和生产中去。

总之，拟订制图生产工艺方案应从各方面反复思考，充分发挥创造力，根据具体情况，制订出切实可行的方案，以期提高生产效率、降低成本、生产出优质的地图。

11.4 遥感影像地图的编制

11.4.1 普通影像地图的编制

遥感影像地图是在遥感影像的基础上，叠加水系、居民点、交通网、境界线等一些最基本的线划、符号和注记而制作的地图，它综合、全面、平衡地反映制图区域内的自然和社会经济要素的特征和分布规律。

1. 普通影像地图的类型和表示内容

普通影像地图按照比例尺和表示内容的详细程度分为大比例尺普通影像地图、中小比例尺普通影像地理一览图。

大比例尺普通影像地图，一般比例尺大于或等于 1:1 万，制图区域主要是城区。这种地图通常选用高分辨率的 SPOT 卫星影像或 TM 卫星影像作为基本的影像资料。在此基础上，主要叠加表示湖泊、水库、双线河流等面状水系要素，表示主要居民地位置、道路位置、等高线、植被、境界线等的一些最基本的线划、符号，以及各种居民地、水系、道路注记。

中小比例尺普通影像地理一览图，一般比例尺小于 1:1 万，制图区域一般是整个城市、省、全国、全球，并配合矢量地图和图片，表示整个区域自然地理的总体面貌。这种地图没有统一的地图图式规范，也没有特定的比例尺系列，没有特定幅面大小要求，可以是单幅图，也可以是同一比例尺等大幅面的多幅拼接图。目前常用的是单幅或多幅拼接普通影像挂图、相同幅面和比例尺的系列影像图及普通地图集中的影像地图。

中小比例尺普通影像地理一览图上表示的要素相对大比例尺影像图而言要概略得多。通常选用与成图比例尺接近的分辨率影像作为基本的影像资料。在此基础上，叠加表示大型湖泊、水库、居民地和道路、境界线等的一些最基本的线划、符号和注记。中小比例尺普通影像地理一览图重点反映自然与社会经济要素的分布、类型、密度对比等一般特征，各要素空间分布特点及其相互之间的联系。由于它没有统一的编图规范和图式符号，所以针对地图的具体用途、目的和服务对象，确定地图表现的内容和表现形式。地图投影、地图比例尺选择、地图内容的选取、图例符号的设计、色彩的运用、图面配置设计风格等，均有很大的灵活性。

2. 普通影像地图的编制过程和方法

普通影像地图编制中，首先是遥感影像的选择、处理和识别，这是制图质量和精度的保证（杜培军 等，2007），时相和波段的选择也是很重要的。然后进行影像增强处理和除噪，再进行目视解译。一般选地形图作为地理基础底图，比例尺和遥感制图比例尺要一致。影像几何校正一般采用地面控制点或利用地理基础底图进行校正。制作线划注记版，即在遥感影像图上套合地图基本要素，利用摄影仪进行摄影。遥感影像地图的整饰与输出，即对影像地图做进一步的编辑和整饰、美化工作，包括绘制图廓和地理坐标网线、加注文字注记、图名和编图说明、制作比例尺和图例等。

普通影像地图编制主要流程包括：地图设计与技术方案制订、遥感影像资料和地图的收集与分析、地图比例尺确定、地理基础底图选取、正射影像制作（图形图像配准、遥感图像处理与几何校正）、影像拼接和数据合并、地图要素数字化和编辑、注记叠加及文字编排、图面整饰等一系列工作，其详细的作业流程如图 11-18 所示。其中关键环节是地理基础底图选取、图形图像配准、遥感影像处理与几何校正、影像拼接和数据合并、地图要素数字化和编辑、注记叠加及文字编排、图面整饰（杜子涛 等，2005）。

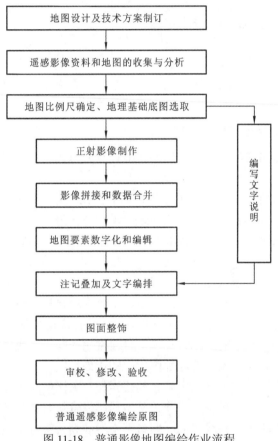

图 11-18　普通影像地图编绘作业流程

1）地理基础底图选取

地理基础底图是遥感影像制图的基础,可用来显示制图要素的空间位置和区域地理背景,对遥感影像进行几何校正。地形图具有精度高、内容全的特点,这便于抽取其中一种或几种自然要素或社会经济要素作为符号或注记,以弥补遥感影像在某些方面的不足。因此一般选择地形图作为地理基础底图。

2）遥感影像处理与几何校正

（1）遥感影像增强。遥感影像增强的目的是突出图像中的有用信息,同时抑制一些无用信息，以便提高对影像的解译和分析能力。影像增强主要是彩色合成、灰度拉伸和直方图均衡化处理。

（2）遥感影像几何校正。遥感影像几何校正的精度与影像和地形图上选取同名地物控制点密切相关。选取控制点时尽量选取相对永久性的地物，如道路交叉点、大桥、水坝和山脉主峰等，而不要选河床易变动的河流交叉点，以免点的移位影响校正精度。为了保证全幅影像都能得到一致的校正，地物点要尽量均匀分布，一景遥感影像范围内的地物控制点不少于20 个。

（3）遥感影像镶嵌。遥感影像镶嵌的技术过程：首先，对每幅图进行几何校正，并将它们统一坐标系；其次，进行裁剪并去掉重叠部分，将裁剪后的多幅影像镶嵌在一起形成一幅影像；最后，消除色彩差异，形成一幅信息完整、比例尺统一和灰度一致的图像（沈焕锋 等，2009）。镶嵌的影像要求投影相同、比例尺相同，有足够的重叠区域；图像的时相保持一致，多幅图像镶嵌时，以中间一幅为准进行几何拼接和灰度平衡。

3）遥感影像与地形图的配准复合

几何精校正后的遥感图像还必须与地理底图进行配准，过程与前述几何精校正相似。其思路是以数字化的地形图为参考文档，校正后的图像为校正文档，采集一定数量的控制点，执行配准操作。在校正软件中同时调入单幅地理底图及遥感影像，使地理底图半透明，选同名地物点进行配准，这样可初步检查影像的配准情况。若不太理想，应继续选控制点再进行配准，直到满意为止，并保存校正好的影像。配准一般进行 2～3 次，多次纠正会引起图像断裂、变形。在完成配准工作后，遥感影像与地形图就可以很好地叠合在一起了。

4）地图要素数字化和编辑

影像地图上需要选取一些在遥感影像上无法表示或重点强调的要素（如等高线、重要点状和线状地物及某些现象等）进行符号化表达，这就需要进行要素的数字化。

选取扫描矢量化软件对选择的要素进行数字化。数字化前要对底图进行图面质量（包括地图变形情况、图面的清晰程度）检查，多幅相邻底图内容检查等；接着按类别进行分要素标描，以免漏掉要素；然后进行图面要素分类编码；最后进行底图数字化。

各地理要素应分别放在不同的层中进行矢量化，在矢量化输入的同时可定义各要素的几何参数，如符号大小、线型、线宽、颜色等，建立拓扑关系。矢量化形成的主要是点、线数据，面域需要进行拓扑处理，以建立区域与区域间的空间关系。

5）地图注记叠加

地图注记叠加主要包括：制作图廓和地理坐标网线、加注文字注记、图名和编图说明、制作比例尺和图例等。注记是对地物属性的补充说明，符号注记图层要单独生成。

6）图面整饰及输出

遥感地图的图名、图例和比例尺，分别配置在图面的一定位置上，一起组成地图的图形结构。图名主要是向用图者提供有关地图区域的主题或信息，所以应放在最为醒目的地方，一般放在左上方。图例放在下方为宜，便于用图者查图。比例尺一般随图例或图名，也可放在其他位置。总之地图图面的配置设计要以均衡协调为原则。编制完成的遥感专题地图可直接在显示器上显示，任意缩放、浏览，也可用彩色喷墨打印机或绘图仪输出成品图。

11.4.2 专题影像地图的编制

专题影像地图是以普通影像地图为背景，通过遥感影像信息增强和符号注记，突出表示专题要素的位置和轮廓界线的线划、符号和少量注记的一种影像地图。专题影像地图与普通影像地图相比，前者主要反映专题内容，后者表示包括等高线等地形内容要素。另外，两者在内容选择、表示方法和符号设计上都有一定的差异。

1. 专题影像地图的类型和表示内容

因为专题影像地图涉及内容和用途需求广泛，所以在表示内容、表示方法和符号设计方面是灵活多样的。目前，还缺乏普遍适用各行业的专题影像地图产品体系和制图规范，必须根据用途需求，自行设计各种专题影像地图。

由于专题影像地图的种类繁多、用途广泛，涉及的专业也很多，专题要素的内容十分丰富。可以说，专题影像地图可以表示出所有与地理有关的现象或研究成果的空间分布及其发展变化规律。

专题影像地图以表示各种专题现象为主，也能表示普通影像地图上的某一个要素（如水系、交通网等）；既能表示自然地理现象（如气温），又能表示社会经济现象或人文地理现象；既能表示各种具体、有形的现象（如企事业单位分布），又能表示抽象、无形的现象（如热岛效应）；既可表示空间状况（如土地类型、农作物、矿产的分布），又可反映现象在特定时刻的分布状况；既可表示静态的现象，又可表示动态变化；既可反映历史事件（如历年洪涝灾害的分布），又可预测未来变化（如海岸线沉降变化的预测）。

专题影像地图可以根据内容的专门性、内容的描述方式、地图的用途、比例尺等标志进行分类。目前，常用的专题影像地图主要是表示自然要素的地图。例如：地貌图，主要以地表的外部形态、地貌成因等为主要内容的地图，包括地貌类型图、地貌区划图、地面切割密度图等；土壤图，主要反映各种土壤分布、形成、利用与改造的地图，包括土壤类型图、土壤肥力图、土壤侵蚀图等；植被图，主要反映各种植被分布特征及生态、用途、变迁的地图，包括植被类型图、植被区划图等。

2. 专题影像地图的编制过程和方法

专题影像地图的制图过程包括遥感影像预处理、地理底图表示内容的综合取舍、遥感影像专题信息解译提取、专题信息分类分级与地图概括、专题内容叠加、地图整饰。

1）遥感影像预处理

影像预处理包括遥感数据的影像校正、影像增强、影像分类。经过处理可得到便于遥感制图的遥感影像数据。

（1）遥感影像的校正处理。在拍摄遥感影像中，卫星飞行姿态、飞行轨道、飞行高度的变化，以及传感器本身误差的影响，会引起卫星遥感影像的几何畸变。因此，把遥感数据提供给编制专题地图之前，必须经过校正处理，包括粗处理和精处理（华锡生 等，2006）。

（2）遥感影像的增强处理。在进行遥感影像判读之前，要进行影像增强处理，包括光学影像增强处理和数字影像增强处理。光学影像增强处理主要是为了加大不同地物影像的密度差。常用的方法有假彩色合成、等密度分割、影像相关掩模。数字影像增强处理的主要特点是借助计算机来加大影像的密度差，常用的方法有反差增强、边缘增强、空间滤波等。

（3）遥感影像根据时相、波段、分辨率的不同可以进行不同的分类。编制专题影像地图之前需要将校正处理后的影像按照一定的分类标志进行分类分级，便于专题影像地图制图中快速准确地选择编图资料。

2）地理底图表示内容的综合取舍

地理底图内容选取的详略是由拟编专题地图的内容、用途、比例尺及区域地理特征确定的。例如地势图，水系、地貌表示得较为详细，尤其是地貌要强调表示，居民地、交通网要表示得比普通地图概略，而行政区划境界一般都不表示。再如交通图，各种道路的分类分级要表示得比普通地图详细，甚至用一些影像放大图表现交通附属设施的特征。居民地主要表示道路附近和道路交叉口的重要居民地，其他地区居民地要做大量的取舍，要表示得比普通地图概略得多。

由于影像本身的色彩和信息很丰富，地理底图表示的内容是为了加强专题信息的空间关系和可读性，为避免图面信息过于累赘，影响地图的清晰性，选择的底图矢量数据要根据专题地图的要求进行大量的综合取舍。例如，编制土地覆盖遥感专题地图，就要选择最新的大比例尺土地利用数据作为影像分析判读的基础数据。土地利用数据库中的耕地、建设用地、水体、沙漠、戈壁、冰川和永久积雪等类型数据，可以根据分类内容的对应关系，直接转换成土地覆盖的相应类型。对于无法直接转换的类型，可获得主要土地覆盖类型的位置及边界，如森林、草地、农田等。经综合取舍，就构成土地覆盖基础底图的基本框架数据，其他内容可以概略表示或不表示。

地理底图的编制方法：首先选择制图范围内相应比例尺的地形图，进行展点、镶嵌、照相，制成地图薄膜片；然后将薄膜片蒙在影像图上，用以更新地形图的地理要素；经过地图概括，最后制成供转绘专题影像地图的地理底图，其比例尺与专题影像地图相同。

3）遥感影像的专题信息解译提取

遥感影像的专题信息解译提取，可以通过目视判读和计算机自动识别来进行。

目视判读是用肉眼或借助简单判读仪器，运用各种判读标志，观察遥感影像的各种影像特征和差异，经过综合分析，最终提取出判读结论。常用方法有直接判定法、对比分析法和逻辑推理法。直接判定法是通过色调、形态、组合特征等直接判读标志，判定和识别地物。对比分析法是采用不同波段、不同时相的遥感影像，各种地物的波谱测试数据及其他有关的地面调查资料，进行对比分析，将原来不易区分的地物区别开来。逻辑推理法是专业判读人员利用专业知识和实践经验，应用地学规律进行相关分析，将潜在专题信息提取出来。

计算机自动识别与分类是利用遥感数字影像信息的基本方法，由计算机进行自动识别与分类，从而提取专题信息。计算机自动识别又称模式识别，是将经过精处理的遥感影像数据，根据计算机识别获得的影像特征进行的处理。具体方法包括统计概率法、语言结构法及模糊数学法。计算机自动分类可分为监督分类和非监督分类两种。

遥感影像解译的一般方法是建立影像判读标志，野外判读，室内解译，得到绘有图斑的专题解译原图，并利用相关软件对图斑的栅格数据或矢量数据进行变换处理。

4）专题信息分类分级与地图概括

专题信息种类繁多，数据格式各异，存在多种比例尺、多种空间参考系和多种投影类型，同时专题信息的分类分级也各不相同。因此，必须对它们进行投影、坐标系、数据格式的转换，以及专题信息的分类分级处理。

专题类别的地图概括，是指根据比例尺及分类的要求进行专题解译原图的概括，包括在预处理中消除影像的孤立点，依成图比例尺对图斑尺寸的限制进行栅格影像的概括。注意在地图概括的同时进行图斑向地理底图的转绘。

5）专题内容叠加

专题内容叠加是利用经纬线网和一定的控制点，将专题内容利用计算机或人工的方法转绘到地理底图上，形成具有统一数学基础的专题影像地图编绘底图。专题内容转绘时，对定位精度要求较高的专题信息要准确定位，对定位精度要求不太高的专题信息要注意处理与地理底图上其他要素的相互关系。

6）地图整饰

地图整饰是在转绘完专题图斑的地理底图上进行专题地图的整饰工作。遥感影像专题地图不但要实用，而且要美观，图幅整饰是相当重要的环节。除主图外，图名、图号、比例尺、图例等地图要素要摆放得当、构图协调。同时，专题影像地图中的符号与普通影像地图的符号相比，具有很大的灵活性，可以通过地图符号的图形、颜色和尺寸的变化及各种特殊效果处理，使专题要素突出于地图的第一层面。

在制图过程中，一般是利用制图软件制作一个影像整饰标准模板，包括图名、图号、影像轨道号、影像成像时间、投影坐标系、比例尺、接图表及图例等。出图时，通过操作可自动生成整饰效果图。

11.5 实例与练习——影像地图的应用及设计案例

11.5.1 实验目的

本实验以 Landsat8 获取的遥感影像为例，实现从遥感影像的校正、增强处理、融合、色彩、镶嵌、裁剪到最后成图的操作。

11.5.2 实验要求

（1）熟练掌握 ENVI 软件，进行遥感数据校正和波段融合等处理，促进实验人员对遥感数据校正、融合等相关知识的理解。

（2）掌握利用 ArcGIS 软件进行影像增强、镶嵌、色彩平衡、裁剪等处理，提高实验人员对遥感数据处理的动手能力。

（3）初步掌握影像地图的制作方法。

11.5.3 实验数据

Landsat8 影像数据 LC81250432017301LGN00.zip 及 LC81250442016283LGN01.zip，楠坊县矢量数据 NanFang.shp。

11.5.4 实验步骤

遥感影像地图主要包括遥感影像数据和地图矢量数据的处理，其制作主要包括遥感影像的预处理、矢量数据的地图表达及图外整饰等过程，分别在 ENVI 软件和 ArcGIS 软件实现，实验步骤如图 11-19 所示。

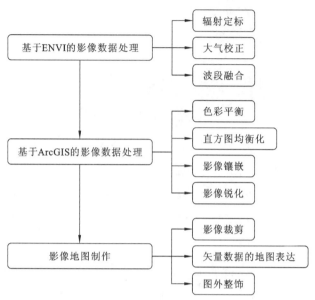

图 11-19　影像地图制作的实验步骤

1. 辐射定标

（1）在 ENVI 软件下，点击 File→Open（图 11-20），选择_MTL.txt 文件，双击打开。

图 11-20　打开文件

（2）选择 ToolBox→Radiometric Correction→Radiometric Calibration，打开可见光–近红外数据，进行数据辐射定标（图 11-21）。

（3）在弹出的对话框中，选择文件名和路径输出（图 11-22），即完成所给影像的辐射定标。

2. 大气校正

（1）在 ENVI 软件中，选择 ToolBox→Radiometric Correction→Atmospheric Correction Module→FLAASH Atmospheric Correction，打开 FLAASH 大气校正工具。

（2）在对话框中，分别输入与输出相应的信息，如图 11-23 所示。

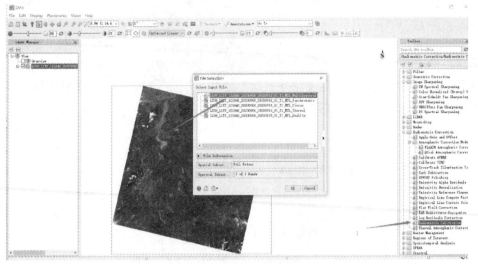

图 11-21　数据辐射定标

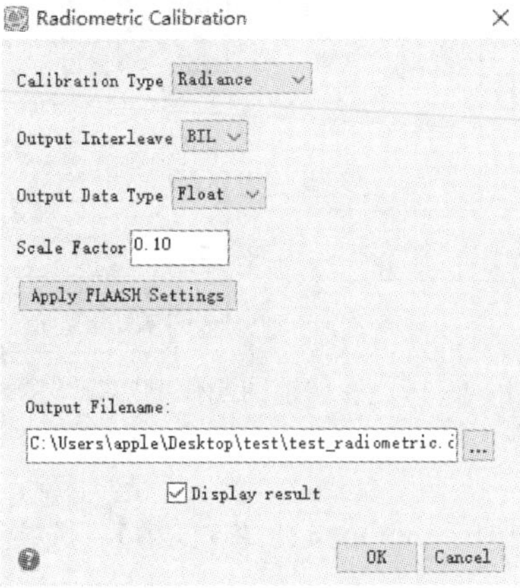

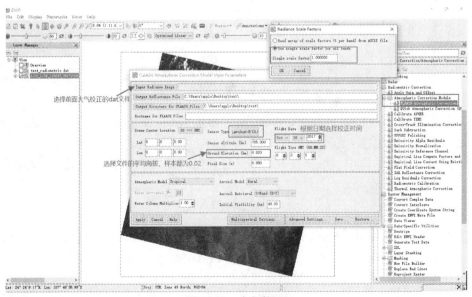

图 11-22　选择文件名和路径输出

图 11-23　大气校正

（3）确定后，在弹出的对话框中进行多光谱设置，如图 11-24 所示。

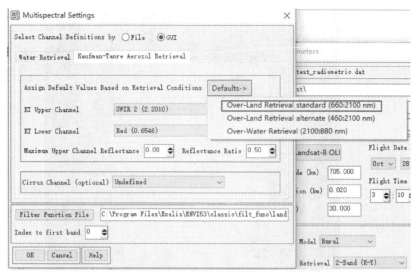

图 11-24　多光谱设置

（4）单击 Apply 按钮，执行 FLAASH，即完成大气校正（图 11-25）。

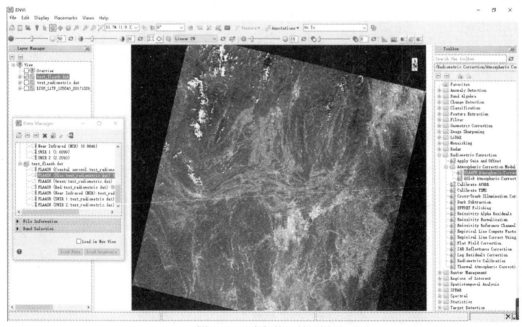

图 11-25　大气校正效果图

3. 波段融合

（1）在 ENVI 软件中，选择 Toolbox→Image Sharpening→Gram-Schmidt Pan Sharpening，低通波段选择前面大气校正后的数据（图 11-26），高通波段选择全景波段（图 11-27）。

（2）在 Pan Sharpening Parameters 参数面板，选择传感器类型为 landsat8_oli，重采样方法选择 Cubic Convolution，设置输出路径和文件名，分别为 merge1.tif 和 merge2.tif（图 11-28）。

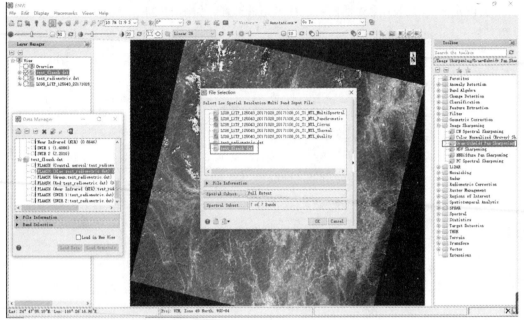

图 11-26　低通波段选择

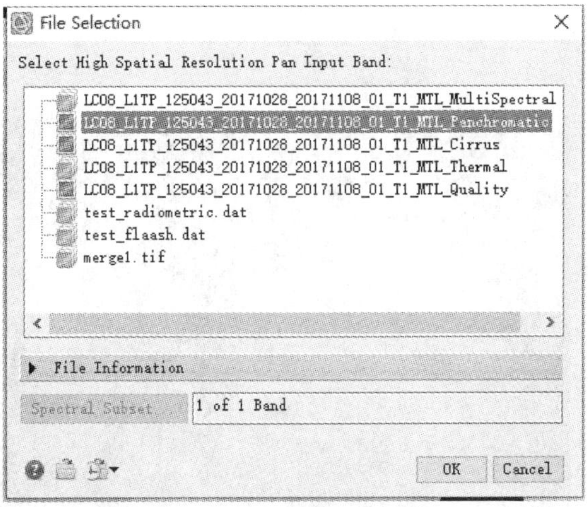

图 11-27　高通波段选择

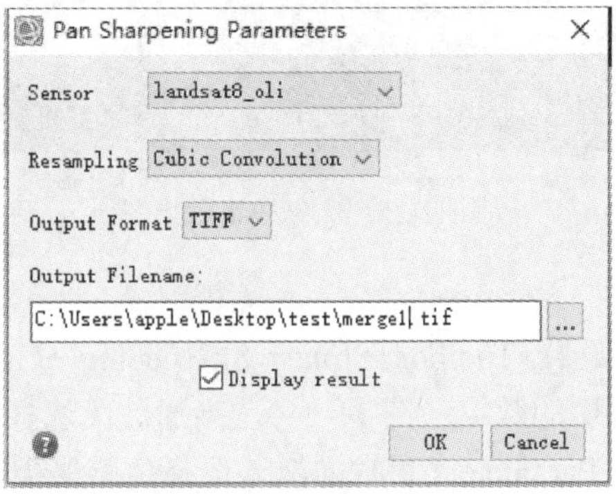

图 11-28　重采样

4. 影像增强和色彩处理

（1）在 ArcMap 软件中，添加在 ENVI 处理好的 merge1.tif 和 merge2.tif 数据，选择窗口→影像分析（图 11-29）。

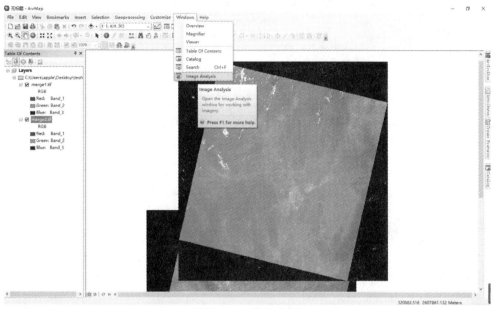

图 11-29　影像分析

（2）在正在处理下选择锐化过滤，得到临时的栅格图层 Filter_merge1.tif 和 Filter_merge2.tif。在显示上将两个图层改为直方图均衡化，如图 11-30 所示，并将临时栅格导出保存在一个文件夹中，如图 11-31 所示。需要注意不能直接加载图层，需要手动导入保存的文件以便构建金字塔。

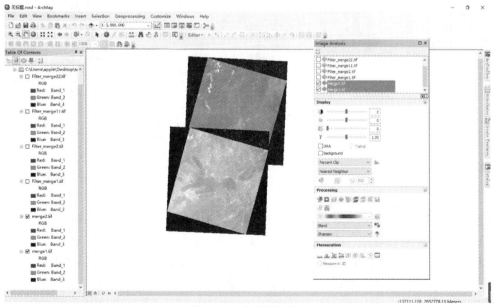

图 11-30　直方图均衡化

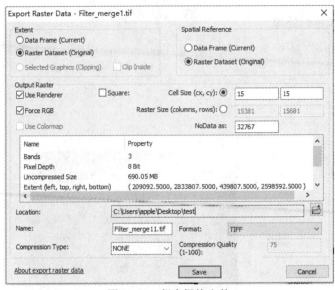

图 11-31　保存栅格文件

5. 影像镶嵌和色彩平衡

（1）首先新建一个创建文件地理数据库 test.gdb，在数据库里创建新镶嵌栅格 test，参考坐标系为镶嵌栅格的参考坐标系，如图 11-32 所示。

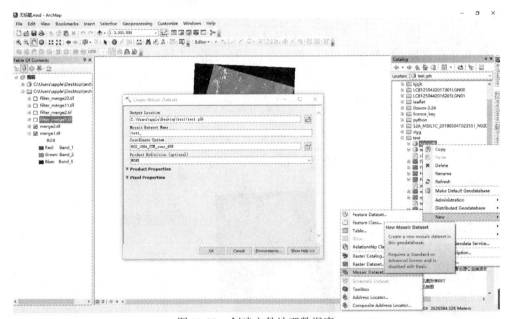

图 11-32　创建文件地理数据库

（2）在新建的镶嵌栅格 test 里添加需要镶嵌的栅格，将前面经过锐化和直方图均衡化的栅格镶嵌进 test（图 11-33），镶嵌结果如图 11-34 所示。

（3）将镶嵌 test 文件影像属性中的 Mosaic 修改为以影像的最大值显示，如图 11-35 所示。在色彩平衡前需要获得统计数据，因此使用构建项目金字塔和统计数据工具进行计算，如图 11-36 所示。

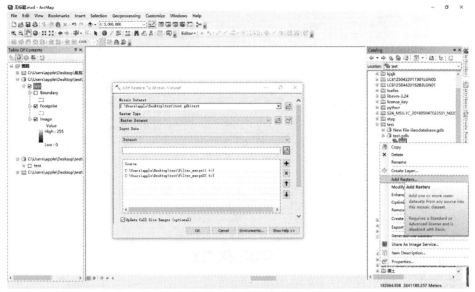

图 11-33　影像镶嵌

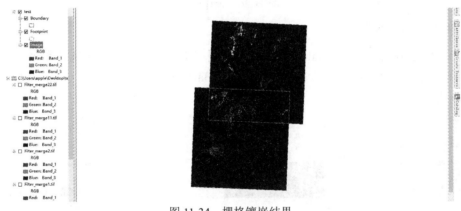

图 11-34　栅格镶嵌结果

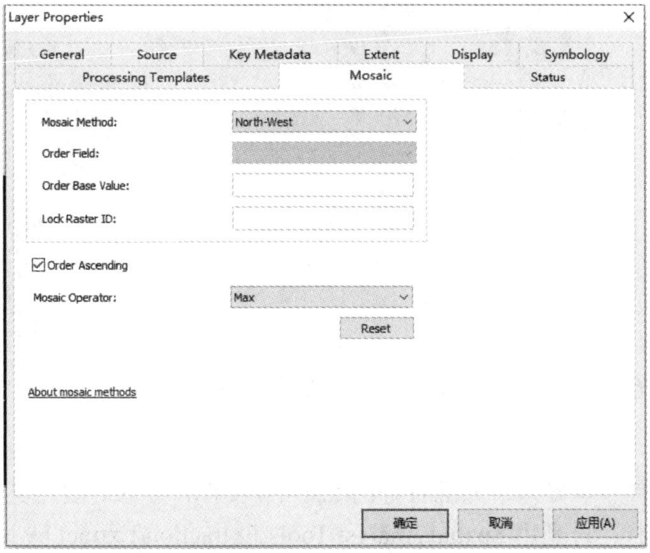

图 11-35　修改 Mosaic

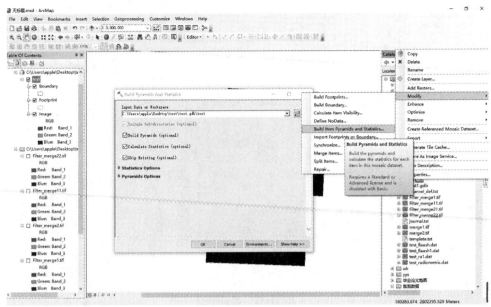

图 11-36　统计计算

6. 影像色彩平衡

在 ArcMap 软件中，在 Catalog 中选择前面利用构建项目金字塔和统计数据工具进行计算后的镶嵌栅格，单击右键选择 Enhance→Color Balance Mosaic Dataset（图 11-37），结果如图 11-38 所示。

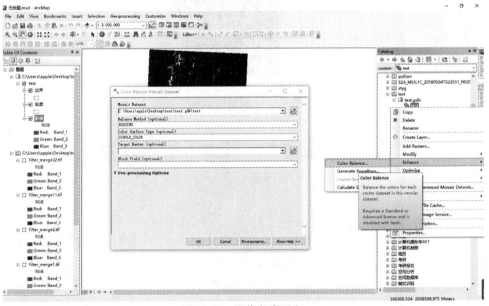

图 11-37　影像色彩平衡

7. 影像裁剪

在 ArcMap 软件中，导入事先准备好的 test.shp 文件，导入时要将其投影转换为与镶嵌的 test 影像文件一样，再利用 Spatial Analyst Tools/Extraction/Extract by Mask 工具进行裁剪（图 11-39），裁剪后结果如图 11-40 所示。

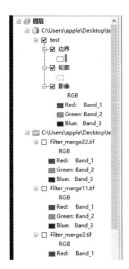

图 11-38　影像色彩平衡效果图

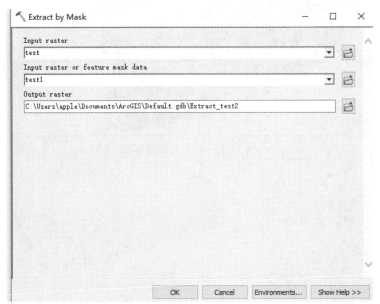

图 11-39　影像裁剪工具

图 11-40　影像裁剪结果

8. 添加地理要素

根据地图制图需要，添加道路、水系等要素，并进行地图制图表达，详细内容参考普通地图的设计与制作。

9. 图外整饰

添加图名、图例、比例尺和指南针等图外要素，最后结果如图 11-41 所示。

图 11-41　楠坊县影像地图

参 考 文 献

蔡孟裔, 毛赞猷, 田德森, 等, 2000. 新编地图学实习教程. 北京: 高等教育出版社.

陈瑛, 孙霖, 李芃, 2003. 色彩构成. 武汉: 武汉大学出版社.

池上嘉彦, 1985. 符号学入门. 张晓云, 译. 北京: 国际文化出版社.

杜培军, 2006. 遥感原理与应用. 徐州: 中国矿业大学出版社.

杜子涛, 韩玲, 2005. 遥感影像地图的制作. 测绘标准化, 25(1): 21-23, 33.

高俊, 1977. 地图编辑设计. 郑州: 郑州测绘学院.

郭永慧, 2007.《兰州城区影像地图集》设计中相关技术研究与实践. 郑州: 解放军信息工程大学.

何宗宜, 宋鹰, 2015. 普通地图编制. 武汉: 武汉大学出版社.

何宗宜, 宋鹰, 李连营, 2016. 地图学. 武汉: 武汉大学出版社.

胡飞, 杨瑞, 2003. 设计符号与产品语意. 北京: 中国建筑出版社.

胡圣武, 2020. 地图学. 2 版. 北京: 北京交通大学出版社.

黄仁涛, 庞小平, 马晨燕, 2015. 专题地图编制. 武汉: 武汉大学出版社.

江南, 李少梅, 崔虎平, 等, 2017. 地图学. 北京: 高等教育出版社.

李仁杰, 张军海, 胡引翠, 2019. 地图学与 GIS 集成实验教程. 北京: 科学出版社.

李爽, 李小娟, 孙英君, 等, 2008. 遥感制图中几何纠正精度评价. 首都师范大学学报(自然科学版), 29(6): 89-92.

李星, 何晓琴, 2014. 中文版 CorelDRAW X6 从入门到精通. 北京: 清华大学出版社.

李旭祥, 沈振兴, 刘萍萍, 等, 2004. 地理信息系统在环境科学中的应用. 北京: 清华大学出版社.

廖景丽, 2018. 色彩构成与实训. 北京: 中国纺织出版社.

廖克, 2003. 现代地图学. 北京: 科学出版社.

凌善金, 2007. 地图艺术设计. 合肥: 安徽人民出版社.

凌善金, 2010. 地图美学. 芜湖: 安徽师范大学出版社.

刘广社, 於建峰, 郭永惠, 等, 2009. 影像地图集中色彩与符号设计的研究与实践. 测绘与空间地理信息, 26(3): 220-223.

鲁宾逊, 2012. 地图一瞥: 对地图设计的思考. 李响, 华一新, 吕晓华, 译. 北京: 测绘出版社.

毛赞猷, 朱良, 周占鳌, 等, 2017. 新编地图学教程. 3 版. 北京: 高等教育出版社.

梅安新, 彭望琭, 秦其明, 等, 2001. 遥感导论. 北京: 高等教育出版社.

宁振伟, 朱庆, 夏玉平, 2013. 数字城市三维建模技术与实践. 北京: 测绘出版社.

潘俊, 2008. 自动化的航空影像色彩一致性处理及接缝线网络生成方法研究. 武汉: 武汉大学.

庞小平, 等, 2016. 遥感制图与应用. 北京: 测绘出版社.

沈焕锋, 钟燕飞, 王毅, 等, 2009. ENVI 遥感影像处理方法. 武汉: 武汉大学出版社.

孙以义, 杜鹃, 许世远, 2015. 计算机地图制图. 2 版. 北京: 科学出版社.

特伦斯·霍克斯, 1997. 结构主义和符号学. 瞿铁鹏, 译. 上海: 上海译文出版社.

田庆, 陈美阳, 田慧云, 2014. ArcGIS 地理信息系统详解 10.1 版. 北京: 北京希望电子出版社.

王光霞, 游雄, 於建峰, 等, 2017. 地图设计与编绘. 2 版. 北京: 测绘出版社.

王红, 李霖, 2014. 计算机地图制图原理与应用. 北京: 科学出版社.

王家耀, 王光霞, 2007.《苏州市影像地图集》的设计与研制. 测绘通报(2): 65-69.

王家耀, 何宗宜, 蒲英霞, 等, 2016. 地图学. 北京: 测绘出版社.

王结臣, 陈杰, 钱天陆, 等, 2019. 地图设计与编绘导论. 南京: 东南大学出版社.

王尚义, 孟万忠, 刘敏, 等, 2014. CorelDRAW 在地图与规划制图中的应用教程. 北京: 中国石化出版社.

王文宇, 杜明义, 2011. ArcGIS 制图和空间分析基础实验教程. 北京: 测绘出版社.

武芳, 何宗宜, 王结臣, 等, 2019. 地图设计与制图综合. 北京: 测绘出版社.

徐立, 2013. 地理空间数据符号化理论与技术研究. 郑州: 解放军信息工程大学.

薛在军, 马娟娟, 2013. ArcGIS 地理信息系统大全. 北京: 清华大学出版社.

闫浩文, 褚衍东, 杨树文, 等, 2019. 计算机地图制图. 原理与算法基础. 2 版. 北京: 科学出版社.

闫磊, 2019. ArcGIS 从 0 到 1. 北京: 北京航空航天大学出版社.

闫磊, 张海龙, 2021. ArcGIS 地理信息系统: 从基础到实战. 北京: 中国水利水电出版社.

姚兴海, 姚磊, 2003. CorelDRAW 地图制图. 北京: 中国地图出版社.

俞连笙, 王涛, 1995. 地图整饰. 2 版. 北京: 测绘出版社.

张书亮, 戴强, 辛宇, 等, 2020. GIS 综合实验教程. 北京: 科学出版社.

祝国瑞, 2001. 地图设计与编绘. 武汉: 武汉大学出版社.

祝国瑞, 2004. 地图学. 武汉: 武汉大学出版社.

祝国瑞, 苗先荣, 陈丽珍, 1993. 地图设计. 广州: 广东地图出版社.

祝国瑞, 郭礼珍, 尹贡白, 等, 2010. 地图设计与编绘. 武汉: 武汉大学出版社.